全彩图解
空调维修实战

李献勇　编著

化学工业出版社
·北京·

内容简介

《全彩图解空调维修实战》采用全彩色图解的方式，详细讲解了常用空调电路及其故障检修方法。全书分为三章，主要内容包括空调元器件识别轻松入门、空调典型电路和空调维修经验笔记等，通过分析具体案例介绍了家用空调和商用空调的维修经验。

本书内容实用，语言通俗易懂，对重点难点进行突出标记，并在重要知识点配有视频讲解，读者可以通过学习很快掌握各种家用空调和商用空调的工作原理和维修技巧。

本书可供从事空调器维修的技术人员学习使用，也可供职业院校、培训学校等相关专业的师生参考。

图书在版编目（CIP）数据

全彩图解空调维修实战 / 李献勇编著．-- 北京：化学工业出版社，2025．7．-- ISBN 978-7-122-48068-2

Ⅰ．TM925．120．7-64

中国国家版本馆 CIP 数据核字第 202533BH90 号

责任编辑：万忻欣　　文字编辑：侯俊杰　温潇潇

责任校对：王　静　　装帧设计：关　飞

出版发行：化学工业出版社

（北京市东城区青年湖南街 13 号　邮政编码 100011）

印　　装：天津裕同印刷有限公司

787mm × 1092mm　1/16　印张 $15^{1}/_{4}$　字数 394 千字

2026 年 1 月北京第 1 版第 1 次印刷

购书咨询：010-64518888　　售后服务：010-64518899

网　　址：http://www.cip.com.cn

凡购买本书，如有缺损质量问题，本社销售中心负责调换。

定　　价：88.00 元

前言

在节能环保趋势下，随着变频科技的不断进步，家用变频空调、商用变频设备（风管机、多联机、模块机、空气能设备等）逐渐替代了早期的定频冷暖设备。因此，大量家用变频空调、商用变频设备超出保修期限后需要有相应技能的高级维修人员来从事维修工作。

市面上各种变频空调器维修资料不多，尤其商用变频设备维修资料更为缺乏。如果能出版一本涵盖家用变频空调和商用变频设备从入门到精通的维修经验笔记，将会给广大维修人员带来便利，让初学者少走弯路。《全彩图解空调维修实战》由此诞生了。本书由从事变频空调电路板维修多年的具有丰富实践经验的一线维修人员编写，具有以下特点：

（1）**通俗易懂**：本书采用师傅带徒弟讲故事的编写手法，以电子爱好者小田的学习历程为主线，将变频空调电路板维修中的元件识别、典型电路、维修技法以学习和实践笔记的方式进行记录。

（2）**举一反三**：笔者从上千块电路板典型电路中提炼出通用原理模型，让读者举一反三，触类旁通。

（3）**融会贯通**：通过 10 多种维修技法的理论及实战笔记，让读者学以致用、融会贯通，轻松达到高手水平。

（4）**视频演示**：针对书中经常用到的电阻法、电压法、打阻法、烧机法等常见维修技法，专门录制了维修案例视频。

本书主要由李献勇撰写，参与本书撰写或对本书撰写提供帮助的人员有李荣、刘俊杰、李超龙等。

由于笔者能力有限，书中疏漏在所难免，请广大读者朋友批评指正。

编著者

目录

第 1 章

空调元器件识别轻松入门

小田是一名多品牌空调售后服务工程师，拥有十多年的空调售后服务工作经验。

工作之余，小田喜欢研究客户换下来的各种变频板，但一直苦于没有师傅的指点，对于变频空调电路板元件级维修仍处于新手的水平。

一次偶然的机会，小田根据公司安排到咏真工作室取一块多联机驱动板。取板过程中，小田结识了拥有 26 年电路板维修经验的高级维修工程师李师傅。

小田和李师傅一见如故，畅谈了两个多小时，当下小田就决定拜李师傅为师，学习变频空调电路板维修技术。

9 月份，空调维修进入了淡季，李师傅的变频空调电路板维修师徒班开课了。

1.1 电路板维修安全注意事项

上午 8 点，李师傅来到了培训室，学员都已到齐，李师傅打开笔记本电脑，开始讲课：

“今天和大家的探讨主题是：电路板维修需注意的安全事项。

“为了便于大家记忆我们将电路板维修安全注意事项编撰成以下几句口诀，请大家跟我一起念：

安全口诀

电路维修要安全，隔离变压防触电。

安装漏电保护器，容量选择要规范。

桌面铺设防静布，保护芯片是关键。

检修操作要断电，安全第一记心间。

“俗话说：安全第一，事故为零。无论在实习期间还是学成之后自己创业，我们要时刻保持冷静，始终把安全放在第一位，如果无法保证自己或他人的安全，这样的单子我们应该果断放弃，切不可抱有任何侥幸心理！”

1.1.1 电路维修要安全 隔离变压防触电

“我们来看一下，图 1-1 中绘制了隔离变压器原理图。

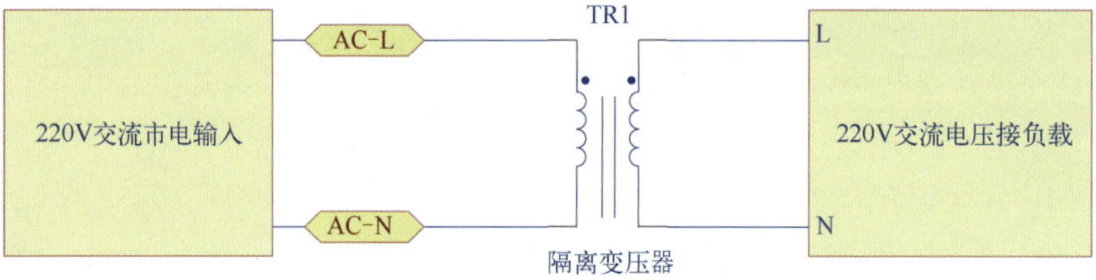

图 1-1　隔离变压器原理图

“我们知道 220V 交流市电由火线（L）、零线（N）和地线（PE）组成。在供电站的变压器 220 交流输出端零线与地线相连，地线与大地相连。

“参考图 1-1，如果我们在进行电路板维修作业时不安装隔离变压器，上电操作，当我们的手接触到电路板上的元件（变频空调电路板为热地板，整板带电），火线通过所碰触的电子元件直接通过我们的身体对地形成电流回路，所以有很大的安全隐患，有触电风险！

“那么如何才能降低或避免这个风险呢？

“答案就是安装 1 ∶ 1 的隔离变压器，如图 1-1 中的 TR1 就是一台隔离变压器。”李师傅讲解道。

“李师傅，1 ∶ 1 的隔离变压器是什么意思？”小田问道。

“图 1-1 中 TR1 为隔离变压器的符号，接下来我拿一个隔离变压器的实物给你们介绍一下。”李师傅说着起身到仓库里拿来一个变压器，如图 1-2 所示。

手持隔离变压器的李师傅开始讲课：

“我们现在就参考这个变压器来回答刚才小田提出的问题。

“因为隔离变压器的主要作用是将输入电压与负载供电完全隔离，对于负载起到安全和抗干扰的作用。

“为什么叫 1 ∶ 1 呢？参考图 1-1，因为这个变压器在线圈绕制时，其初级线圈匝数与次级线圈匝数是相同的，所以它的输入电压与输出电压也是相同的。”

“李师傅，这个我明白了，但是我看到隔离变压器的种类很多，大小不一，我们在以后进行电路板维修时应该如何选择呢？”小田继续问道。

“一般维修电路板用的隔离变压器，建议采用 2000 ～ 5000W 的即可，但是在购买时要注意以下两点：a. 要购买纯铜带过载保护功能的隔离变压器；b. 要买带负载 2000 ～ 5000W 的隔离变压器，如图 1-3 所示。”李师傅回答道。

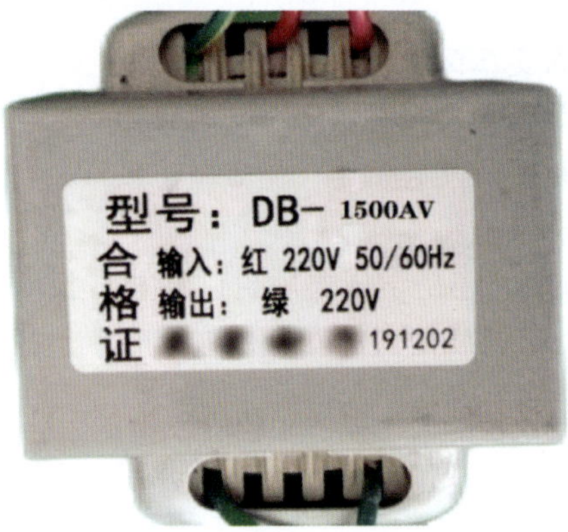

图 1-2　隔离变压器

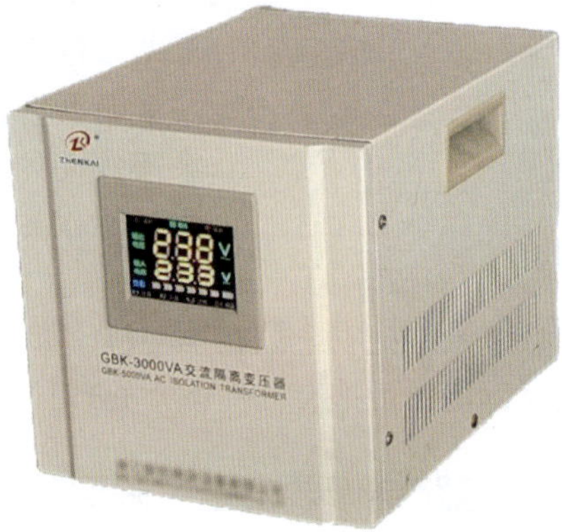

图 1-3　隔离变压器 GBK-3000VA

"李师傅，为什么安装隔离变压器后就能防止触电呢？"小田问道。

"参考图 1-1，隔离变压器 TR1 次级输出的 220V 交流电与初级完全隔离，假设我们在进行作业时不小心碰到了电路板上的带电元件（变频空调外机主板全元件带电），虽然交流电压通过电子元件加到了我们身上，但是该电压与我们脚下大地已经完全隔离，没有任何电流，所以我们不会触电，起到了一定的安全保护作用。

值得注意的是，即使安装了隔离变压器，我们在操作时也要注意安全，绝对不能同时碰到变压器次级 L 和 N，否则仍然有被电击的危险！"李师傅回答道。

1.1.2 安装漏电保护器 容量选择要规范

"接下来我们继续探讨电路板维修安全注意第 2 大事项——安装漏电保护器。"李师傅讲解道。

"李师傅，既然我们已经安装了隔离变压器，为什么还要安装漏电保护器呢？"小田问道。

"漏电保护器通常安装在隔离变压器的前级，是电路维修安全作业的第一道屏障，一旦隔离变压器线圈漏电、短路或负载过流短路，漏电保护器就会起到断电保护的作用。"李师傅喝了口水，继续讲课。

"图 1-4 为常见的漏电保护器和可调过载断路器。

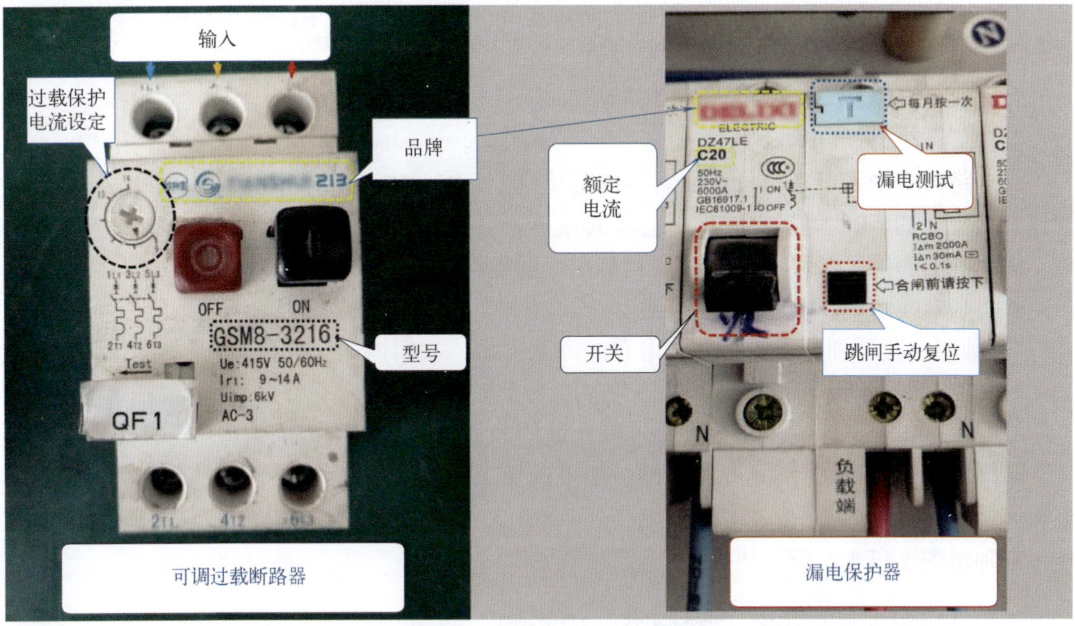

图 1-4 可调过载断路器与漏电保护器

"这种漏电保护器有 3 种主要功能：a. 开关；b. 过载保护；c. 漏电保护。

"通常我们建议在隔离变压器初级线圈前级安装漏电保护器，在次级负载前级安装可调过载断路器，这样就起到了三重保护功能。"李师傅讲解道。

"李师傅，你说的三重保护是指漏电保护、隔离保护、过载保护，对吗？"小田问道。

"是的！"李师傅回答道。

"李师傅，那么我们以后在工作时选配多大的漏电保护器和可调过载断路器呢？"小田继续问道。

“这要根据你所采用的隔离变压器功率的大小来选择匹配的保护器了！譬如你选择的是220V交流供电的2000W带载能力的隔离变压器，根据电功率 $P=UI$ 可以算出额定电流 $I=P/U$，那么 $I=P/U=2000/220\approx9A$，所以我们可以采用0～10A可调过载断路器保护隔离变压器，采用C20（20A）的漏电保护器即可。”李师傅解释道。

“好的，我明白了，李师傅。”小田回复道。

1.1.3 桌面铺设防静电布　保护芯片是关键

李师傅拿来一卷防静电布放在培训室的桌子上，如图1-5所示，开始讲课。

图1-5　防静电布

“现在摆在大家面前的这卷布被称为防静电布，我们在进行电路板维修时，工作台上要求必须铺设这种防静电布。”李师傅解说道。

“为什么要铺设这种布呢？”小田问道。

“有以下3个方面的原因：

a. 电路板维修人员在进行作业时不可避免身上带有静电，如果不能及时消除，作业时碰触到电路板上的CPU等贵重元件，会将其损坏。

b. 防静电布除了吸附静电之外还具有很好的绝缘效果。

c. 防水容易清洗。”李师傅解答道。

“李师傅，我看到网上销售防静电布的商家很多，我们该如何选择呢？”小田问道。

“通常我们在选择防静电桌布时要考虑以下2点：

a. 面积——根据你的工作台大小选择合适的面积，一般商家提供裁剪服务。

b. 厚度——建议选择3mm厚度的，如果选择2mm的，虽然价格便宜些，但容易翘边。”李师傅回答道。

李师傅喝了口水，继续讲课。

1.1.4 检修操作要断电　安全第一记心间

“我们在现场检修空调时，由于没有隔离变压器的保护，所以一定要断电检修，将安全放在第一位。”李师傅解释道。

“李师傅，有时候特殊情况下要求我们必须现场带电检测时该怎么办呢？”小田问道。

“首先我们尽量避免带电检修，如果遇到你说的这种情况，我们就必须穿绝缘鞋并戴好绝缘手套，用万用表带电检测时避免身体与空调接触。”李师傅回答道。

“这节课我们就讲到这里，下课。”讲完，李师傅离开了培训室。

1.2 欧姆定律及电阻的串联、并联和混合联

课间休息 10 分钟后，李师傅来到培训室，继续讲课。

1.2.1 欧姆定律

“我们回顾一下初中物理讲过的欧姆定律，欧姆定律是描述电流（I）、电压（U）、电阻（R）之间关系的一个公式：

$$电压=电流 \times 电阻$$

$$U=IR$$

“这个公式是在 1826 年被欧姆发现并公开发表，所以称为欧姆定律。”李师傅讲解道。

“为了更深入了解欧姆定律，我们先来了解一下电流、电压、电阻的定义，哪位学员知道电流的定义？”李师傅问道。

（1）什么是电流

“电流是自由电子朝某一方向流动形成的。控制电子移动方向，就如同控制水流方向一样，让它内部产生一个落差，水往低处流，电荷流动也是一样由高电位向低电位流动。”小田回答道。

“小田同学讲述得很好，电流的流动方向与电子的流动方向是不是一致的？请大家探讨一下。”李师傅提问道。

“刚好相反，我记得初中物理时学过，电流是人为定义的。”小杨回答道。

“看来大家物理学得不错，我们继续探讨一下电压的定义是什么。”李师傅说道。

（2）什么是电压

“让电荷产生流动电位差的这种能量就叫作电压，国际上对电压的定义是：对 1 库仑（C）的电荷做 1 焦耳（J）的功，形成的电位差就是 1 伏特（V）。”小田回答道。

“小田描述得很正确，我再补充一点，伏特（V）这个单位是以 19 世纪发明电池的亚历山德罗 • 伏特（AlessandroG.A.Volta）的名字而命名的，这些知识在考试时经常遇到。”李师傅补充道。

“国际单位对电阻的定义为：施加 1V 的电压，产生 1A 的电流，则为 1Ω，如图 1-6 所示。

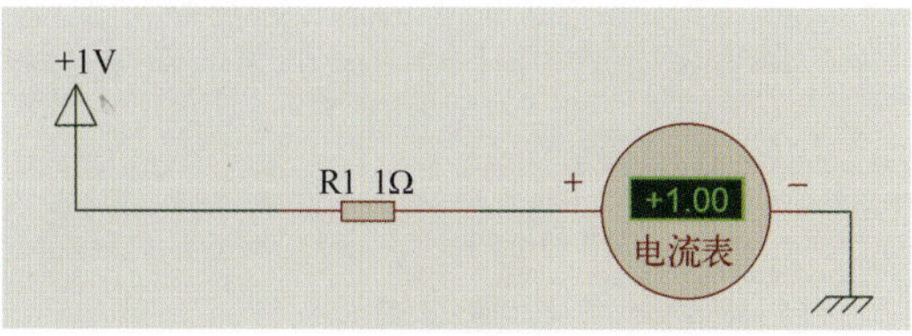

图 1-6 欧姆定律仿真模型

“欧姆定律是电子电路中最基本的定律必须牢记于心，举一反三。根据欧姆定律可以推理出如下表达式：

$$U=IR$$

$$R=\frac{U}{I}$$

$$I=\frac{U}{R}$$

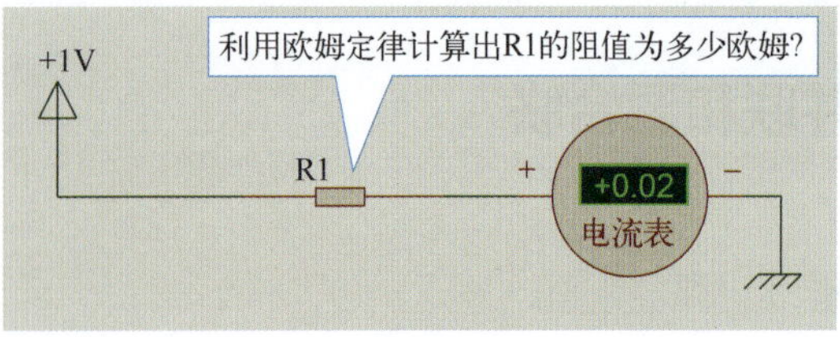

图 1-7　测试题

“以上三个公式统称为欧姆定律，请大家根据刚才所讲欧姆定律计算一下图 1-7 测试题 *R*1 的阻值为多少？”李师傅问道。

大概 5 分钟后，小田举手开始回答问题。

“李师傅，我的计算结果是 50Ω。”小田回答道。

“回答正确”李师傅肯定道。

“接下来我们继续探讨电阻的串联。”李师傅讲解道。

1.2.2 电阻的串联

“电阻的串联及应用，这节课的内容在实际电路维修中应用非常广泛，大家一定要牢记于心，做到融会贯通才能在应用中得心应手。”李师傅强调道。

（1）电阻串联公式

“图 1-8 是我用 Proteus 仿真软件做的一个串联电阻模型。*U*1、*U*2 为两个电压表分别检测 *R*1、*R*2 两端的电压值。*I*1、*I*2 为两个电流表用来分别检测流过 *R*1、*R*2 两个电阻的电流值。

“图 1-8 中给出了串联电阻在电路中常用的计算公式。这些公式我们要熟练地记在心里，如果记不住的话，也可以把它收藏起来，需要计算的时候再调出来。”李师傅讲道。

“通过观察图 1-8 我们可以总结出来这样几句话。

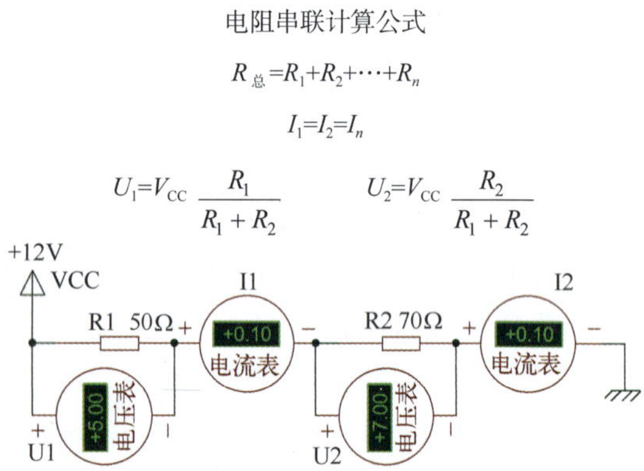

图 1-8　电阻串联计算公式

“在串联电阻电路中，流过每一个电阻的电流都是相等的。

“在串联电阻电路中，电阻的阻值越大，其两端的电压就越高。

“在串联电阻电路中，总电压等于串联电阻上所有压降之和。

“在串联电阻电路中，某个电阻上的电压 =（该电阻 ÷ 总电阻之和）× 供电电压

“请大家把上边几句话记下来，在实际电路维修中大有用处！”李师傅重点强调道。

（2）测试题

“接下来我们进行一个测试练习，请大家根据欧姆定律和电阻串联公式计算出图 1-9 中 I1 的显示数值。”李师傅说道。

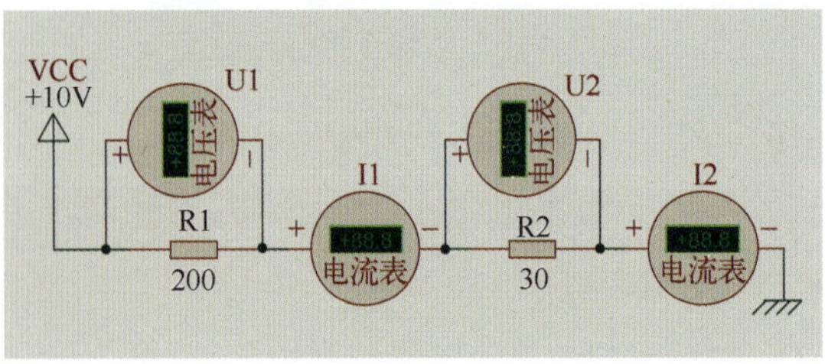

图 1-9　测试题

“李师傅，图中 VCC 是什么意思？”小张问道。

“VCC 代表电源供电的意思，通常在电路绘图中供电用 VCC、VDD 等表示，接地用 GROUND、GND 等表示，这些常用英文缩写是需要我们记住的。”李师傅解释道。

"李师傅，我算出来了 $I1$ 是 0.04A。"小田说着将笔记本交给了李师傅。

只见小田的笔记本上计算过程如下：

根据电阻串联公式：$R_{总}=R_1+R_2$，计算出 $R_{总}$的电阻为

$$200+30=230\Omega$$

根据欧姆定律 $I=\dfrac{U}{R}$，计算出 $I1$ 的电流为

$$\frac{10}{230}\approx 0.04\text{A}$$

"小田算得很对，接下来我们看一下仿真软件计算的结果，如图 1-10 所示。"李师傅说着，将大屏幕切换到了图 1-10。

1.2.3 电阻的并联

"接下来我们继续探讨电阻的并联。"说着，李师傅将 PPT 切换至图 1-11，继续讲解。

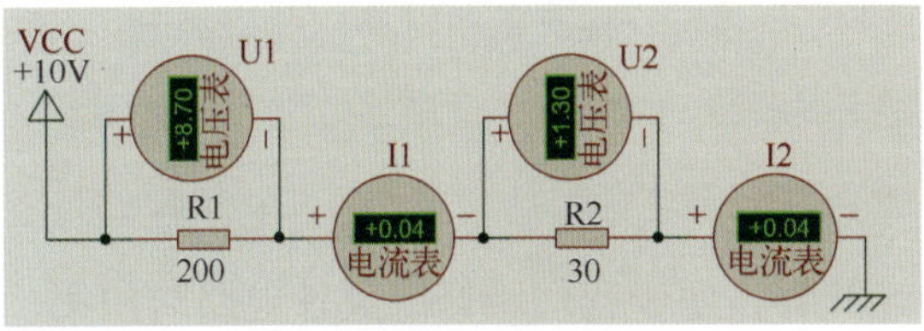

图 1-10　测试题答案

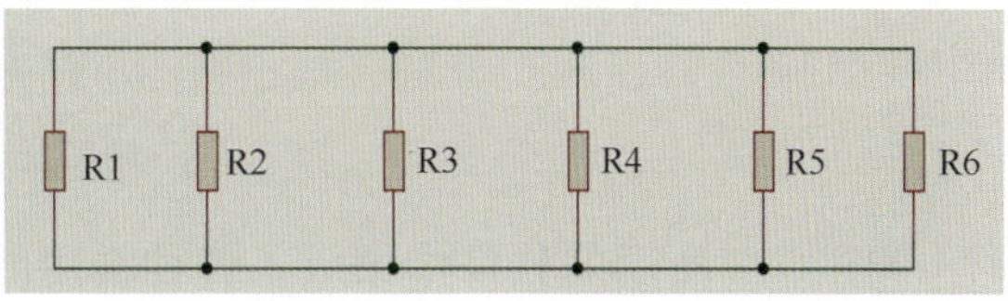

图 1-11　电阻的并联

"图 1-11 中 $R1$、$R2$、$R3$、$R4$、$R5$、$R6$ 电阻通过电路首尾相连并在一起，这种现象我们称之为电阻的并联。"李师傅指着大屏幕讲解道。

"李师傅，如果把每家每户的用电设备看成是一个电阻，相对于 220V 交流供电来说，每家每户都是并联对不对？"小田问道。

"对！举一反三，触类旁通，你的悟性很好。"李师傅赞赏道。

"接下来我们探讨一下电阻并联的计算公式。"李师傅说着将 PPT 切换到图 1-12。

（1）电阻并联计算公式

"图 1-12 是我们用仿真软件制作的一个典型的电阻并联的电路，$I1$、$I2$ 分别为检测 $R1$、$R2$ 电流的电流表，$I3$ 为总的电流表。

"通过图 1-12 所示的并联电阻电路，我们可以总结出以下几点。

"在并联电阻电路中，电阻两端的电压相等，与其阻值大小无关。

"在并联电阻电路中，电阻的阻值越大，流过的电流越小；相反，电阻的阻值越小，流过的电流越大。

"在并联电路中，总电流等于流过所有并联电阻支路的电流之和。

"在并联电路中，总电阻的倒数等于所

电阻并联计算公式

$$\frac{1}{R_{总}}=\frac{1}{R_1}+\frac{1}{R_2}+\cdots+\frac{1}{R_n}\qquad I_{总}=I_1+I_2+\cdots+I_n$$

两个电阻并联计算：$R_{总}=\dfrac{R_1\times R_2}{R_1+R_2}$

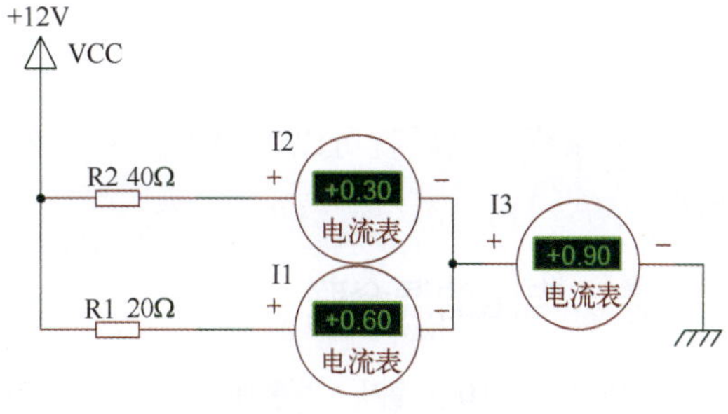

图 1-12　电阻并联

有并联支路中电阻倒数之和。

“这几句话描述了电阻并联的逻辑特性和计算公式，在实际电路设计及维修中非常关键，必须牢记于心。”李师傅加重语气讲解道。

“李师傅，这个电阻并联后电阻值的计算公式有点复杂，有没有简单点的方法呢？”小田问道。

“当然有了，你们可以用软件中的电阻并联计算器进行计算。”李师傅说着，将大屏幕PPT 切换到图 1-13。

图 1-13 电阻串并联阻值计算软件

“图 1-13 所示的软件中集成了各种常用的计算器，便于我们维修或设计电路时使用。”李师傅补充道。

“李师傅，有了这个软件我就不用记公式了吧？”小张问道。

“如果只是为了维修计算方便，当然只用软件即可，如果为了提升学历考证，还是需要记住公式的，因为考试时是不会让你带手机的。”李师傅解释道。

（2）测试题

“请大家根据刚才所学，计算出图 1-14 中 *R*1 的阻值。”李师傅指着大屏幕讲道。

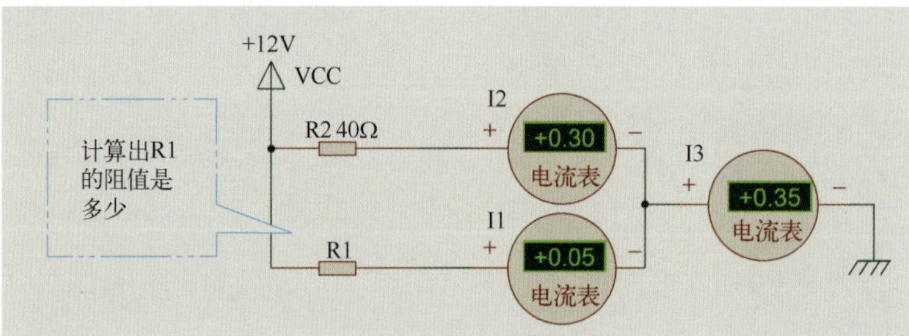

图 1-14 测试题

“大家算完之后就可以下课了，下节课上课后将笔记交给我即可。”李师傅说完走出了培训室。

1.2.4 电阻的混合联

课间休息 10 分钟后，李师傅来到了培训室，此时，学员们已经将上节课的笔记交到了讲课桌上，李师傅翻开第一篇笔记，是小田写的：

根据并联电阻的特点，我们可以完全忽略掉 R_2，直接把 R_1 看成是一个电阻，它上面两端电压是 12V，利用欧姆定律很容易算出来它的阻值，计算过程如下。

根据欧姆定律 $R=\dfrac{U}{I}$，所以 $R_1=\dfrac{12}{0.05}=240\Omega$。

李师傅检查了其他学员的笔记，大家都做对了。随后李师傅将笔记本发给了大家。

“大家学习得很好，这节课我们继续探讨电阻的混合联及应用。”说着，李师傅打开电脑，大屏幕显示图 1-15。

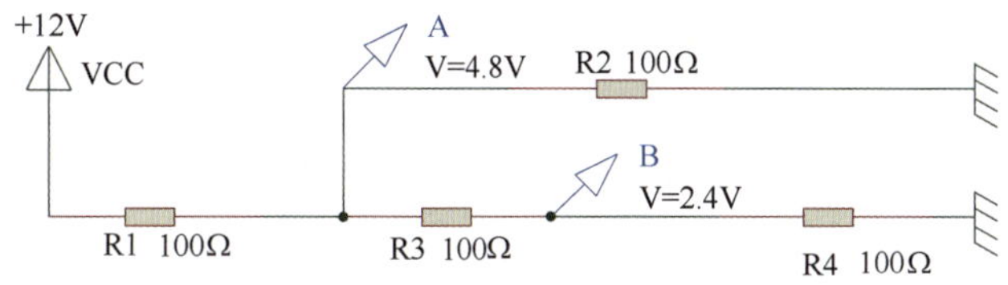

已知条件：电压 V_{CC}=12V，电阻 $R_1=R_2=R_3=R_4=100\Omega$，求 A 点电压为多少？

先将 R_3、R_4 利用电阻串联公式合并成一个电阻 $R_x=R_3+R_4=100+100=200\Omega$

然后再将 R_2、R_x 利用电阻并联计算公式合并成一个电阻 $R_y=\dfrac{R_2\times R_x}{R_2+R_x}=\dfrac{100\times 200}{100+200}\approx 66.66\Omega$

根据电阻串联分压计算公式计算出 A 点电压为：$12\times\dfrac{R_y}{R_1+R_y}=12\times\dfrac{66.66}{100+66.66}\approx 4.8\text{V}$

图 1-15　电阻混合联

“这种既有串联又有并联的电路我们称之为混合联。”李师傅指着大屏幕讲道。

“在图 1-15 中我们给出了 A 点电压的计算思路，根据这个思路请大家计算一下图 1-16 中 IC203 的 5、6 脚电压是多少，并详细列出计算过程。”李师傅讲解道。

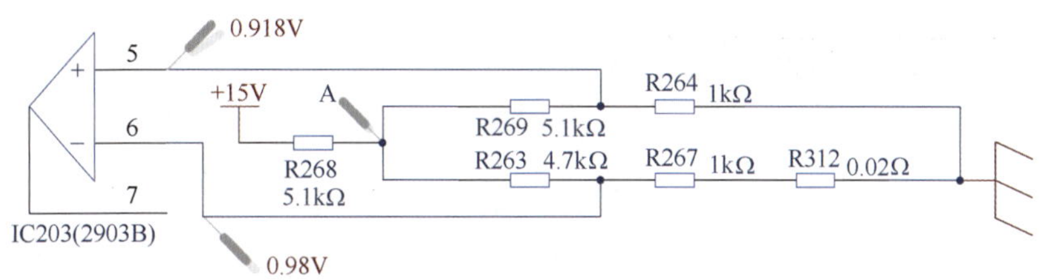

图 1-16　混合联计算题

大概过了 10 分钟，学员们陆续将笔记本交到了讲台上。李师傅拿起的第一个笔记本是小田的，只见上边写道：

参考图 1-16，如果想要计算出 IC203 的 5、6 脚电压，首先就要计算出 A 点电压，为了计算出 A 点电压，第一步需要将其下边两路分支电阻合并成一个电阻，用 R_X 表示，计算步骤如下。

（1）IC203 的 5 脚支路串联电阻 $R_{总1}$ 合并计算

根据电阻串联计算公式：

$$R_{总1}=R_{269}+R_{264}=5.1+1.4=6.5\text{k}\Omega$$

（2）IC203 的 6 脚支路串联电阻 $R_{总2}$ 合并计算

根据电阻串联计算公式：

$$R_{总2}=R_{263}+R_{267}+R_{312}=4.7+1+0.00002=5.70002\text{k}\Omega$$

（3）根据电阻并联计算公式计算出 R_X 阻值

根据电阻并联计算公式：

$$R_X=\frac{R_{总1}\times R_{总2}}{R_{总1}+R_{总2}}=\frac{6.5\times 5.70002}{6.5+5.70002}\approx 3.03689\text{k}\Omega$$

（4）A 点电压的计算

根据电阻串联公式计算出 A 点电压 U_A：

$$U_A=15\times\frac{R_X}{R_{268}+R_X}=15\times\frac{3.03689}{5.1+3.03689}\approx 5.6\text{V}$$

（5）根据 A 点电压计算出 IC203 的 5 脚电压

根据电阻串联公式计算出 IC203 的 5 脚电压 U_5：

$$U_5=5.6\times\frac{R_{264}}{R_{264}+R_{269}}=5.6\times\frac{1}{1+5.1}\approx 0.918\text{V}$$

（6）再根据 A 点电压计算出 IC203 的 6 脚电压

根据电阻串联公式计算出 IC203 的 6 脚电压 U_6：

$$U_6=5.6\times\frac{R_{267}+R_{312}}{R_{267}+R_{312}+R_{263}}=5.6\times\frac{1+0.00002}{1+0.00002+4.7}\approx 0.98\text{V}$$

“大家计算得很好，课后多做些类似的练习，今天我们就讲到这里，下课！”李师傅讲完离开了培训室。

1.3　电阻器的识别与检测

课间休息 10 分钟后，李师傅来到培训室，打开笔记本电脑，开始讲课。

“在分享电阻器的识别和检测之前呢，首先了解一下什么是电，大家可以根据自己的理解探讨一下。”李师傅讲解道。

1.3.1　电的探讨

“电就是电荷的简称，我在初中物理课上学过。”小田说道。

“小田说得很好。”李师傅开始讲课。

“电是静止或移动的电荷所产生的物理现象。在现实生活中，电有着很多众所周知的效应，例如摩擦起电、静电感应、电磁感应等。”李师傅解释道。

“电是一种肉眼看不到的动力。”小张说道。

“描述得很形象！”李师傅赞赏道。

“电是一个危险的家伙！”小杨补充道。

“说得太对了。我们在检修变频空调主板时，外机电路板为热地板，都带强电，所以要使用隔离变压器，在现场维修一定要穿绝缘鞋子、戴绝缘手套，保证安全，防止电击。”李师傅说道。

1.3.2 普通电阻

李师傅切换了一下大屏幕显示的 PPT 课件开始讲课。

“参考图 1-17，电阻器简称电阻，它是一个限流元件，将电阻接在电路中后，电阻器的阻值是固定的，一般有两个引脚，它可限制通过它所连支路的电流大小。

“电阻我们可以理解一种阻碍电流流动的元件。

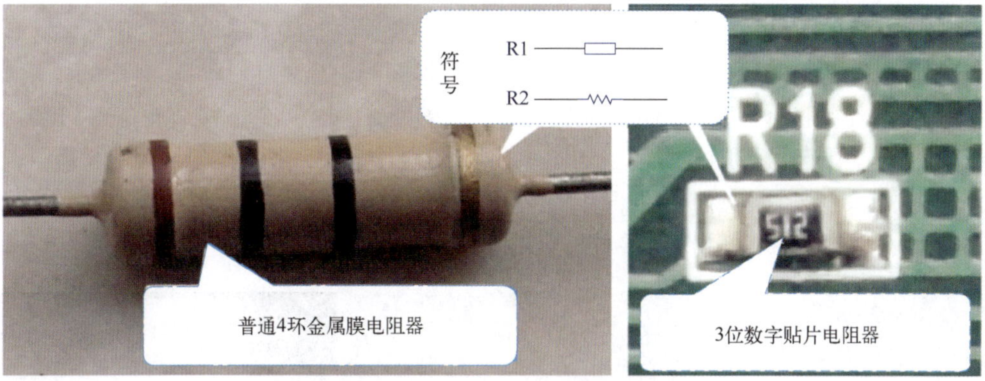

图 1-17 电阻器的外形及符号

“图 1-17 中标注了电阻器的符号，就是图片上方画的两个符号，一个是长方形的两条腿儿，一个是锯齿形的两条腿儿。这是电阻器最常见的两种绘图方法。但现在国标规定用第一种表示。

“电阻用字母 R 表示，单位为欧姆，用‘Ω’表示。

“在一个电路中如果加在一个电阻两端的电压为 1V，流过该电阻的电流为 1A, 那么这个电阻阻值即为 1Ω，这就是欧姆定律，在下节课我们详细探讨。”李师傅讲解道。

“李师傅，电阻器的阻值单位有哪些呢？”小田问道。

（1）电阻器的阻值单位

李师傅回答道：“主要有以下几种：

① 毫欧，mΩ；

② 欧姆，Ω；

③ 千欧，kΩ；

④ 兆欧，MΩ；

⑤ 吉欧，GΩ。

它们之间的单位换算如下：

1Ω=1000mΩ

1kΩ=1000Ω

1MΩ=1000kΩ

1GΩ=1000 MΩ

在观察电阻器时，我们要始终牢记它的进率是以 1000 为单位的。”

“另一点需要注意的是毫欧和兆欧之间的差别是什么？”李师傅问道。

“一个是小写 m，一个是大写 M，果然是失之毫厘差之千里！”小田幽默地回答道。

“接下来我们继续介绍电阻器的分类。”李师傅讲解道。

（2）电阻器的分类

“电阻器在电路板当中起到非常重要的作用，而且数量也非常庞大，常见的有色环电阻、直标电阻、水泥电阻、贴片电阻、压敏电阻、热敏电阻等。

① 固定电阻与可调电阻。

“按其阻值能否可调可分为固定电阻和可调电阻两种，如图 1-18 所示。”李师傅讲解道。

“阻值不能改变的称为固定电阻。阻值可变的称为电位器或可变电阻、可调电阻。理想的电阻器是线性的，即通过电阻器的瞬时电流与外加瞬时电压成正比。

“用于分压的可变电阻，在裸露的电阻体上，紧压着一至两个可移金属触点。触点位置确定电阻体任一端与触点间的阻值。如图 1-18 右侧划片电阻，1 ～ 3 脚为固定阻值，2 脚为可变阻值。当改变划片位置时，1 ～ 3 脚电阻阻值不变，1 ～ 2 脚或 3 ～ 2 脚阻值发生（由大到小或由小到大）均匀变化。”李师傅讲解道。

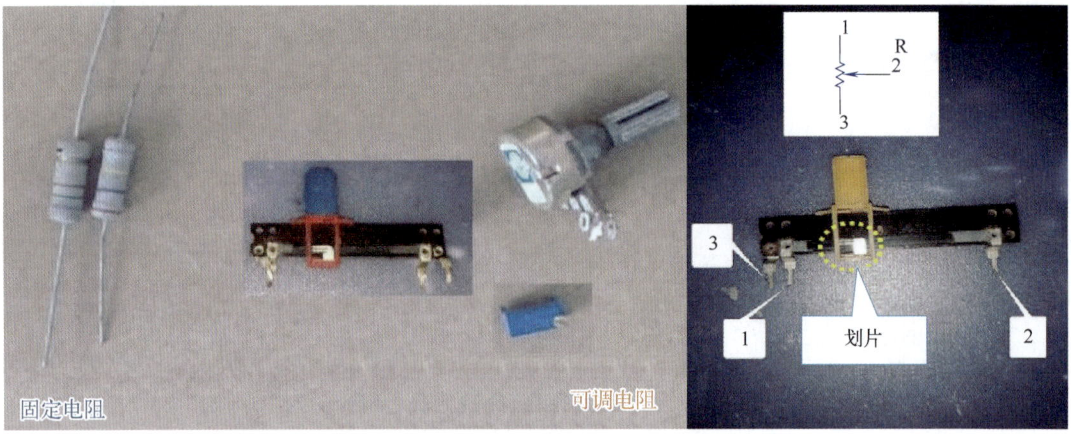

图 1-18　固定电阻与可调电阻

“李师傅，图 1-18 中这个可调电阻是不是调音台上的划片电阻？”小田问道。

“是的，在调音台上这种电阻是很常见的。”李师傅答道。

“接下来我们一起探讨一下电阻器的第 2 种分类方式——按封装形式分。”李师傅说着将大屏幕中的 PPT 课件图片切换为图 1-19。

② 直插电阻与贴片电阻。

“李师傅，封装形式是不是就相当于一个产品用不同的包装所体现的不同的外形结构？”小田问道。

“可以这样理解，电阻器按封装形式分，可分为直插式和贴片式两种，如图 1-19 所示。”李师傅解说道。

“直插电阻一般在一些大功率电阻或是早期电路板中常见，它有两条腿直接插在电路板上通过焊盘焊接后与电路相连。”李师傅指着大屏幕讲道。

“贴片电阻是当今电路板上最常见的电阻元件，由于其外形小巧、焊接方便等特点，被广泛应用在各种电路板领域。”李师傅讲解道。

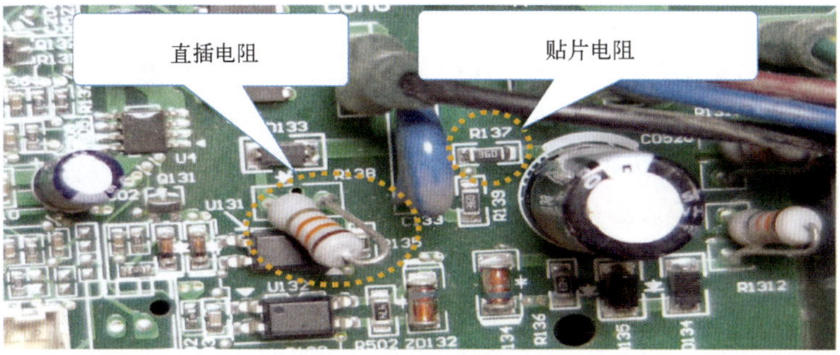

图 1-19　直插电阻与贴片电阻

“李师傅，直插电阻与贴片电阻相比较在实际维修中有哪些特点呢？”小田问道。

“通过图 1-19 我们可以看到，直插电阻外形个头很大，不易实现微小电路板的设计，但是其性能稳定不易损坏。

“而贴片电阻个头很小，便于微小电路板设计，但相对来说稳定性稍差，故障率高一些，所以在实际电路板维修中我们要重点排查贴片电阻。”李师傅解答道。

“接下来我们探讨一下电阻器的阻值识别方法。

“在实际的维修当中，有一部分故障就因为一个小小的电阻开路了，或者是阻值变小了而引起的。所以我们必须熟练掌握读取电阻阻值的方法，以及用万用表测量判断它的好坏。这样一来，我们就能够在最短的时间内找到坏件，排除故障。

“能够快速地识别这些电阻，并算出它们的阻值，用万用表来判断它们的好坏，是检修电路板的基本功之一！”李师傅说着将大屏幕的 PPT 切换到了图 1-20。

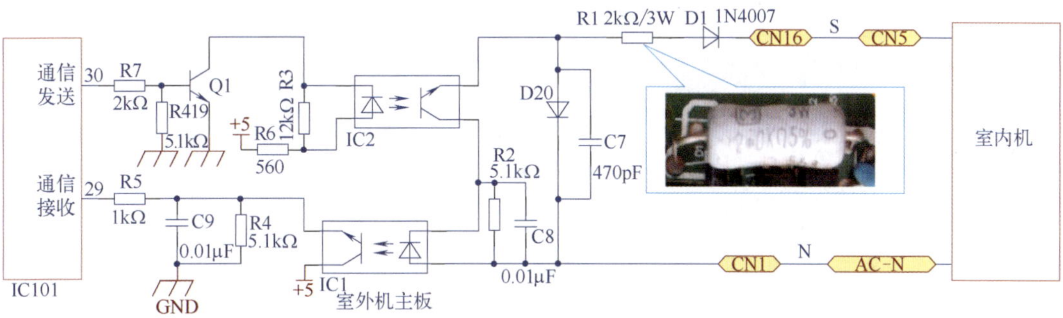

图 1-20　直标电阻 R1

（3）电阻器的阻值标注方法

① 直标标注法。

“ 这种直接在电阻器的表面上标注阻值、误差、功率等参数的标注方法我们称之为直标标注法。这样我们一眼就能看出来它的参数。非常方便我们去测量判断它的好坏。

图 1-20 中 R1 是我从美的 BP3 通用板上所拍摄的一张图片。

打开美的 BP3 通用板图纸找到内外机通信电路这一部分，就可以找到这个 *R*1 电阻了。这是一个 2kΩ、3W 的金属膜电阻。”李师傅指着大屏幕讲道。

“李师傅，这个电阻坏了以后会出现什么故障呢？”小田问道。

“这个问题问得很好。我们来看一下，因为它直接串联在内外机的通信回路中，所以当这个电阻开路后会引起美的空调内外机通信失败，直接报 E1 通信故障。”李师傅解答道。

“接下来我们继续探讨第二种常见的电阻阻值表示方法——色环标注法。”李师傅说着将大屏幕上的 PPT 切换为图 1-21。

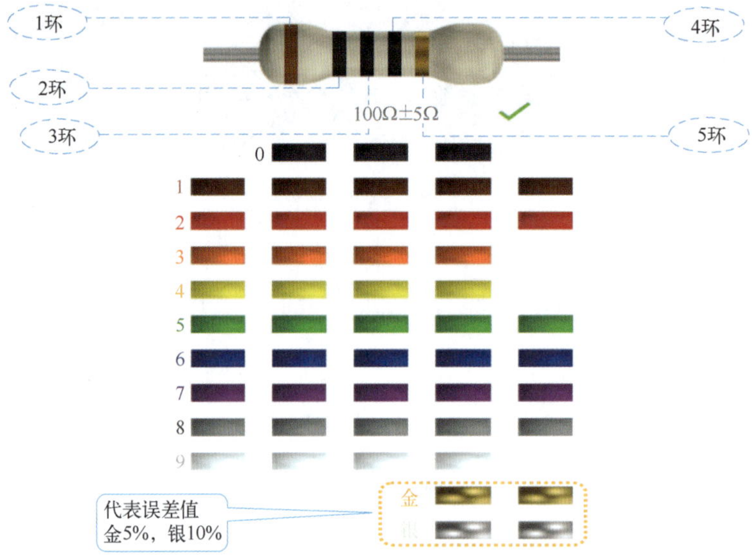

图 1-21　色环标注法

② 色环标注法。

“将电阻阻值及误差值用不同色环来表示的方法称之为色环标注法（简称色标法）。色标法有两种标注形式，一种是四环表示法，另一种是五环表示法。

“使用四环表示法时，第 1、2 环表示电阻阻值的两位有效数字，第 3 环表示两位数字再乘以 10 的 n 次方，第 4 环表示电阻的误差值。

“使用五环表示法时，第 1、2、3 环表示电阻值的三位有效数字，第 4 环表示三位数字再乘以 10 的 n 次方，第 5 环表示电阻的误差值。

“参考图 1-21，电阻色环对应的数值分别为：棕（1）红（2）橙（3）黄（4）绿（5）蓝（6）紫（7）灰（8）白（9）黑（0）。”李师傅讲解道。

“接下来我考考你们，根据刚才所讲算一下图 1-22 中四环电阻的阻值及误差值是多少？”李师傅说着将大屏幕切换到图 1-22。

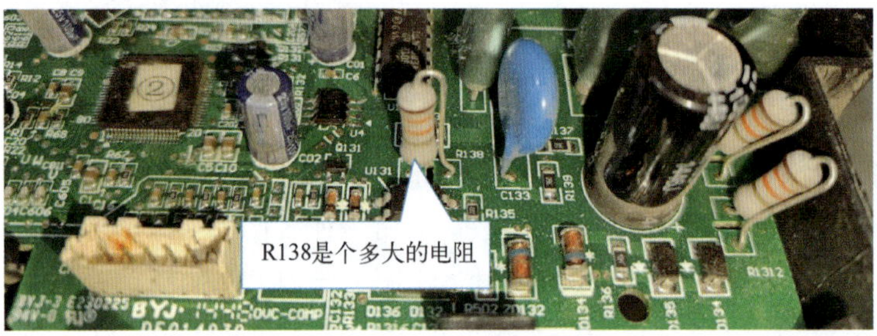

图 1-22　变频板实际拍摄

“李师傅，我算出来了，这是一个 13kΩ 误差值为 5% 的四环电阻器。”小田回答道。

“小田同学算得很对。”李师傅赞赏道。

“李师傅，虽然我算对了，但是我还是参考笔记来计算的，有没有更好的方法便于我们记忆不同色环代表的阻值啊？”小田问道。

“当然有了，接下来我就跟你们分享一个色环电阻记忆小窍门。

“棕（1）红（2）橙（3）黄（4）绿（5）蓝（6）紫（7）灰（8）白（9）黑（0）刚好对应我们的10个手指头，我的记忆方法是右手大拇指代表黑（0），食指、中指、无名指、小指分别代表棕、红、橙、黄，左手小指代表绿，无名指代表蓝，中指代表紫，食指代表灰，大拇指代表白。这样在看一个电阻色环时，掐指一算就知道是多大的阻值了！”李师傅解答道。

“接下来我们继续探讨第三种电阻器阻值识别方法——数字标注法。”李师傅讲解道。

③ 数字标注法。

“按照贴片电阻上数字位数的不同可分为3位数字标注法和4位数字标注法两种，如图1-23所示。”李师傅指着大屏幕讲解道。

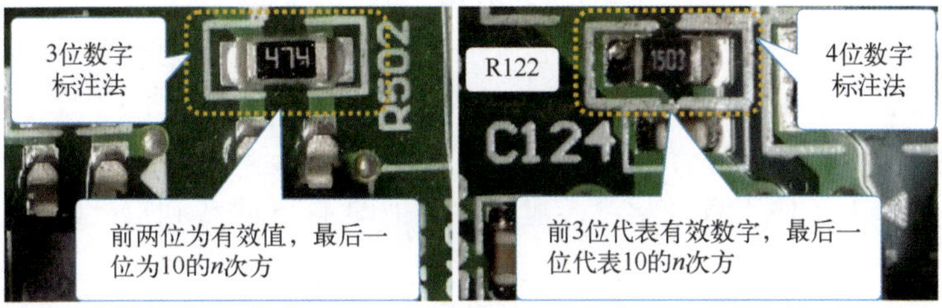

图1-23 数字标注法

a. 3位数字标注法。

“请同学们根据图1-23解读出三位数字标注法中‘474’这个电阻的阻值？”李师傅问道。

“李师傅，我来算一下，你看看对不对？”说着小田在笔记本上写出了如下演算过程：

$$\text{‘474’}=47\times10^4=470000=470\text{k}\Omega$$

“小田算得很对！这种数字标注的方法很好读取，只要把最后一位换算成10的n次方就可以了。”李师傅补充道。

b. 4位数字标注法。

“请大家参考图1-12中的电阻‘1503’标注算出$R122$这个电阻的实际阻值是多少？”李师傅问道。

“李师傅，你看一下我算得对不对？”小张将计算笔记交给了李师傅。李师傅接过小张的笔记，看到小张在笔记中写道：

$$R122=150\times10^3=150000=150\text{k}\Omega$$

“完全正确！小张同学你已经学会了这种方法。”李师傅赞赏道。

“你们是不是觉得电阻器阻值的识别很简单？”李师傅笑着问道。

“是！”大家异口同声地回答。

图 1-24　根据变频版拍摄

“接下来我们探讨的就没那么容易了。”李师傅说着将 PPT 课件切换到图 1-24。

c. 数字 + 字母代码标注法。

“在电阻阻值识别中比较难换算和记忆的是数字加字母的代码标注方式，需要查代码表，接下来介绍一下这种贴片电阻的读取方法。

“图 1-24 中 *R*47 为 100Ω，它用的就是数字 + 字母代码标注法。“*R*47 → 01A → 100Ω” 李师傅指着大屏幕讲解道。

“李师傅，这个是怎么换算出来的呢？”小田问道。

“这正是接下来要讲的内容。”李师傅回应道。

“参考图 1-25 中数字 + 字母代码标注贴片电阻的换算方法，查询一下 01A 是多大的阻值。”李师傅问道。

“100Ω。”小张答道。

“回答得很对，为了便于查询学习，建议大家把图 1-25 收藏到自己的微信中，以便维修时查阅。”李师傅讲解道。

“李师傅，还有没有更简单的方法？”小田问道。

字母代码	A	B	C	D	E	F	G	H	X	Y	Z
应乘的数	10^0	10^1	10^2	10^3	10^4	10^5	10^6	10^7	10^{-1}	10^{-2}	10^{-3}

代码	数值	代码	数值	代码	数值	代码	数值
1	100	25	178	49	316	73	562
2	102	26	182	50	324	74	576
3	105	27	187	51	332	75	590
4	107	28	191	52	340	76	604
5	110	29	196	53	348	77	619
6	113	30	200	54	357	78	634
7	115	31	205	55	365	79	649
8	118	32	210	56	374	80	665
9	121	33	215	57	383	81	681
10	124	34	221	58	392	82	698
11	127	35	226	59	402	83	715
12	130	36	232	60	412	84	732
13	133	37	237	61	422	85	750
14	137	38	243	62	432	86	768
15	140	39	249	63	442	87	787
16	143	40	255	64	453	88	806
17	147	41	261	65	464	89	825
18	150	42	267	66	475	90	845
19	154	43	274	67	487	91	866
20	158	44	280	68	499	92	887
21	162	45	287	69	511	93	909
22	165	46	294	70	523	94	931
23	169	47	301	71	536	95	953
24	174	48	309	72	549	96	976

数字+代码标注法
查询说明
以01B为例可以分解为01+B其中01代表1，查询代码表1数值为100，查询字母代码表B对应为10的1次方，计算01B=100×10=1000

图 1-25　电阻器数字代码标注法阻值换算

“当然有，就是用贴片电阻计算软件进行计算，图 1-26 中的这个 APP 就有这个功能。”李师傅说着，将 PPT 切换到了图 1-26。

“李师傅，我看到在这个APP中集成了色环电阻、贴片电阻、色环电感、欧姆定律、电阻串并联等多种计算器，太方便了，在哪里可以下载呢？”小田问道。

“百度一下Electrodroid就能找到这个APP了。”李师傅回答道。

图1-26　电阻阻值查询工具

“在变频空调电路中，除了前边讲的几种电阻外，还有三种电阻，今天简单介绍一下，在后期讲空调电路时再做详细的介绍。”李师傅喝了口水继续讲课。

1.3.3 热敏电阻

“在空调电路中常见的热敏电阻有两种。”李师傅指着大屏幕讲道。

（1）正温度系数热敏电阻（PTC）

“李师傅，正温度系数热敏电阻是什么意思呢？”小田问道。

“它的意思就是说，温度越高阻值越大，比如空调室内机采用的PTC辅助电加热（图1-27），内机开关电源电路采用的软启动电阻都是正温度系数热敏电阻，如图1-28所示。”李师傅解释道。

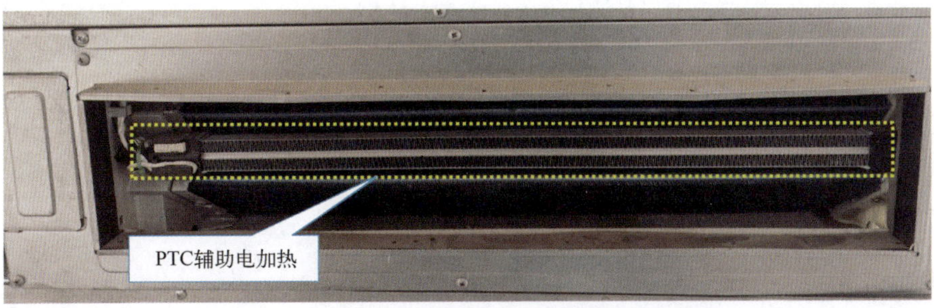

图1-27　正温度系数热敏电阻PTC

“李师傅，图1-28中的R32上边写着16R代表什么意思？”小田问道。

“R32这个正温度系数的热敏电阻在常温（25℃）下的测试阻值为16Ω，但在实际测试时，根据环境温度的不同，测试时其阻值会有所不同。”李师傅解释道。

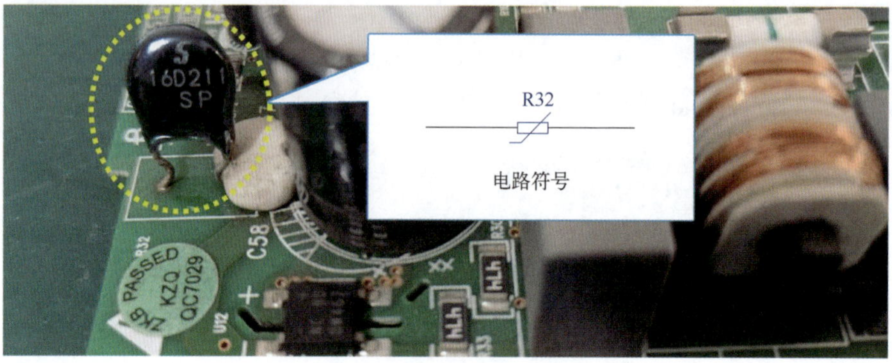

图 1-28　软启动电阻 R32

“接下来我们来了解一下负温度系数热敏电阻。”李师傅说着，将电脑 PPT 切换到了图 1-29。

（2）负温度系数热敏电阻（NTC）

“负温度系数热敏电阻在空调电路中常见为传感器，又称感温包。它的特点是温度越高阻值越小，温度越低阻值越大。图 1-29 是从一块格力挂式变频空调外板拍摄的。

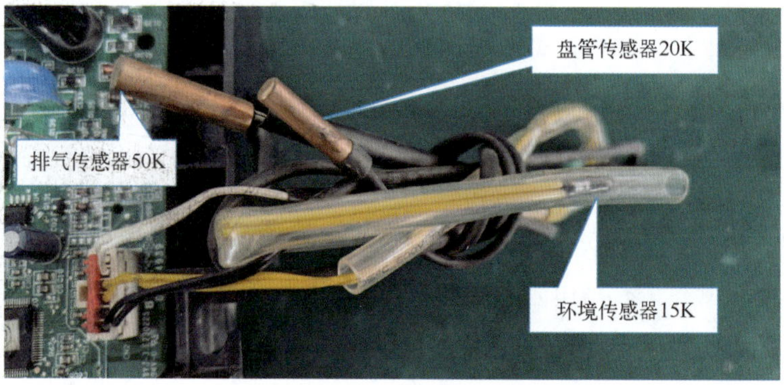

图 1-29　负温度系数热敏电阻

“在传感器上通常标有阻值如 15K、20K、50K，这些阻值都是在环境温度为 25℃时测定的阻值，实际维修中都有偏差。”李师傅指着大屏幕讲道。

“李师傅，如何判断传感器的好坏呢？”小田问道。

“常见传感器损坏分为三种现象：a. 开路；b. 短路；c. 阻值偏移。

“对于传感器开路或短路很好判断，直接将传感器从电路板上拔下来，用万用表电阻挡直接检测即可。对于传感器阻值偏移，比较不易判断，通常采用对比法（找来一个好的传感器在同样环境温度下测量其阻值进行对比）、代换法（直接用一个同型号的传感器代换即可）。”李师傅解释道。

1.3.4 水泥电阻

“在变频空调电路中还有一种常见的水泥电阻。如图 1-30 所示，这是一个压缩机相电流采样电阻，它采用直标法，通过表面标注的数据就可以知道它的阻值为 15mΩ，功率为 5W。

“这种电阻如果开路还好测量，用万用表就可以判断好坏，如果短路或阻值偏移，用普通万用表很难判断好坏。”李师傅讲解道。

图 1-30　水泥电阻

“李师傅，我们在实际维修时该怎样判断这种毫欧电阻的好坏呢？”小田问道。

“通过大量的实践维修经验表明，这种毫欧电阻损坏最多的就是开路或变大，阻值变小的目前还没遇到过，所以如果用万用表测量电阻没有开路或明显变大，一般就可以认为该电阻没有问题，如果仍然存疑，可以采用代换法换一个新的进行测试。”李师傅解释道。

“难道没有更好的方法判断这种电阻的好坏了吗？”小田继续问道。

“当然有了，用带 DCR 功能的电桥或毫欧表就可以精准测试这种电阻的好坏。接下来我就以电桥为例测试一下图 1-30 中 RS303 这个电阻。”李师傅说着拿来电桥进行测试。

“图 1-31 中电桥显示所测电阻阻值为 15.1mΩ，证明该电阻是正常的。”李师傅讲解道。

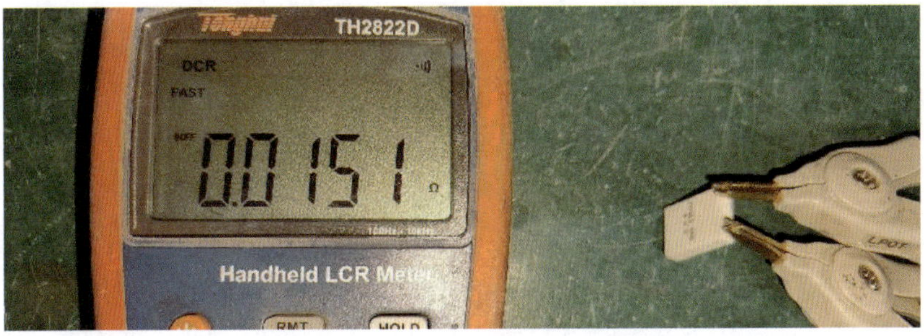

图 1-31　电桥测试 RS303 电阻

“接下来给大家介绍另一种常见的电阻。”李师傅说着将 PPT 切换到图 1-21。

1.3.5 压敏电阻

“图 1-32 是空调电路中压敏电阻的两种电路符号。”李师傅讲解道。

“这两个电路符号我看与前边刚讲的 PTC 热敏电阻的符号很像啊。”小田问道。

“是的，是一样的。”李师傅回答道。

“虽然压敏电阻与 PTC 热敏电阻的电路符号相同，但是它们的工作原理及用途是完全不同的。”李师傅讲解道。

图 1-32　压敏电阻电路符号

图 1-33 压敏电阻

“在图 1-33 中两个黄色的圆形直插电子元件就是压敏电阻，其表面上标注了认证标识和型号及压敏电压。”李师傅讲解道。

“李师傅，图 1-33 中压敏电阻的压敏电压是多少伏呢？”小田问道。

“在图 1-33 中，14K621 为压敏电阻的型号，其中 621 代表其耐压值是 620V。”李师傅解释道。

“是不是当输入交流电压高于 620V 时该压敏电阻就会动作？”小田继续问道。

“这个我们要从交流电压的一些参数说起。交流电压的参数分为有效值、峰值和峰峰值。

“通常我们所说的 220V 交流电压、380V 交流电压都是说的它的有效值，而峰值通常是有效值的 $\sqrt{2}$ 倍，峰峰值为峰值的 2 倍。以 220V 交流电压为例，它的峰值电压为 $U_m=U\times\sqrt{2}$，已知 U=220V，代入公式得 $U_m=220\times\sqrt{2}\approx311$V。

“那么它的峰峰值电压为 311×2=622V。

“在交流电压的压敏电阻设计中虽然其标称耐压值为 620V，但在实际应用中考虑到误差值和交流电压的峰值等因素，通常在交流输入电压有效值达到约 385V 时就动作。”李师傅解释道。

“压敏电阻我们就讲到这里，接下来我们总结一下电阻的检测经验。”李师傅说着将 PPT 进行了切换。

1.3.6 检测经验总结

“检测电阻器的常用工具有万用表、电桥等。

“检测方法分为在路和脱机检测两种。如果在路无法判断某个电阻的好坏，可以采用脱机法或代换法。

“通常我们在路检测某个电阻时，如果实测阻值大于其标称阻值，可以判断该电阻损坏，如果该电阻两端并联有大的滤波电容，测量时会受到干扰，建议脱机检测。

“如果我们在路测量某个电阻时其显示阻值小于其标称值，亦不能判定该电阻是好的，那么如何进一步在路判定其好坏呢？我们根据大量实践总结出以下经验。

（1）对比法

找到一块好板子或与该电阻阻值及电路相同的电阻进行在路对比测试，如果所测阻值相近，证明该电阻是好的，如果相差较大，通常阻值偏大的为坏件。

如果不具备上述条件可以采用如下方案。

（2）电压法

根据该电阻在电路中的作用和特点，利用欧姆定律计算出正常待机时该电阻两端应有的电压值，与实际的测试值进行比较，如果所测结果相近证明该电阻是好的，如果偏差较大证明该电阻有问题，可以脱机检测或进行代换。

“这节课我们就讲到这里，下课！”李师傅关闭笔记本电脑，离开了培训室。

1.4 电容器的识别与检测

下午 2 点，李师傅来到培训室，打开笔记本电脑，开始讲课。

“这节课我们探讨一下电容器的识别与检测技巧，为了便于大家学习，我用 3D 仿真软件将常见的电容器绘出，如图 1-34 所示。”李师傅指着大屏幕讲解道。

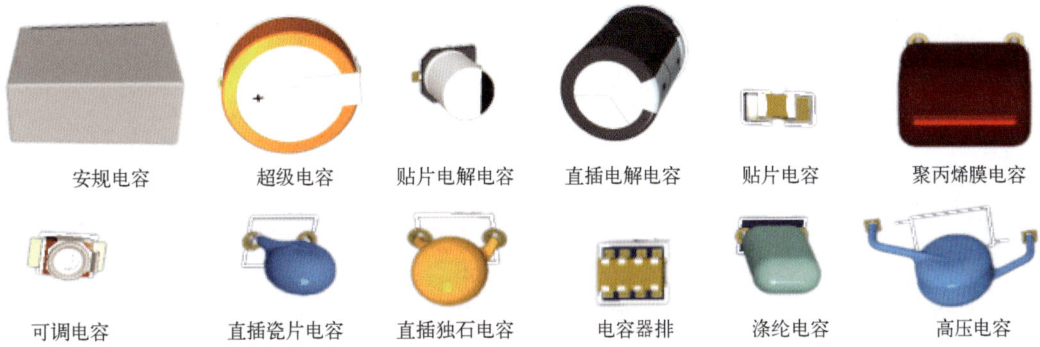

图 1-34 常见电容 3D 图

1.4.1 电容器的识别

（1）电容器的结构

“两个相互靠近的导体，中间夹一层不导电的绝缘介质，如图 1-35 所示，这就构成了电容器。电容器简称电容，用大写字母 C 表示。在电路中的符号有 4 种，如图 1-36 所示。

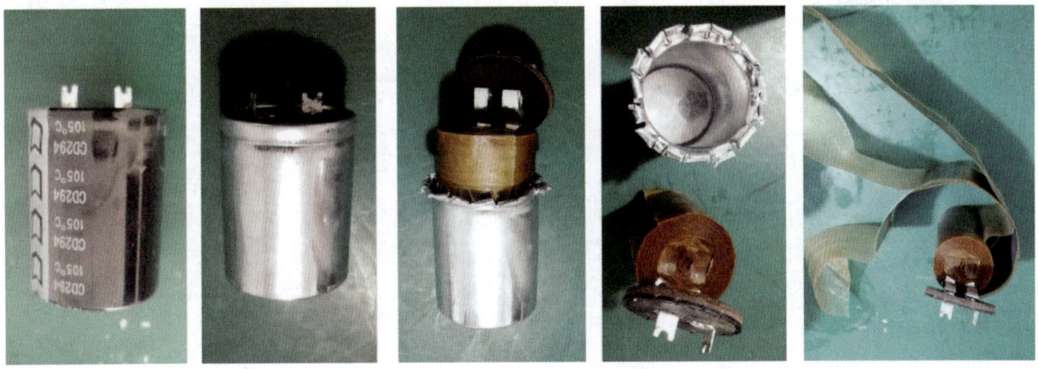

图 1-35 电解电容拆解图

图 1-36 电容器在电路中的符号

“当电容器的两个极板之间加上电压时，电容器就会储存电荷。

“电容器存储电荷的能力称为电容量，用法拉（F）表示。由于法拉电容器容量超大，所以又称为超级电容。”李师傅指着大屏幕中的图 1-34 中的超级电容讲道。

“我们常见的空调电路板中的电容器容量较小，用微法（μF）来表示，譬如图 1-34 中的直插和贴片电解电容。

“还有一些更小容量的电容，它们的体积也很小，一般用纳法（nF）或皮法（pF）表示其容量，如图 1-34 中的贴片电容。”李师傅讲解道。

（2）电容器的容量单位换算

电容器的容量单位换算以 1000 为进率，分别为法拉（F）、毫法（mF）、微法（μF）、纳法（nF）、皮法（pF）。

$$1F=1000mF$$

$$1mF=1000\mu F$$

$$1\mu F=1000nF$$

$$1nF=1000pF$$

（3）电容器的额定电压

“电容器的额定电压是指在最低环境温度和额定环境温度下可连续加在电容器上的最高直流电压，如图 1-37 所示。

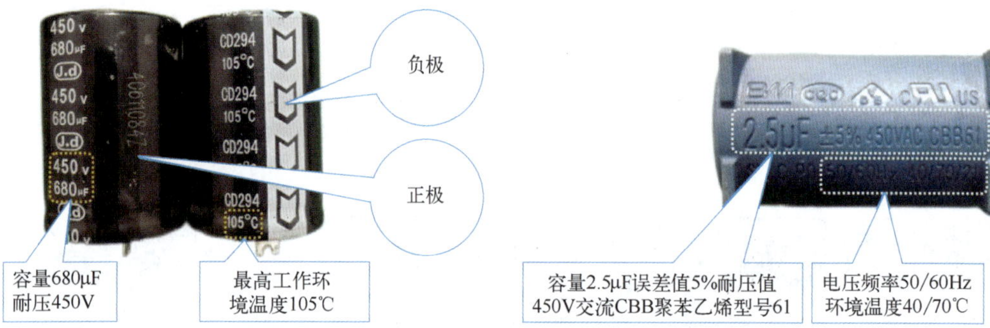

图 1-37　电容器的额定电压

“如果工作电压超过电容器的耐压值，电容器将被击穿，造成损坏。在实际环境中，随着温度的升高，电容器的耐压值将会变低，所以在进行电路设计时要选取耐压值高于实际供电电压 50% 以上的电容器，譬如 12V 直流供电的滤波电容器通常选取 25V 的电解电容器。”李师傅讲解道。

“李师傅，如果在一些高压的特殊电路中滤波电容的耐压值不够的情况下如何解决呢？”小田问道。

“可以采用串联分压的方式提升电容的耐压值，譬如，在图 1-37 中两个电解电容的耐压值是 450V，如果应用在 560V 的商用变频压缩机驱动模块滤波电路中，就需要采用 2 只串联的方式。”李师傅解释道。

“李师傅，我明白了。”小田回答道。

“李师傅，如果在实际维修中有一个电解电容器坏了，假设它的标称容量 / 耐压值是 220μF/50V，当时没有一模一样的配件，能不能用 2 个耐压值为 50V 的，一个是 120μF，另一个是 100μF 的并联后代替呢？”小张问道。

“当然可以，但值得注意的是电容器的串并联特性与电阻器刚好相反，电阻器的阻值是越并越小，越串越大，而电容器的容量是越并越大，越串越小。”李师傅喝了口水继续讲课。

（4）电容器的绝缘电阻

“什么是电容器的绝缘电阻呢？直流电压加在电容器上，产生漏电流，两者之比称为绝缘电阻。当电容器的容量较小时，其值主要取决于电容器的表面状态，当电容器的容量大于 0.1μF 时，其值主要取决于所采用的介质。通常情况下电容器的绝缘电阻越大越好。”李师傅讲解道。

（5）电容器的损耗

“电容器的损耗是指什么呢？电容器在电场的作用下，在单位时间内因发热所消耗的能量称作损耗。电容器的损耗与频率范围、介质、电导率、电容金属部分的电阻有关。一个电容器正常的损耗 *D* 值应该小于 0.2，如图 1-38 所示。”李师傅讲解道。

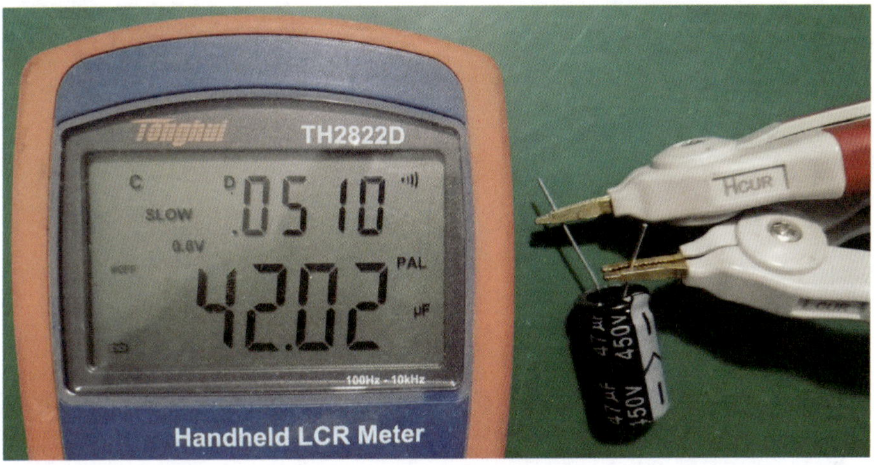

图 1-38　用电桥测量电解电容正常时显示的 *D* 值

（6）电容器的频率特性

“什么是电容器的频率特性呢？随着频率的上升，一般电容器的电容量呈下降的规律，如图 1-39 所示。

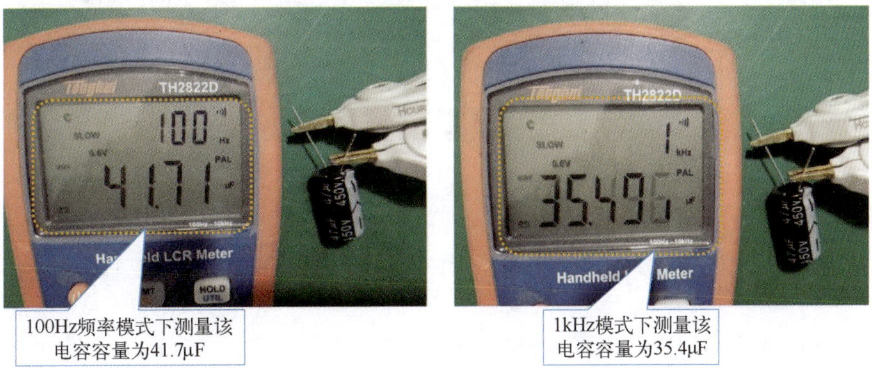

图 1-39　电容器在不同频率模式下测试对比

“当电容器工作在谐振频率以下时，表现为容性，当超过其谐振频率时，表现为感性，此时就不是一个电容而是一个电感了，所以一定要避免电容器工作于谐振频率之上。”李师傅自问自答地讲解道。

“接下来我们继续探讨电容器的分类。”李师傅一边讲解一边将大屏幕切换至图 1-34。

1.4.2 电容器的分类

（1）按有无极性分，可分为有极性与无极性两种

① 有极性电容。“图 1-34 中的超级电容、贴片电解电容、直插电解电容均属于有极性电容器。根据图 1-35 电解电容内部拆解图观察，确定电解电容的正极所接锌片与绝缘介质较厚，而负极所接锌片及绝缘介质较薄，所以有极性电容器在接入供电电路时正负极不能接反，否则会引起瞬间击穿短路的故障。”李师傅指着大屏幕讲解道。

“李师傅，当拿到一个有极性的电容器时，如何快速判断哪个引脚是正极和负极呢？”小田问道。

“参考图 1-37 中的电解电容，一道白杠对应的引脚为有极性电容器的负极，另一个引脚为有极性电容器的正极。”李师傅指着大屏幕讲道。

小田点点头表示明白了。

② 无极性电容。“安装时无须区分电容器正负极性的电容器称为无极性电容，图 1-34 中的安规电容、贴片电容、聚丙烯膜电容、可调电容、直插瓷片电容、直插独石电容、电容器排、涤纶电容、高压电容都是无极性电容。这种电容器在制作工艺中两个引脚内部所接绝缘介质相同，两个引脚在电路中可随意安装。”李师傅说道。

（2）按封装形式分，可分为直插式与贴片式两种

① 直插式电容。“电容器的两条引脚在安装时穿过电路板安装孔，进行焊接后剪去多余部分，这种安装形式的电容器称为直插式电容器。图 1-40 中箭头指向的电容器均为直插式电容器。”李师傅讲道。

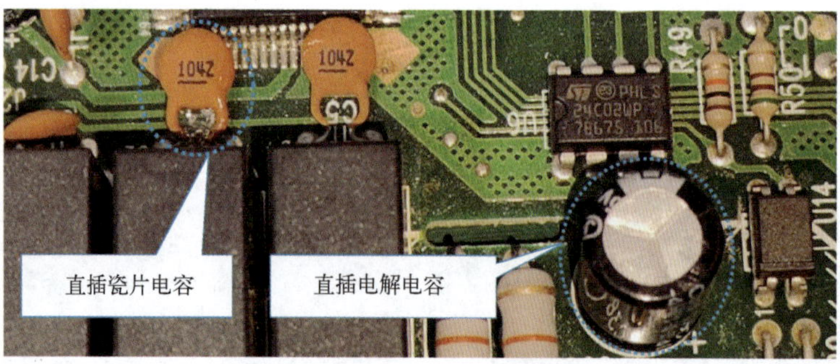

图 1-40　电容器电路板拍摄

“李师傅，我看到图 1-40 中的瓷片电容器上标注 104Z，代表什么意思呢？”小田问道。

“104Z 表示该瓷片电容的容量为 10×10^4=100nF，大写字母 Z 代表允许误差值是 +80%，-20%，如表 1-1 所示。”李师傅解释道。

表 1-1　电容器允许误差字母代码表

字母	D	F	G	J	K	M	N	P	Z	S
允许误差	± 5%	± 1%	± 2%	± 5%	± 10%	± 20%	± 30%	+100%，-0%	+80%，-20%	+50%，-20%

“李师傅，那么 102 就是代表 1000pF，对吗？”小张继续问道。

“是的。”李师傅回答道。

“接下来我们再来看一下新型电路板中采用较多的贴片电容器。”说着，李师傅将大屏幕中的 PPT 切换至图 1-41，继续讲解。

② 贴片式电容。“直接将电容器的引脚与电路板铜箔贴片焊接在一起，这种安装形式的电容器我们称为贴片式电容器。”李师傅指着大屏幕讲解道。

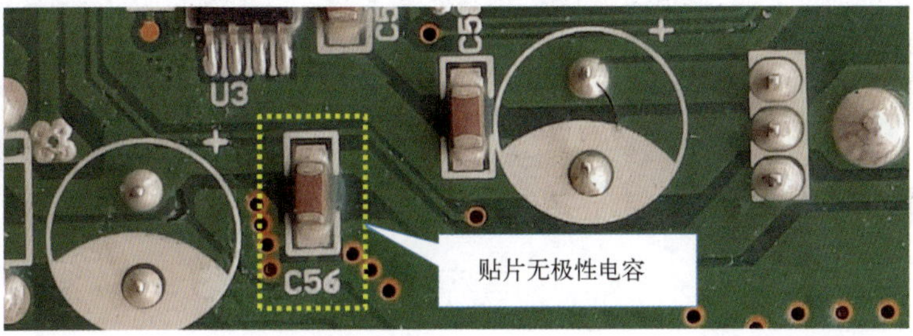

图 1-41　贴片无极性电容

“李师傅，这种贴片电容器大多没有标注容量，如何在维修时进行代换呢？”小田问道。

“对于没有容量标注的贴片电容，在代换时我们通常采用颜色和体积进行区分。理论上来说颜色和体积一样的无极性贴片电容可以直接代换，对于图 1-34 中的贴片有极性电解电容，代换时必须用原型号的电容进行代换。”李师傅回答道。

（3）按能否可调分，可分为可调式与固定式两种

① 可调电容。“在一定容量范围内可以通过调整的方式改变其容量大小的电容器称为可调电容器。如图 1-34 中的贴片式可调电容。

“可调电容器在实际应用中与固定电容具有相同的功能，但其优点是可以根据需求调整其容量的大小。如早期的调幅收音机就是通过调整可调谐振电容的容量实现改变谐振频率转换节目频道的功能。”李师傅说道。

② 固定电容。“电容器的容量为固定值的电容器称为固定电容器。图 1-34 中的安规电容、超级电容、贴片电解电容、直插电解电容、贴片电容、聚丙烯膜电容、直插瓷片电容、直插独石电容、电容器排、涤纶电容、高压电容等都是固定电容。

“接下来我们通过仿真软件演示一下电容器的功能特性。”李师傅讲解道。

1.4.3 电容器的功能特性

（1）滤波

“滤波是电容器的主要功能特性之一。

“在直流电路中，采用大容量有极性电容进行低频滤波，其容量越大，滤波效果越好，输出的直流电压越稳定，将图 1-42 滤波前和图 1-43 滤波后的波形进行对比。”李师傅讲道。

“李师傅，我经常看到一些直流滤波电路中，在一个大容量的有极性滤波电容旁边还装有一个小容量的无极性电容器，这个是干什么用的？”小张问道。

“这个小容量的无极性电容器也是滤波用的，但它滤除的是直流供电中的高频干扰信号。”李师傅解释道。

“李师傅，在交流电路中，电容器的滤波特性又是怎样的呢？”小田问道。

“在交流电路中滤波电容采用无极性电容，其电容容量越大滤除的交流信号频率越低，其容量越小滤除的交流信号频率越高。”李师傅解释道。

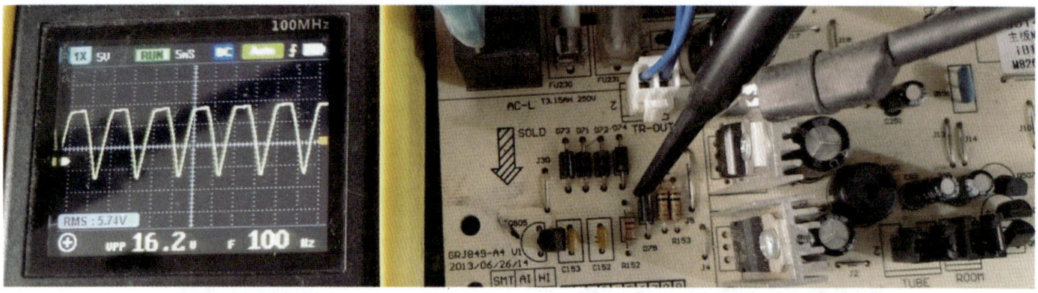

图 1-42　整流后滤波前波形

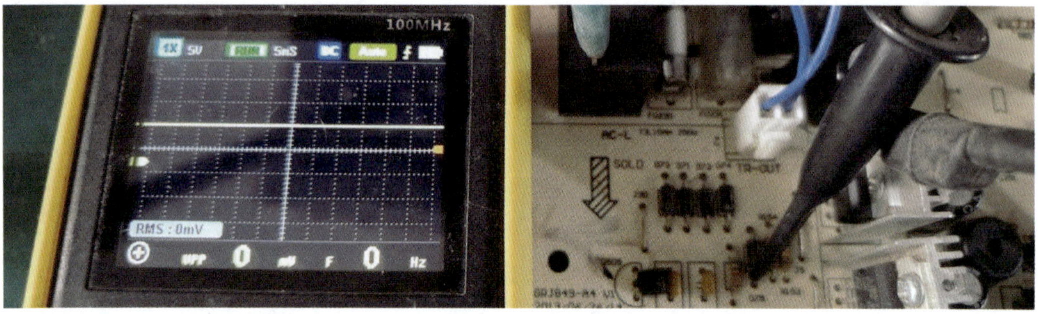

图 1-43　整流滤波后波形

（2）耦合（通交流隔直流）

“信号耦合是电容器的特性之一，其特点是通交流隔直流。高频信号耦合通常采用小容量的无极性电容器，中低频信号耦合通常采用电解电容，如图 1-44 所示。2.12V（100Hz）的交流信号经 C1 耦合后驱动 LS1 喇叭发声。通过观察，红色输入波形幅度与输出的黄色波形幅度一致。”李师傅指着大屏幕讲解道。

（3）启动与运转（延迟相位角 90°）

“在单相异步电动机中，为了实现电动机的启动及运转，通常一些大功率电动机采用两个电容器（一个负责启动，另一个负责运行），小功率电动机采用一个运转电容器。如图 1-45 所示。

“220V AC 电压经过电容器后相位角滞后 90°，为单相交流异步电动机的副绕组提供二次供电。”李师傅指着图 1-45 讲解道。

“李师傅，图 1-45 中的 S1 离心开关是怎么工作的呢？”小田问道。

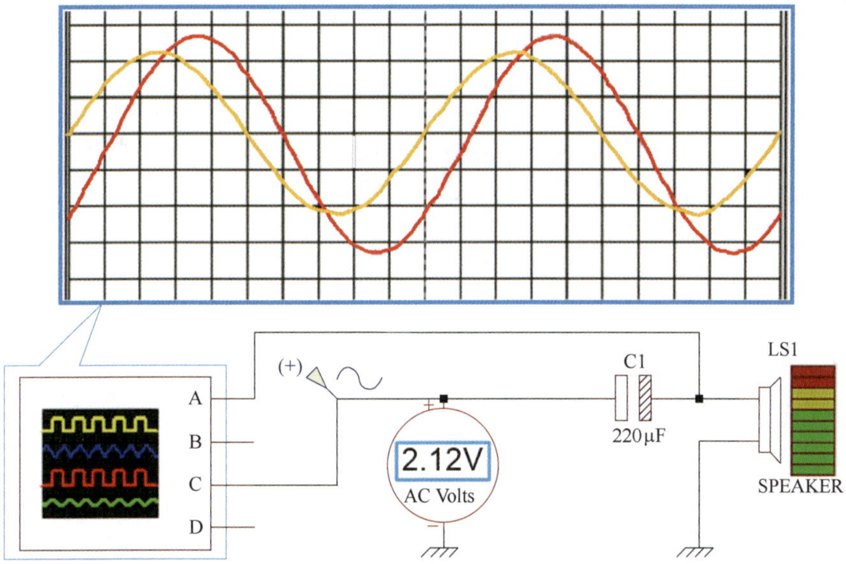

图 1-44　电容耦合仿真演示

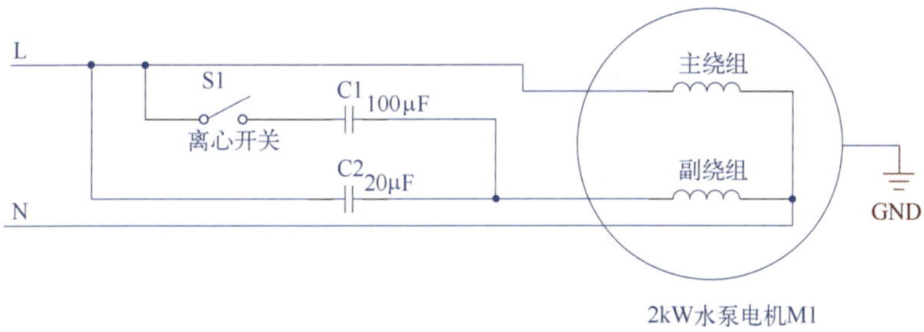

图 1-45　水泵控制电路图

“待机状态下，离心开关 S1 处于闭合状态，此时启动电容 C1 与运转电容 C2 并联，当 M1 得电启动后转，速达到一定值时，离心开关 S1 断开，L 经运转电容 C2 给副绕组持续供电。”李师傅解释道。

“接下来我们探讨一下电容器的常见故障和检测技巧。”李师傅讲解道。

1.4.4 电容器的检测

无论是在路检测还是脱机检测，电桥都是电容器的最佳测试工具之一。电容器通常有以下 5 种形态：

（1）正常

电容器的实测容量及损耗与标称值相符，误差值在规定范围内。

（2）鼓包

电容器内部损坏，必须更换。

（3）容量失效、漏电

电容器内部损坏，必须更换。

（4）击穿短路

电容器内部损坏，必须更换。

（5）性能不稳定

通常引发一些特殊故障，可以采用升温法或降温法进行局部诊断。在实际维修中，通过观察法观察滤波电容器有无漏液、鼓包、变形，如果有，直接更换即可，如果观察法没有找到坏件，那么用电桥在路检测所有电容器的 D 值找到坏件即可。

“这节课我们就讲到这里，下课。”李师傅关闭电脑离开了培训室。

1.5 电感器的识别与检测

上午 8 点，李师傅来到培训室，打开笔记本电脑开始讲课。

“这节课我们探讨一下电感器的识别与检测技巧。

“电感器简称电感，是一种电路板中常见的储能元件。

“电感器和电容器都是储能元件，但是它们的储能方式是不一样的。

“电容器就像蓄水池一样，可以存储电荷，而电感器则像魔术师一样，能把电能转化成磁能存储起来，并且它们还有一种特性就是通过电流不能瞬间突变，来则拒，去则留。”

1.5.1 电感器的识别

“电感器又称扼流圈、电抗器、动态电抗器等。在电路中用字母 L 表示，其常见实物及符号如图 1-46 所示。”李师傅指着大屏幕讲解道。

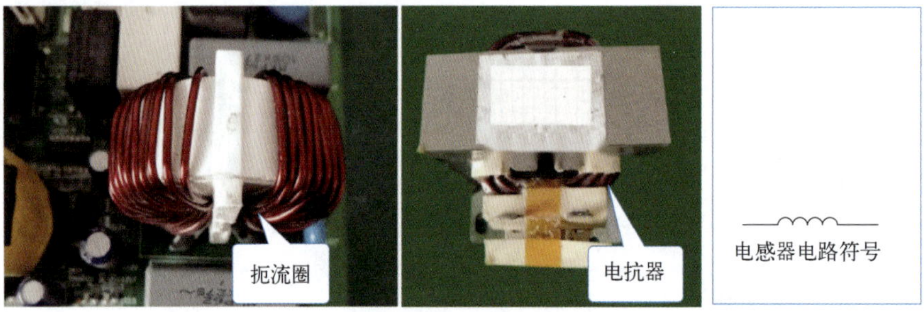

图 1-46　电感器实物及电路符号

“接下来我们探讨一下电感器的相关参数。”

（1）电感量

电感量是表示电感器产生自感能力的一个物理量。电感器电感量的大小，主要取决于线圈的圈数（匝数）、绕制方式、有无磁芯及磁芯的材料等。

通常，电感器线圈圈数越多、绕制的线圈越密集，电感量就越大。有磁芯的线圈比无磁芯的线圈电感量大；磁芯磁导率越大的线圈，电感量也越大。

电感的基本单位是亨利，简称亨，用字母 H 表示。常用的单位还有毫亨（mH）和微亨（μH）等，它们之间的换算关系是：

1H=1000mH

1mH=1000μH

电感量在电感器上的标注方法通常有以下 3 种：

① 直标法。将电感器的电感量、允许偏差、额定电流等参数直接标注在电感器上的方式称为直标法。

② 数字标注法。将电感器的电感量用数字的方式标注在电感器上的方式称为数字标注法，通常以 μH 为单位，如 152 代表 1500μH。

③ 色环标注法。将电感器的电感量、允许偏差用色环标注在电感器上的方式称为色环标注法。色环电感查询方法参考电阻器的识别与检测一节中介绍的查询软件进行查询即可。

（2）允许偏差

允许偏差是指电感器上标称的电感量与实际电感量的允许误差值。

一般用于振荡或滤波等电路中的电感器要求精度较高，允许偏差为 ±0.5%，而用于耦合、高频扼流等线圈的精度要求不高，允许偏差为 ±15%。

① 普通电感。误差值为 20%，用 M 表示；误差值为 10%，用 K 表示。图 1-46 中的扼流圈、电抗器等为普通电感器。

② 精密电感。误差值为 5%，用 J 表示，误差值为 1%，用 F 表示。

如 100M，即为 10μH，误差 20%。精密仪表、收音机高频头等所采用的是精密电感，要求非常严格，其摆放角度都要按规定执行，如图 1-47 所示。

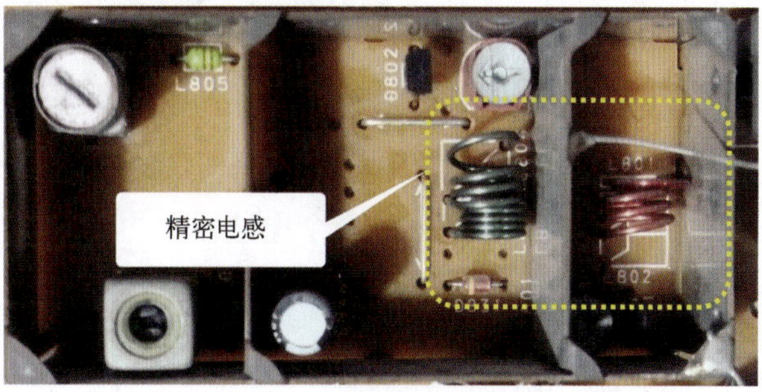

图 1-47　收音机高频头电路中精密电感实拍

（3）品质因数

品质因数也称 Q 值或优值，是衡量电感器质量的主要参数。

它是指电感器在某一频率的交流电压下工作时，所呈现的感抗与其等效串联电阻之比。电感器的 Q 值越高，其损耗越小，效率越高。

电感器品质因数的高低与线圈导线的直流电阻、线圈骨架的介质损耗及铁芯、屏蔽罩等引起的损耗等有关。

（4）损耗

电感器的损耗也称 D 值，是衡量电感器性能的重要指标之一，与其加工工艺、磁芯、线圈、匝数有关，理论上来说电感器的损耗越小其工艺越好。

1.5.2 电感器的检测

“对电感量进行检测时需要用到电感检测仪器或带电感检测功能的万用表或电桥，接下来我们用电桥演示一下扼流圈好坏的检测方法。

“在对电感器进行检测时，首先我们需要根据电感器所使用的电路设置电桥的测量频率。譬如，我们测量的扼流圈一般应用于交流滤波电路，而交流供电的频率一般为 50Hz，所以我将电桥测试频率调整为最低的 100Hz。

“我们通过电桥可以查看电感器的重要指标电感量、Q 值、D 值来判断该电感器的好坏，如图 1-48 所示为扼流圈正常时测试数据，图 1-49 为扼流圈有匝间短路时测试数据。”李师傅指着大屏幕讲解道。

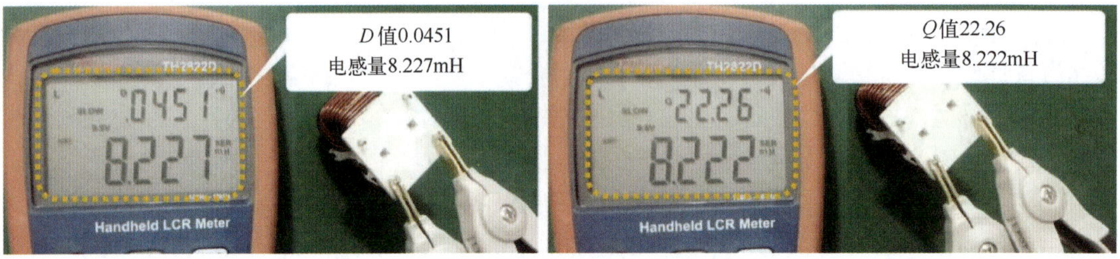

图 1-48　扼流圈正常测试数据

图 1-49　扼流圈有匝间短路时测试数据

“李师傅，如果我拿到一个电感器上边没有标注电感量，如何判断它的好坏呢？”小田问道。

“首先我们通过观察的方法进行简易判断，观察这个电感器的漆包线有无发黑过流现象，如果有的话就可以判断这个电感器坏了。如果外表看不出来（有绝缘纸包裹），我们可以利用电桥进行测量。

“通过该电感器的应用电路选择合适的频率挡位，通常看这个电感器的 D 值损耗，一般小于 0.1 为正常，大于 0.1 为异常，需要更换。”李师傅解释道。

“这节课我们就讲到这里，课后大家用电桥实际练习一下测试技巧。”说完，李师傅离开了培训室。

1.6　二极管识别与检测

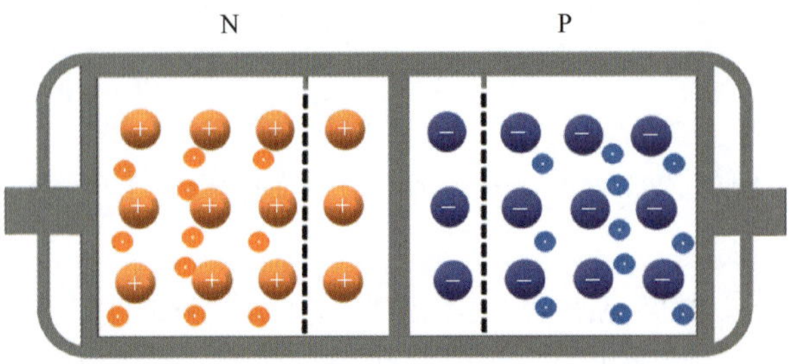

图 1-50　二极管内部结构图

课间休息 10 分钟后，李师傅来到培训室，打开笔记本电脑，开始讲课。

“今天我们这节课探讨的主题是：二极管的识别与检测，我们一起来看图 1-50。

“二极管内部有一个 PN 结，正极为 P 型半导体，负极为 N 型半导体，具有单向导电性，这就是二极管名称的由来。

“二极管按用途不同，可分为整流二极管、稳压二极管、发光二极管、钳位二极管、检波二极管等；按封装形式不同，可分为直插式二极管和贴片式二极管。”李师傅讲解道。

1.6.1 二极管的识别

（1）整流二极管

“整流二极管是一种将交流电转变成直流电的半导体元件，如图 1-50 所示，其内部由 P 型半导体与 N 型半导体两种材料组成，中间有一个 PN 结，正是基于这种结构，二极管具有单向导电性，电流由正极流入负极流出。整流二极管根据所采用的材料不同分为硅管和锗管。

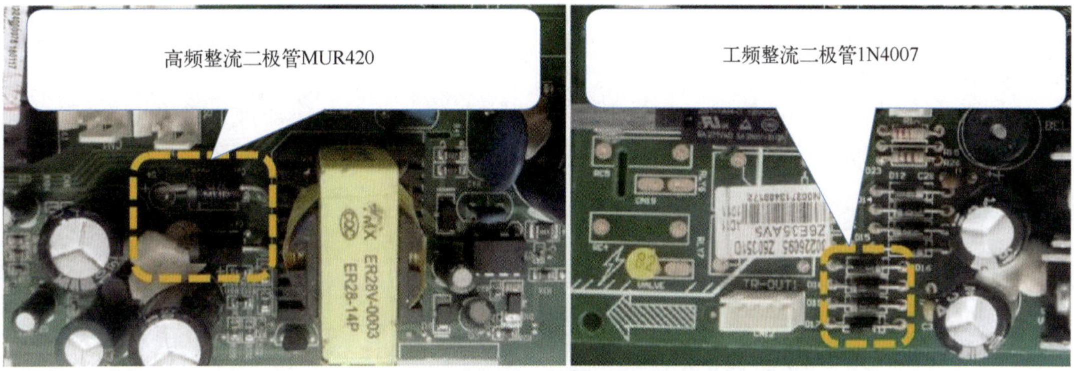

图 1-51　常见整流二极管电路实拍

“整流二极管通常根据使用的电路不同分为高频整流二极管（MUR420）和工频整流二极管（1N4007）两种，如图 1-51 所示。”李师傅指着大屏幕讲解道。

“李师傅，我看到整流二极管 1N4007 上边有一道白杠，同时上边还标有一些英文字母，都代表什么意思呢？”小田问道。

“接下来我们就以整流二极管 1N4007 为例，详细介绍一下其电路符号及标号字母含义。由于 1N4007 的实物比较小，很难拍摄清楚，我们特别绘制了放大数倍的 3D 图形进行演示，如图 1-52 所示。”李师傅说着将大屏幕切换到整流二极管 3D 仿真图。

“国标规定，整流二极管在电路中用 VD 表示，实际应用中有时也用 D 表示，在电路中的符号如图 1-52 的右图所示。MIC 代表生产厂家代号。

“1N4007 代表整流二极管型号，其中 1 代表该半导体器件有 1 个 PN 结即二极管，N 代表已在美国 EIA 电子工业联盟注册登记，4007 代表该器件在美国 EIA 的登记号。

“查询 1N4007 安森美技术手册，其基本参数如下所述。

“正向浪涌承受能力：30A。

“平均整流正向电流：1A。

“最高反向耐压：1000V。

“最大反向漏电电流：5μA。

“最大反向峰值电流：30μA。

“工作温度：-65 ～ +150℃。

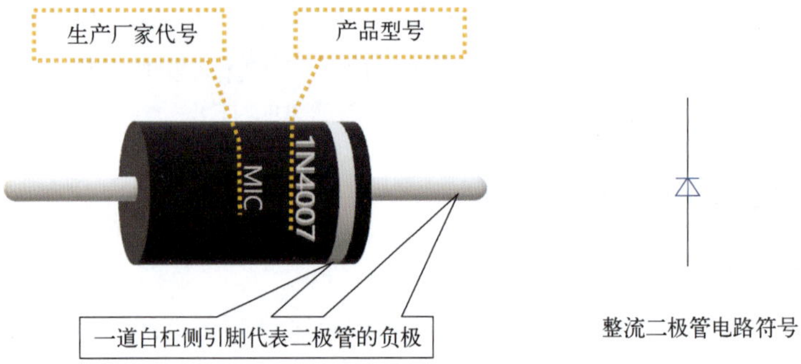

图 1-52　整流二极管 3D 仿真图及电路符号

“该二极管由于优良的性能，被广泛应用于工频整流电路中。”李师傅讲解道。

“李师傅，我明白了。”小田点头回复道。

“李师傅，整流二极管的主要功能是将交流电转换为直流电，其具体是如何工作的呢？我不太明白。”小张问道。

“接下来我就以一个最简单的半波整流电路仿真演示一下其电压波形变化过程。”李师傅说着打开了仿真软件，设计好相关电路后启动仿真，显示如图 1-53 所示。

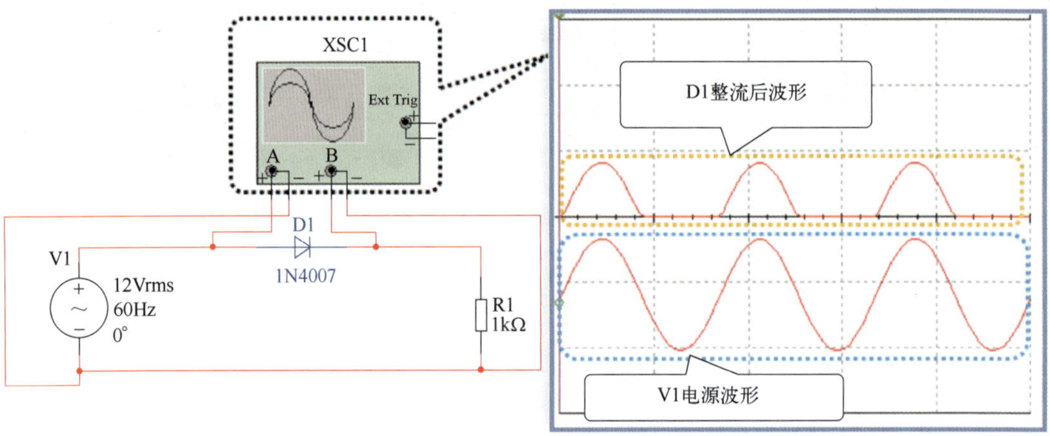

图 1-53　二极管整流仿真演示

“通过图 1-53 可以看出，12V、60Hz 的交流电经整流二极管 D1 整流后在 R1 两端产生脉动直流电压。”李师傅解释道。

“这个脉动直流电压再经过滤波电容滤波后产生相对稳定的直流电，对吗？李师傅。”小张问道。

“是的。”李师傅回答道。

（2）稳压二极管

“稳压二极管是利用二极管反向击穿时，两端电压即稳定在某一数值，不随电流大小的变化而变化的特性，在电路中起到稳定电压的作用。常见稳压二极管的外形及电路符号如图 1-54 所示。

“稳压二极管中间一般都直接用数字标注了其稳压值，如 749A 为 1N4749A 的简写，其稳压值为 24V。”李师傅指着大屏幕中的图 1-54 讲解道。

图1-54　常见稳压二极管电路实拍及符号

“李师傅，你是怎么知道图1-54中749A稳压二极管的稳压值为24V的呢？”小田问道。

“通过半岛小芯手机软件查询其PDF技术手册，手册上标有稳压二极管参数稳压值对照表，如表1-2所示。”李师傅解释道。

表1-2　稳压二极管型号参数对照表

型号	稳压值	测试电流	最大稳压器阻抗			最大反向漏电流	
	V_Z/V	I_{ZT}/mA	Z_{ZT}/Ω	Z_{ZK}/Ω	I_{ZK}/mA	I_R/μA	V_R/V
1N4727	3	83	10	400	1	150	1
1N4728	3.3	76	10	400	1	150	1
1N4729	3.6	69	10	400	1	100	1
1N4730	3.9	64	9	400	1	100	1
1N4731	4.3	58	9	400	1	50	1
1N4732	4.7	53	8	500	1	10	1
1N4733	5.1	49	7	550	1	10	1
1N4734	5.6	45	5	600	1	10	2
1N4735	6.2	41	2	700	1	10	3
1N4736	6.8	37	3.5	700	1	10	4
1N4737	7.5	34	4	700	0.5	10	5
1N4738	8.2	31	4.5	700	0.5	10	6
1N4739	9.1	28	5	700	0.5	10	7
1N4740	10	25	7	700	0.25	10	7.6
1N4741	11	23	8	700	0.25	5	8.4
1N4742	12	21	9	700	0.25	5	9.1
1N4743	13	19	10	700	0.25	5	9.9
1N4744	15	17	14	700	0.25	5	11.4
1N4745	16	15.5	16	700	0.25	5	12.2
1N4746	18	14	20	750	0.25	5	13.7
1N4747	20	12.5	22	750	0.25	5	15.2

续表

型号	稳压值	测试电流	最大稳压器阻抗			最大反向漏电流	
	V_Z/V	I_{ZT}/mA	Z_{ZT}/Ω	Z_{ZK}/Ω	I_{ZK}/mA	I_R/μA	V_R/V
1N4748	22	11.5	23	750	0.25	5	16.7
1N4749	24	10.5	25	750	0.25	5	18.2
1N4750	27	9.5	35	750	0.25	5	20.6
1N4751	30	8.5	40	1000	0.25	5	22.8
1N4752	33	7.5	45	1000	0.25	5	25.1
1N4753	36	7	50	1000	0.25	5	27.4
1N4754	39	6.5	60	1000	0.25	5	29.7
1N4755	43	6	70	1500	0.25	5	32.7
1N4756	47	5.5	80	1500	0.25	5	35.8
1N4757	51	5	95	1500	0.25	5	38.8
1N4758	56	4.5	110	2000	0.25	5	42.6
1N4759	62	4	125	2000	0.25	5	47.1
1N4760	68	3.7	150	2000	0.25	5	51.7
1N4761	75	3.3	175	2000	0.25	5	56
1N4762	82	3	200	3000	0.25	5	62.2
1N4763	91	2.8	250	3000	0.25	5	69.2
1N4764	100	2.5	350	3000	0.25	5	76

“参考图 1-54，稳压二极管印有彩色色环或灰色横杠的一侧引脚为负极，另一端为正极。

“稳压二极管的安装方法与普通二极管不同，它的正极接电源的负极、负极接电源的正极才能起到稳定电压或保护的目的。”李师傅讲道。

“李师傅，稳压二极管在电路中稳定电压还容易理解，你刚才讲到有的电路中稳压二极管是起保护作用的，它是如何工作的呢？”小田问道。

“接下来我们就用仿真软件演示一下 1N4749 这个 24V 稳压二极管如何在电源电路中保护后级负载。”讲完，李师傅打开仿真软件，设计了一个简单的保护电路，如图 1-55 所示。

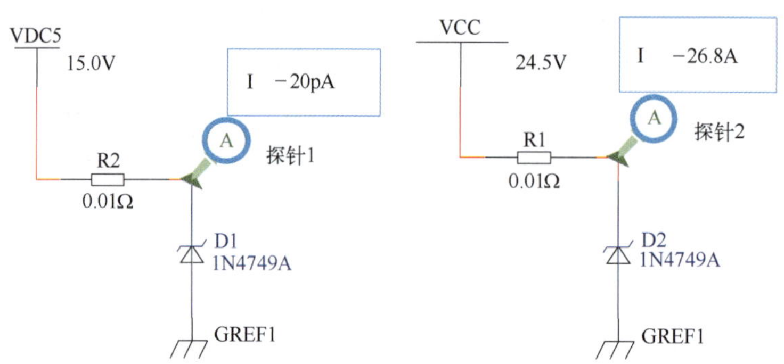

图 1-55 稳压二极管 1N4749 保护特性

“开关电源正常工作时输出稳定的直流电压为 15V，供给负载使用，此时该电压加在稳压二极管 D1 上，流过 D1 的电流非常小，为 20pA，此时 D1 对 15V 供电的影响可以忽略不计。

“当由于某种原因开关电源稳压环路失控后引起 15V 供电升高至 24.5V 时，经限流电阻 R1 后在稳压二极管 D2 上产生 26.8A 电流，此时 D2 已经击穿短路，保护了后级负载免受高电压损坏。D2 击穿后无法恢复，当开关电源稳压故障排除后更换一个同型号新元件即可。”李师傅解释道。

“李师傅，如果我在实际维修中需要一个 24V 稳压二极管，但手边没有同规格的元件，我可不可以用两个 12V 稳压二极管串联后代替这个元件使用？”小张问。

“当然可以。”李师傅回答道。

（3）发光二极管

“发光二极管简称 LED，3D 仿真及电路符号如图 1-56 所示。

图 1-56　发光二极管 3D 仿真及电路符号

“按封装形式可分为直插式和贴片式两种，如图 1-57 所示。

“按发光颜色可分为红、橙、黄、绿、青、蓝、紫、白 8 种颜色。

“按发光二极管的发光强度不同可分为普通发光二极管和高亮发光二极管。

“根据发光二极管的特点，其被广泛应用于电源指示、故障指示、照明、液晶电视背光等领域。”李师傅指着大屏幕讲解道。

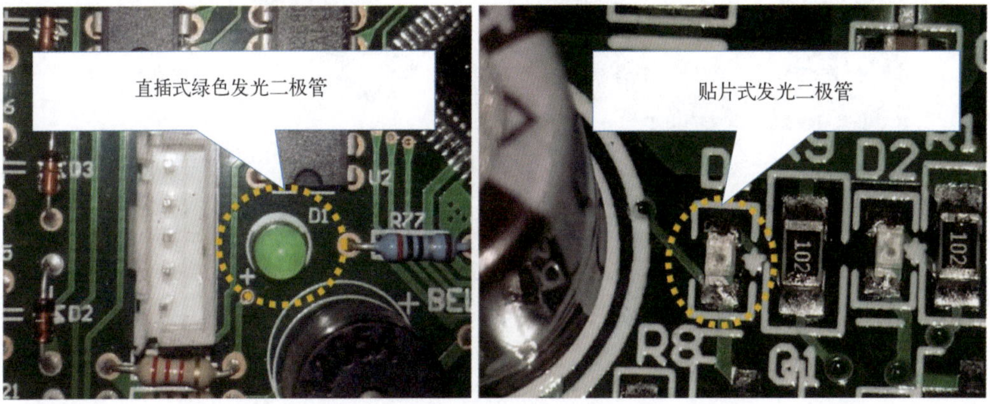

图 1-57　发光二极管电路实拍

“李师傅，当我拿到一只发光二极管时，为了避免安装错误，如何判断它的正负极呢？”小田问道。

“通常可以通过以下两种方法判断直插式发光二极管的极性。

“按引脚长短判断：一般新购买的发光二极管引脚长的为正极，短的为负极，如图 1-56 中发光二极管 3D 仿真中所示。

“按内部所接基片大小判断：根据图 1-56 中的 3D 仿真图可以看到，发光二极管内部基片大的接负极，基片小的接正极。”李师傅指着大屏幕讲道。

“李师傅，如果一块主板上的发光二极管不亮，我如何判断它的好坏呢？”小张问道。

“由于发光二极管的内阻较大，用万用表很难判断其好坏，通常我们采用外加直流电的方法进行测试，如图 1-58 所示。

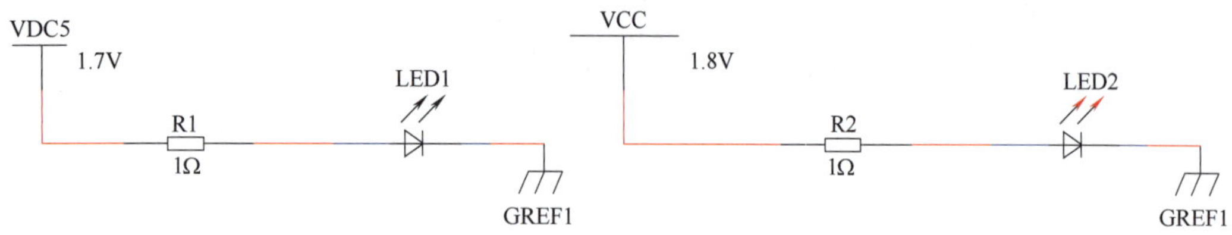

图 1-58　发光二极管仿真测试

在图 1-58 仿真测试中，当给 LED1 加上 1.7V 直流电压时不能点亮，当给 LED2 加上 1.8V 直流电压时发光二极管点亮。由此我们得出结论，在用直流可调电源测试发光二极管时，供电电压设定在 1.8 ～ 3V 之间即可判断发光二极管的好坏。”李师傅解释道。

（4）钳位二极管

“在电路中将某一点的电压限制在一定范围内所采用的二极管称为钳位二极管。

“图 1-59 中的 1N4148 就是常见的钳位二极管。阴极环一侧代表二极管的负极，另一侧代表正极。”李师傅指着大屏幕讲道。

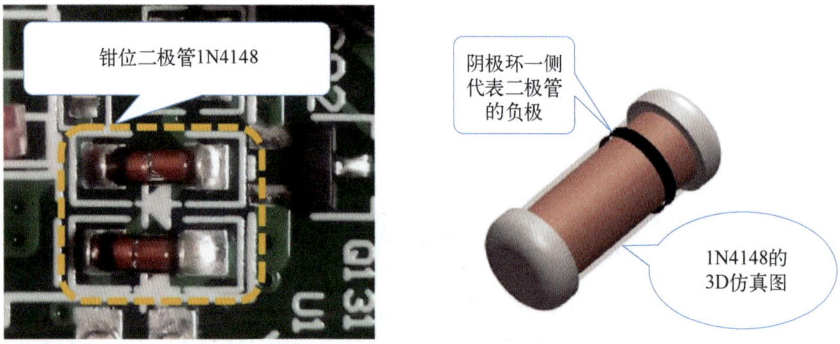

图 1-59　钳位二极管电路实拍及仿真图

“李师傅，钳位二极管在实际电路中是如何工作的呢？”小田问道。

“接下来我们就以直流母线电压检测电路中的钳位二极管为例介绍一下其工作原理。”李师傅说着打开仿真软件，设计了两个直流母线电压检测电路进行对比，演示有钳位二极管与没有钳位二极管的差异。

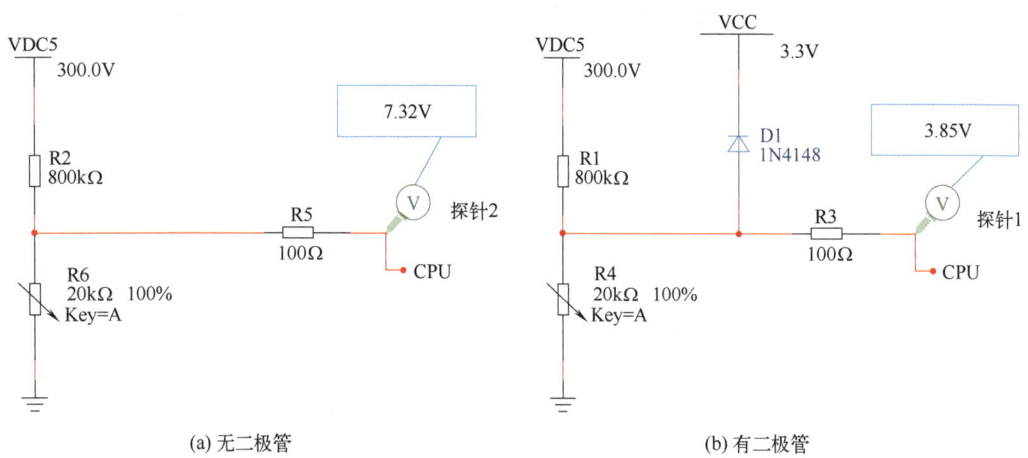

图 1-60　钳位二极管保护电路仿真演示

“在图 1-60 中，CPU 的供电为 3.3V，模拟量输入引脚上限电压是 4V，一旦输入电压超过 CPU 的上限电压就会造成内部损坏。R6 正常阻值为 5kΩ，我们用可调电阻模拟其阻值变大到 20kΩ 时 CPU 检测引脚的电压值。

“未加钳位二极管保护电路的探针 2 显示此时 CPU 该引脚电压为 7.32V，内部因电压已经远超上限 4V 而损坏。

“增加钳位保护二极管 D1 的电路，探针 1 显示此时 CPU 该引脚电压为 3.85V，低于上限电压 4V，CPU 得到有效保护。”李师傅指着大屏幕解释道。

（5）检波二极管

“用于将高频或中频载波上的低频（音频）信号解调出来的二极管称为检波二极管。用于调幅收音机的检波二极管有国产的 2AP 型、进口的 1N60 型等，其材料为频率特性良好的锗材料，如图 1-61 所示。”李师傅指着大屏幕讲解道。

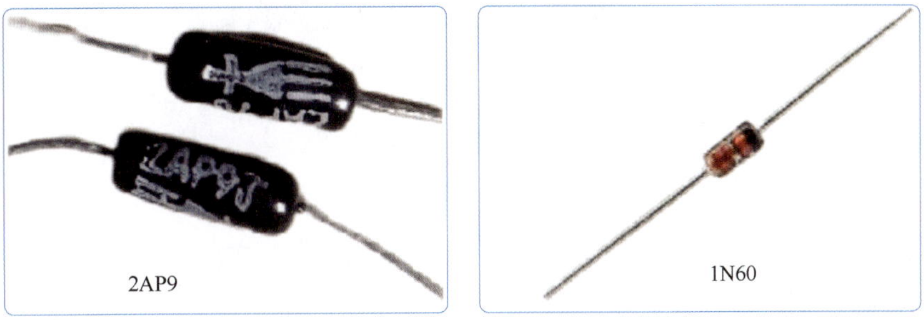

图 1-61　检波二极管

“李师傅，检波二极管的定义用语言文字描述很难理解，能不能用仿真模型演示一下，让我们看看具体的检波过程？”小田问道。

“好的，接下来我们就用仿真软件设计一个调幅收音机检波电路，用示波器观察检波二极管的工作原理。”李师傅说着打开仿真软件开始设计调幅收音机检波电路图。

5 分钟后，李师傅画好了仿真图，启动软件显示如图 1-62 所示画面，李师傅指着大屏幕开始讲解。

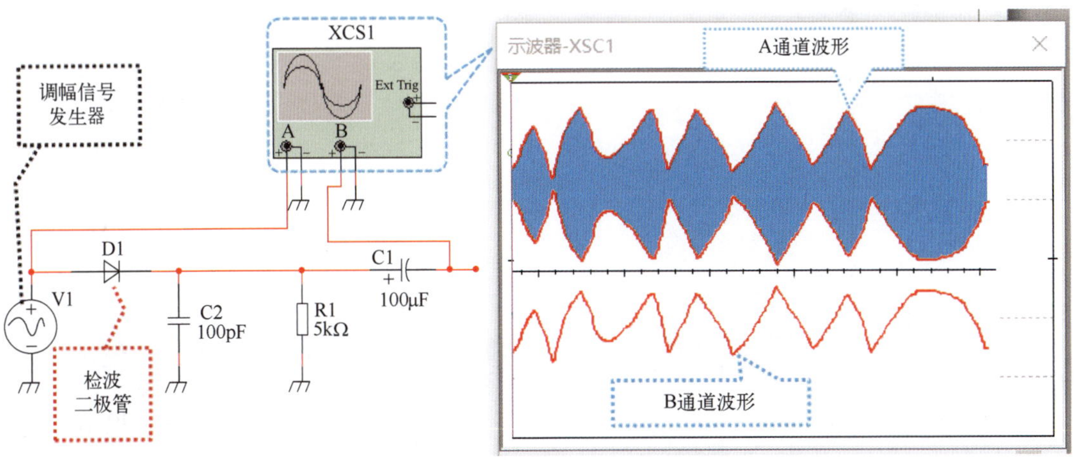

图 1-62　调幅收音机检波原理图

“调幅信号发生器发出 500kHz ～ 1.5MHz 包含音频的调制信号→经检波二极管 D1 检波、高频旁路电容 C2 滤波→经电容 C1 去除直流成分，将音频信号提取再经后级放大后驱动扬声器发声。该电路中 R1 为负载电阻。”李师傅喝了口水，继续讲解二极管的检测。

1.6.2 二极管的检测

在实际电路维修中二极管常见以下四种形态：

（1）正常

用万用表打阻法在路或脱机测试二极管正反向压降与正常值相符，如图 1-63 所示。

（2）开路

用万用表二极管挡测量二极管正反向压降处于高阻或无穷大状态。

图 1-63　在路测试 1N4007 正常值

（3）短路

用万用表打阻法测量二极管正反向压降处于导通状态。

（4）漏电

用万用表打阻法测量二极管正反向压降与正常值比对有较大误差。

“以上是我们常用的方法。”李师傅讲道。

“李师傅，我看到有的师傅在路测试二极管时常常使用一种叫 UI 曲线测试仪的工具，能否给我们演示一下？”小田问道。

“好的，接下来我们就用仿真软件演示一下二极管使用 UI 曲线测试仪的测量方法。”李师傅说着打开仿真软件，用 UI 曲线测试仪模拟测试 1N4007 的正常、开路、短路三种状态，如图 1-64 所示。

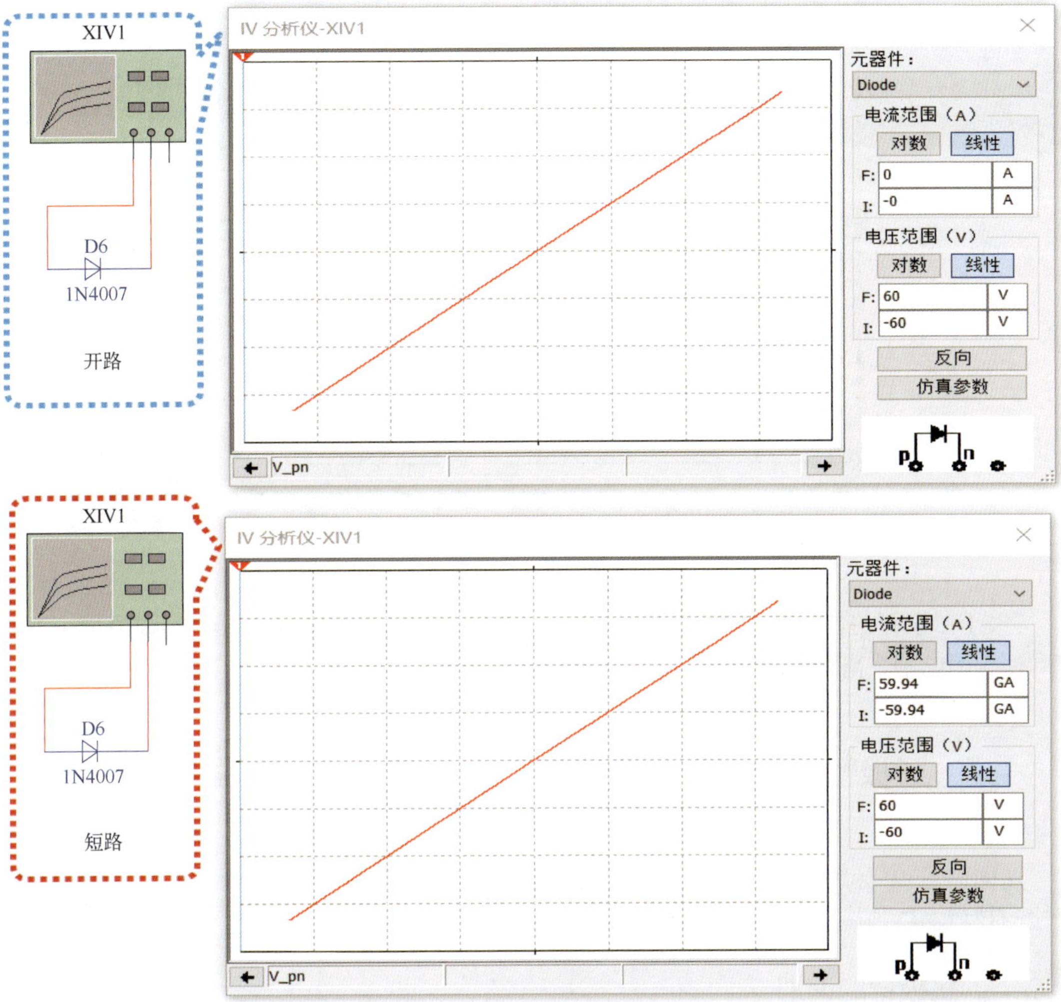

图 1-64　UI 仿真测试 1N4007 曲线状态对比

“通过大屏幕上的图 1-65，我们可以很直观地看到二极管 D6 在正常、开路、短路时的曲线变化及电流变化，为实践维修提供参考依据。”李师傅讲解道。

“李师傅，我还有一个问题，稳压二极管稳压性能不良用万用表很难判断它的好坏，在实际维修中有没有好的方法可以判断稳压二极管的性能好坏呢？”小张问道。

“如果稳压二极管开路或短路，用万用表二极管挡很容易判断出来，但是稳压性能不良的问题万用表显得无能为力，在实践维修中可以采用外加直流可调电源的方法进行测试。

“比如，你拿到一个 24V 的稳压二极管，可以在上机之前用直流可调电源做如下测试。

“直流可调电源短路电流设定为 2A，从 0 ～ 30V 逐步加大电压观察可调电源电流显示状态，如果电压在小于 24V 时电流很小，大于 24V 时电流急速增加，证明该稳压二极管是好的。当然如果有条件，也可以用 UI 曲线测试仪进行测试，如图 1-65 所示。”李师傅讲解道。

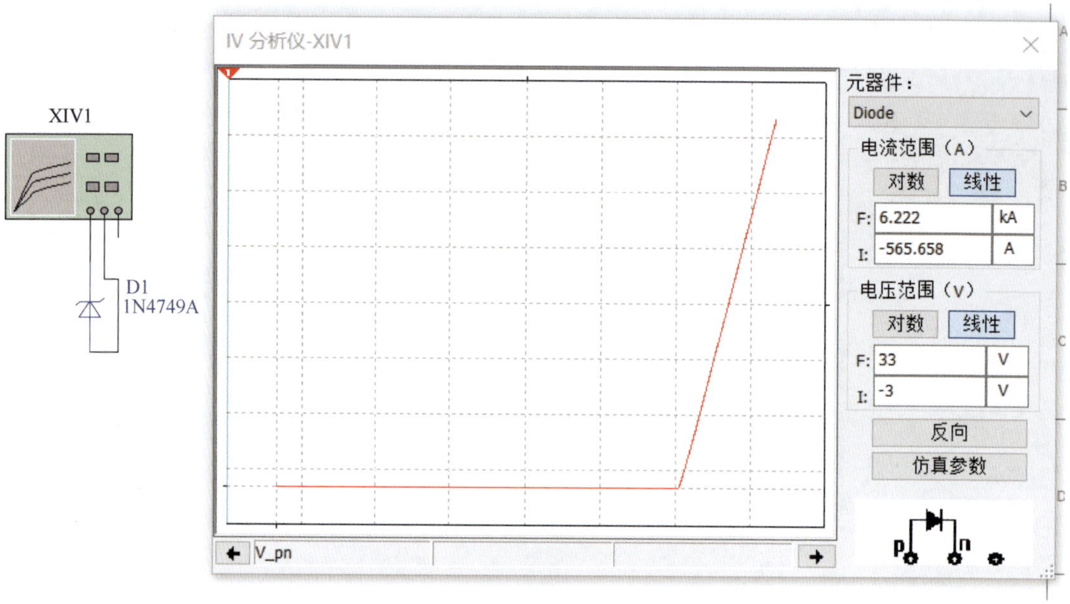

图 1-65　UI 仿真曲线测试 1N4749

“关于二极管的识别与检测这节课讲完了，课后大家可以根据今天所学实践测试一下。”李师傅关闭电脑，离开了培训室。

1.7　三极管的识别与检测技巧

课间休息 10 分钟后，李师傅来到培训室，打开笔记本电脑，大屏幕显示：三极管识别与检测技巧，李师傅开始讲课。

1.7.1　三极管的识别

（1）NPN 型三极管识别

“三极管根据结构不同分为两种：一种是 NPN 型三极管，如图 1-66 所示；还有一种是 PNP 型三极管，如图 1-73 所示。

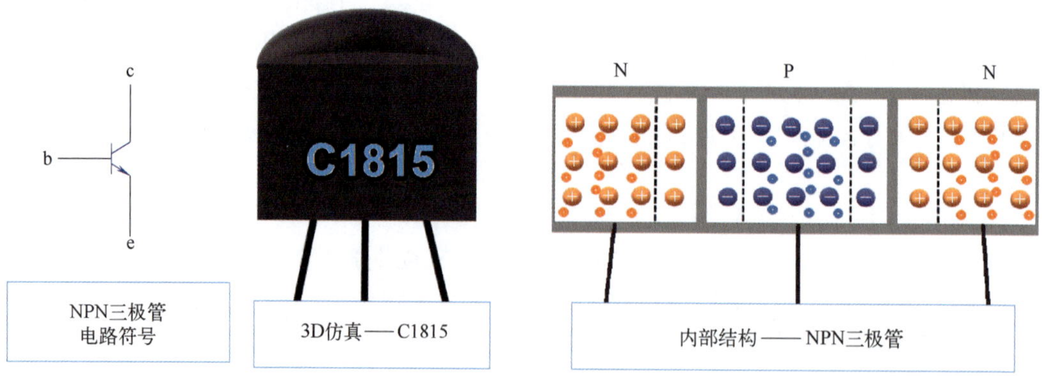

图 1-66　NPN 型三极管

“三极管按生产时所采用的材料不同可分为硅管和锗管。

“三极管按封装形式不同可分为直插式和贴片式两种，如图 1-67 所示。

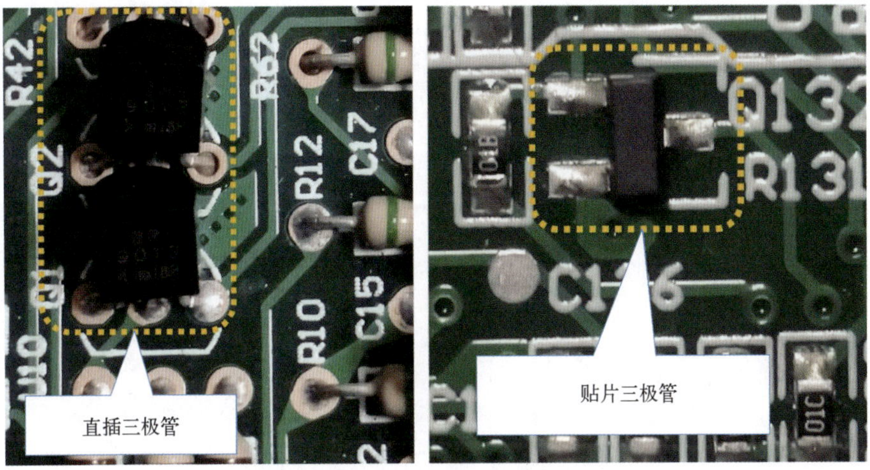

图 1-67　三极管电路实拍

“通过图 1-67 可知，NPN 型三极管就是由两个掺有杂质的 N 型半导体和一种掺有杂质的 P 型半导体组成，其内部有两个 PN 结，分别从内部三个半导体材料中各引出一条导线用于外部电路连接，这就是三极管名称的由来。

“为了便于识别研发，工程师对三极管的三条腿分别进行定义命名。

“一条腿定义为基极，用小写字母 b 来表示；一条腿定义为发射极，用小写字母 e 来表示；还有一条腿定义为集电极，用小写字母 c 来表示。

“图 1-66 左侧图片为 NPN 三极管的电路符号。

“三极管按实际电路应用不同有截止区、放大区、饱和导通区三种状态，利用三极管的这三种状态可以将其用于信号放大、电子开关电路中。接下来我们用仿真软件模拟演示三极管的这三种状态。”李师傅说着打开仿真软件。

李师傅指着大屏幕图 1-68 开始讲解三极管的工作状态之一——截止区。

“仿真中主要元件介绍：XSC1 为双通道示波器，A 通道为红色波形，显示检测 V1 信号源波形为 1mV、1000Hz 交流信号。B 通道为绿色波形，显示检测经三极管 Q1 放大后集电极输出波形。

“Q1 为 2SC1815 NPN 型三极管，放大倍数为 200 倍。

“C1、C2 为耦合电容。VCC 为 Q1 基极上偏置 5V 供电。VDC5 为 Q1 集电极上偏置 12V 供电。R1、R3 为上偏置电阻。调整 R3 的阻值可以改变 Q1 的工作状态。

“在图 1-68 仿真中，上偏置电阻 R3 的选值为 100MΩ，在 Q1 的基极对地产生的压降为探针 2 所示的 322mV，Q1 的集电极对地压降为探针 1 所示的 12V。示波器显示通道 B 无信号波形。这种状态我们称之为三极管 Q1 处于截止区。此时 Q1 的 b-e 极电流非常小，小到可以忽略不计，Q1 的 c-e 极没有电流通过，就像一个开关处于断开状态一样。

“如果我们设计这个电路的目的是将 V1 的信号进行放大，那么显然这个电路设计有问题，我们需要对 R3 进行调整后，让 Q1 进入放大区，如图 1-69 所示。

“通过对比图 1-69 与图 1-68，电阻 R3 由 100MΩ 调整为 80kΩ，此时 Q1 处于放大区，放大倍数为 200 倍，V1 输入 1000Hz 交流信号为 1mV，经 Q1 放大后输出波形为 200mV。”李师傅指着大屏幕讲解道。

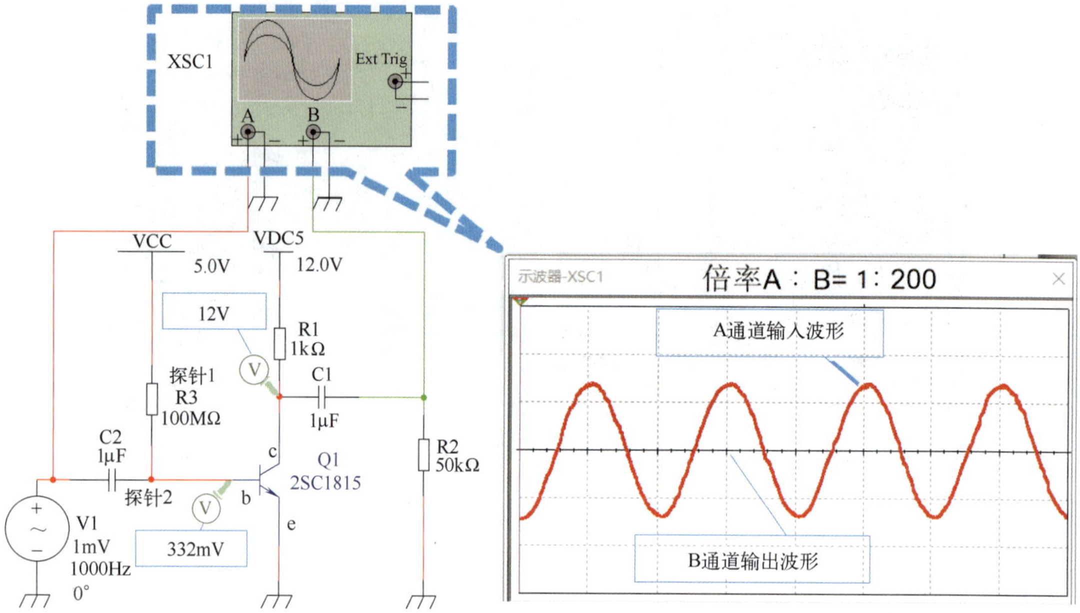

图 1-68　三极管的三种状态——截止区

“李师傅，通过图 1-69 中示波器波形我发现放大前波形与放大后波形相位偏移了 180°，为什么呢？”小田问道。

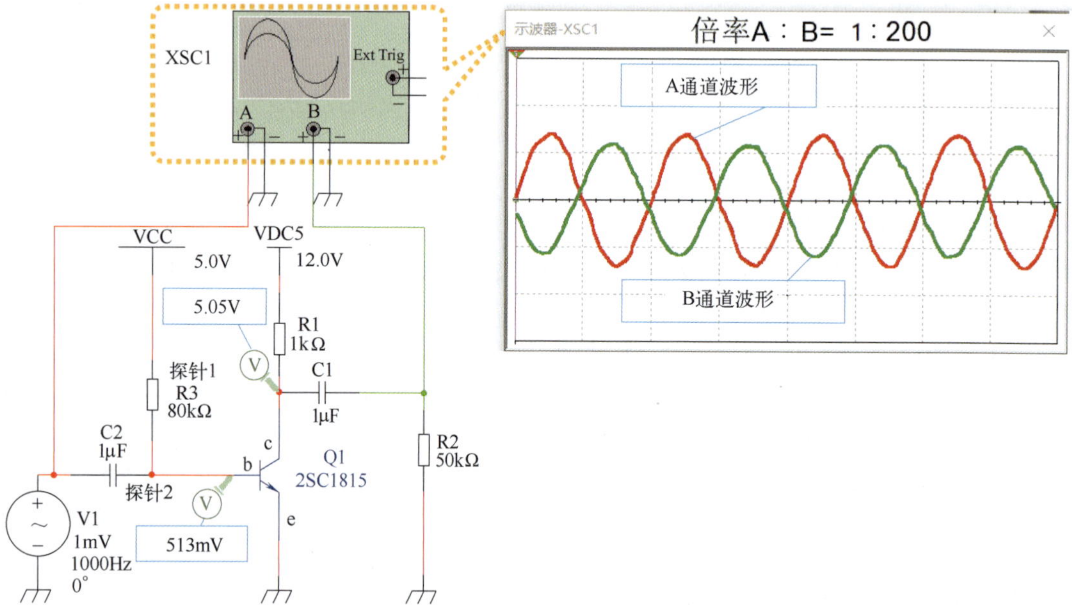

图 1-69　三极管的三种状态——放大区

“倒相放大是 NPN 型三极管的特性。”李师傅回答道。

“李师傅，三极管放大电路在早期的模拟电路中常见，现在为什么很少见到了？”小张问道。

“科技在不断地进步，由于三极管的放大功能受到倍率、温度的影响，稳定性无法满足精密仪器仪表、工控等领域的要求，所以工程师们发明了运算放大器，代替了三极管。”李师傅解释道。

小张点点头，表示明白了。

“李师傅，我在一些变频板的通信电路中常常看到一些三极管，它们在这里不是起放大作用，那是干什么用的呢？”小张问道。

“通信电路中的三极管通常是工作在开关状态，作为电子开关使用的，换句话说，这个三极管不是工作在放大区，它只工作在截止区（关）与饱和导通区（开）。”李师傅解释道。同时，李师傅将大屏幕上的图片切换到了图 1-70，指着大屏幕开始讲解。

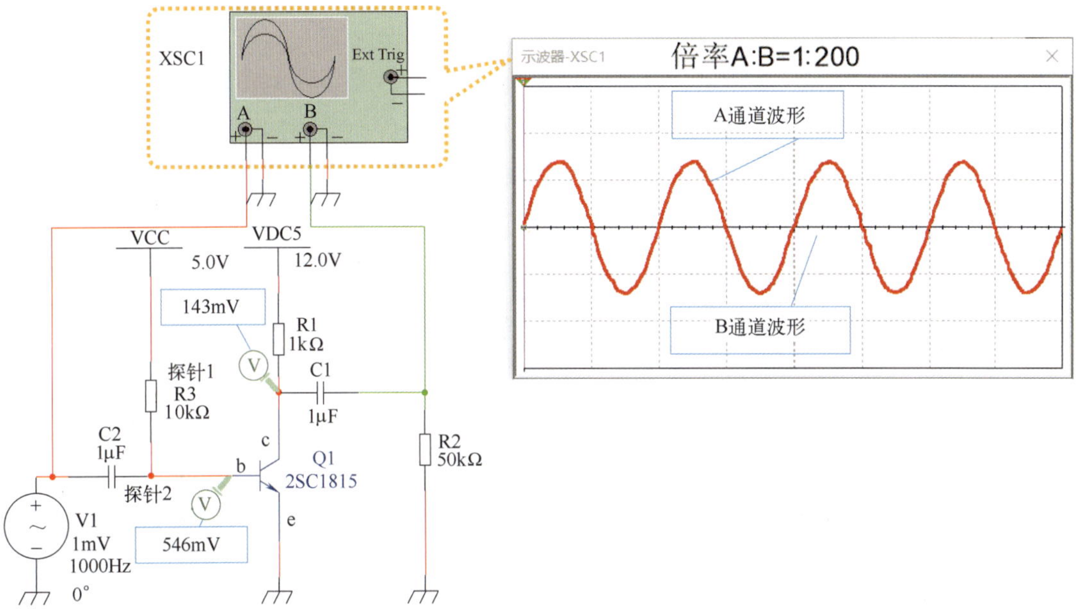

图 1-70　三极管的三种状态——饱和导通区

“在图 1-70 中，当我们将 Q1 的上偏置电阻设定为 10kΩ 时，Q1 进入了饱和导通区。此时 Q1 的 b-e 极电压为探针 2 显示值 546mV，Q1 的 c-e 极电压为探针 1 显示值 143mV。Q1 的 c-e 极就像一个开关闭合了一样。

“利用三极管的这种截止与饱和特性，我们可以很方便地将其用作电子开关，控制 LED、继电器、光耦等电路。”李师傅讲解道。

“李师傅，三极管的三种工作状态我明白了，三极管如何作电子开关控制继电器工作，能不能用仿真软件演示一下？”小张问道。

“好的。”李师傅答道。李师傅打开仿真软件设计了一个三极管控制 LED 电路，如图 1-71 所示。

“图 1-71 中的 Q1 就是一个电子开关，CPU 的 5 脚输出高电平 5V 时→经限流电阻 R2 后加在 Q1 的 b-e 极的电压为 686mV（探针 3 所示），此时 Q1 已经饱和导通→ c-e 极产生的压降为 182mV（探针 2 所示）→发光二极管 U1 内部有电流通过开始发光。

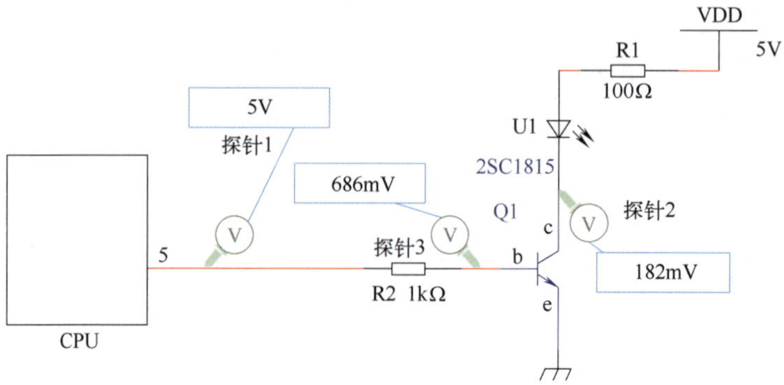

图 1-71 三极管的开关演示——打开

“当 CPU 的 5 脚输出低电平 0V 时→ Q1 进入截止区→ U1 内部无电流通过不发光，如图 1-72 所示。”李师傅讲解道。

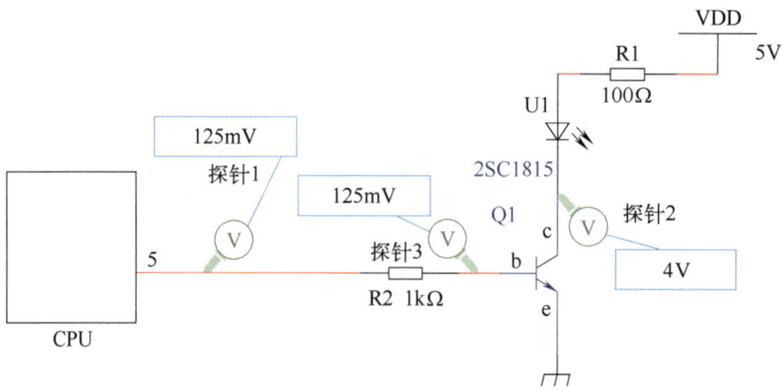

图 1-72 三极管的开关演示——关闭

“李师傅，如果我打算用三极管 Q1 控制光耦、继电器线圈等负载，是不是可以这样理解，我只需要将 U1 换成光耦、继电器线圈就可以了？”小田问道。

“理论上来说是这样的，在实际的电路设计中需要根据驱动负载计算后选取相应的限流电阻 R1 和供电电压 VDD。”李师傅解释道。

“这节课我们就讲到这里，课间休息 10 分钟，下节课继续探讨 NPN 型三极管的孪生兄弟 PNP 型三极管。”说完，李师傅离开了培训室。

（2）PNP 型三极管的识别

课间休息 10 分钟后，李师傅来到培训室，打开笔记本电脑，大屏幕上显示图 1-73，李师傅开始讲课。

“通过观察图 1-73 中的 PNP 型三极管，我们发现，虽然与 NPN 型三极管外形相似，但是内部结构和电路符号是有很大差别的。这种 PNP 型三极管是由两种 P 型半导体和一种 N 型半导体组成的，这也是它名字的由来。虽然名字不同，符号不同，但是它们的引脚命名方式是一样的，基极用小写字母 b 表示，发射极用小写字母 e 表示，集电极用小写字母 c 表示。

“在中间这个 PNP 型三极管的正面写着几个字——A1015，根据经验，通常以 A 开头的大多是 PNP 型三极管，以 C 开头的大多是 NPN 型三极管，这也是识别三极管的方式之一。

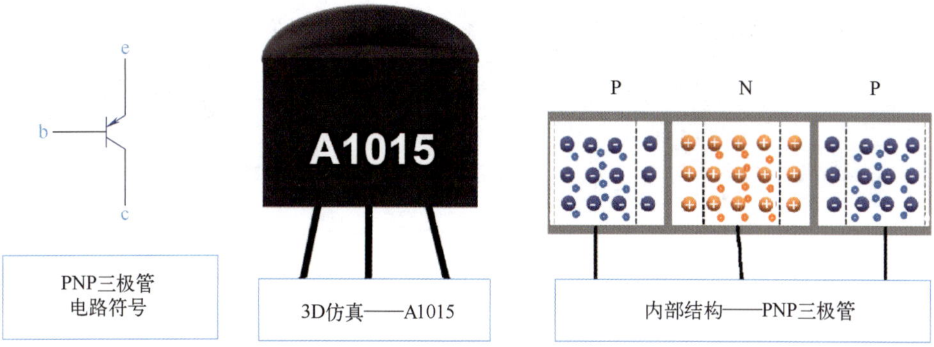

图 1-73　PNP 型三极管的识别

“最左侧的图片为 PNP 型三极管的电路符号。通过与 NPN 型三极管的电路符号比较，我们发现，这个 PNP 型三极管的电流流向正好与 NPN 型三极管相反。所以在实际电路应用中需要注意，但其功能与 NPN 型三极管相同，同样存在截止区、放大区、饱和导通区三种状态。”李师傅讲解道。

“李师傅，如果我拿到一个三极管，上边的标号看不清了，我如何判断它是 PNP 型的还是 NPN 型的，以及它的基极、集电极、发射极呢？”小田问道。

“这正是我们接下来要探讨的问题。”说着，李师傅拿来万用表和两只没有标号的三极管给大家演示判断方法。

1.7.2 三极管的检测

（1）PNP、NPN 三极管的判断方法

“在进行测量之前，我们需要注意的是，你所选用的万用表不同，测量方法也有所不同。数字万用表和指针万用表的测量方法是相反的，因为表笔内部所接电池的正负极不同。

“我们接下来用数字万用表二极管挡进行演示，数字万用表红表笔接内部电池正极，所以当用红表笔测试某个三极管时，红表笔接基极，黑表笔测发射极和集电极都导通，证明该三极管为 NPN 型，如图 1-74 所示。

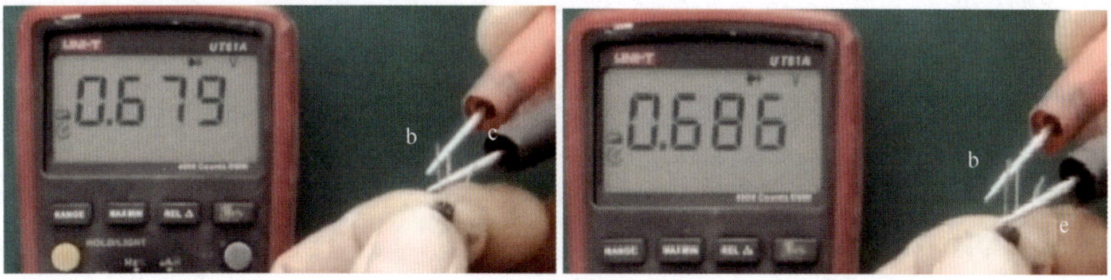

图 1-74　NPN 型三极管判断

“如果用黑表笔测量某个三极管基极，红表笔测集电极和发射极都导通，证明该三极管为 PNP 型，如图 1-75 所示。”李师傅说道。

（2）三极管的基极、集电极、发射极判断方法

“在三极管加工时，工程师将 b-e 之间压降比 b-c 间压降设计得稍微大一点。利用这个特性可以判断三极管的集电极（c）和发射极（e）。

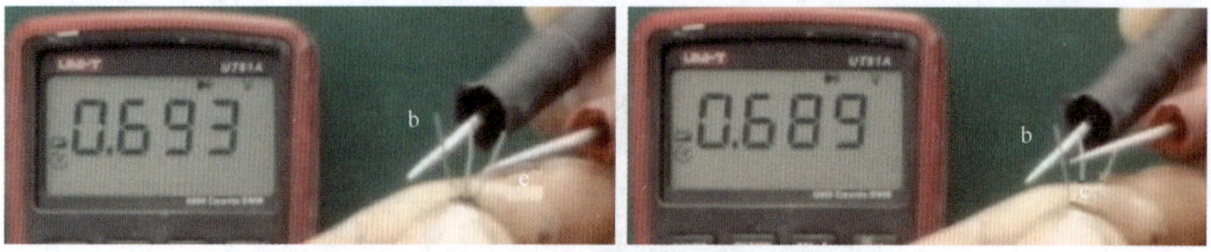

图 1-75 PNP 型三极管的判断

“参考图 1-70、图 1-71，先找到三极管的基极（b），再根据 b-e 电压 >b-c 电压特性找到 e、c 极即可。”李师傅讲解道。

（3）三极管放大倍数的测量

“将万用表调到 HFE 挡位（三极管的放大倍数专用），插上专用测试座，参考图 1-76 所示。”李师傅指着大屏幕讲解道。

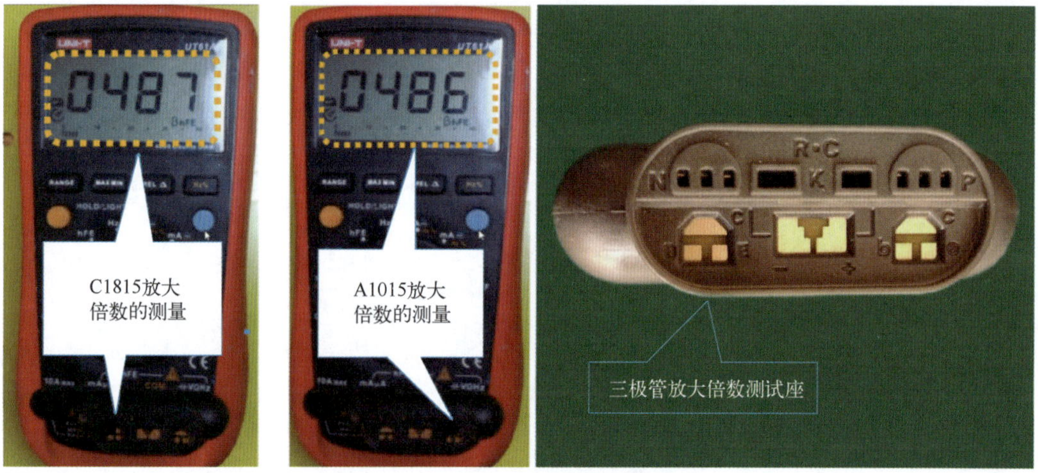

图 1-76 三极管放大倍数的测量

“李师傅，三极管的放大倍数及极性判断我明白了，在实际维修中我如何判断三极管的好坏呢？”小田问道。

“在实践维修中，无论是在路检测还是脱机检测，只要三极管不具备正常测试结果即可判定该三极管坏了，进行更换即可。”李师傅回答道。

“这节课我们就讲到这里，下课。”说完，李师傅关闭电脑，离开了培训室。

1.8 MOS 管与 IGBT 的识别与检测

课间休息 10 分钟后，李师傅来到培训室，打开笔记本电脑，大屏幕显示：MOS 管、IGBT 的识别与检测技巧，李师傅开始讲课。

1.8.1 MOS 管的识别与检测

“MOS 管，属于场效应管的一种，其外形封装与三极管类似，根据安装形式不同可分为直插式与贴片式两种。

"按其内部结构不同又分为 P 沟道、N 沟道两种，如图 1-77 所示，N 沟道 MOS 管栅极加正压，漏极与源极导通，相当于 NPN 型三极管，P 沟道 MOS 管栅极加负压，漏极与源极导通，相当于 PNP 型三极管。MOS 管为电压控制型，三极管为电流控制型，这是 MOS 管与三极管的不同之处，相同之处是 MOS 管也具有截止区、放大区、饱和导通区三种状态。

图 1-77　MOS 管的电路符号

接下来我们以大功率铁壳 MOS 管 IRF245 为例详述其三种工作状态。

"如图 1-78 所示，我们用仿真软件中图示仪的直流扫描功能观察一下大功率 MOS 管 IRF245 的三种工作状态。"李师傅讲道。

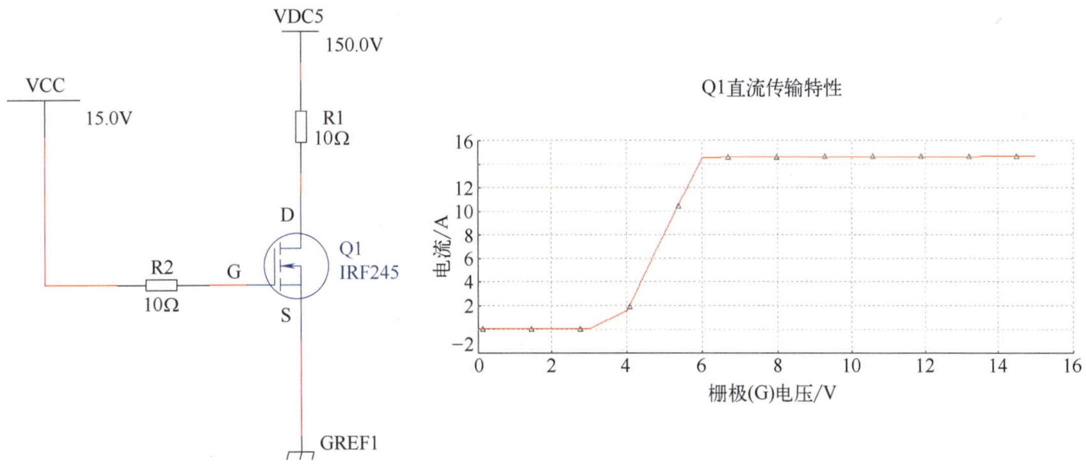

图 1-78　IRF245 直流扫描曲线图

① 截止区。当 Q1 的栅极电压在 0 ～ 3V 时，流过 R1 的电流为 0A，Q1 处于截止区。

② 放大区。当 Q1 的栅极电压在 3 ～ 6V 时，流过 R1 的电流呈曲线上升状态，Q1 处于放大区。

③ 饱和导通区。当 Q1 的栅极电压在 6 ～ 15V 时，流过 R1 的电流达到上限 15A 的稳定状态，Q1 处于饱和导通区。

了解了 MOS 管的工作原理后，在实际维修中通常采用以下几种方法判断其好坏：

① 直流可调电源测试法。用一个直流可调电源，将可调电源输出电压调整为 15V，表笔短路电流调整为 3A，如图 1-79 所示进行检测。

② 万用表二极管挡测试法。将数字万用表调到二极管挡，如图 1-79 所示进行检测即可。

③ 耐压测试仪检测法。用耐压测试仪测试 MOS 管的耐压值，与所查询的技术手册进行耐压比对，若大于或等于标称耐压值，证明管子正常，若小于标称耐压值，证明管子性能不良。

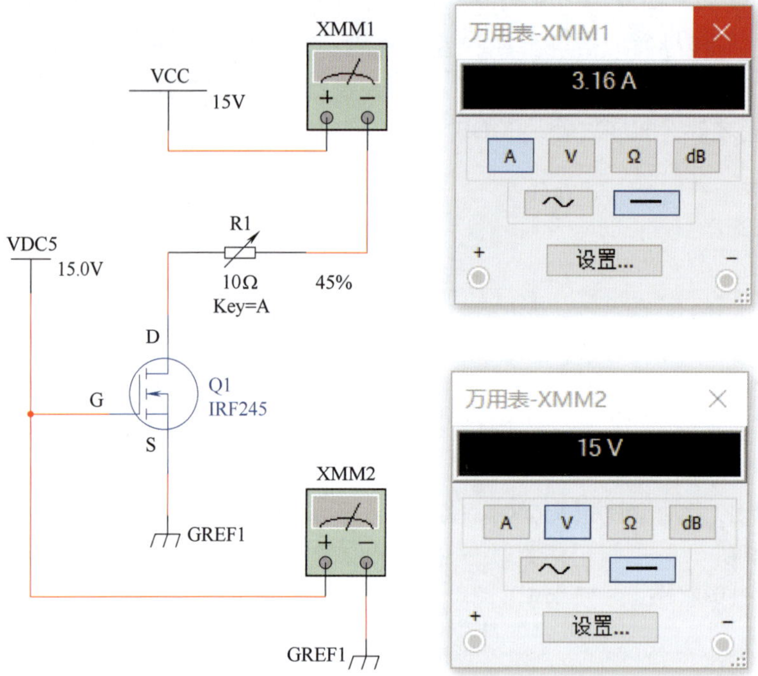

图 1-79　电压法检测 MOS 管

1.8.2 IGBT 的识别与检测

“虽然 MOS 管开关速度快，但其驱动功率小，载流密度小，导通压降大，不适用于大功率负载应用。

“虽然电力晶体管（GTR）的载流密度大，饱和导通压降低，但其驱动电流较大，不便于电路控制应用。

“经过工程师的创新设计，将 MOS 管与 GTR 管进行组合，取长补短，一种新型的大功率半导体器件产生了，命名为绝缘栅双极型晶体管，简称 IGBT（insulated gate bipolar transistor）。其电路符号如图 1-80 所示。

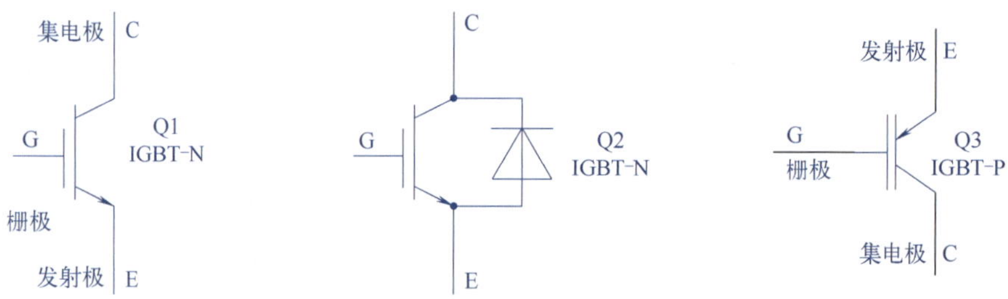

图 1-80　IGBT 电路符号

“在图 1-80 中，Q1 为 N 型 IGBT，相当于 PNP 型三极管，Q2 为带阻尼 N 型 IGBT，Q3 为 P 型 IGBT，相当于 NPN 型三极管。IGBT 与三极管的不同之处在于，三极管是电流控制型，IGBT 是电压控制型，相同之处是 IBGT 也具有截止区、放大区、饱和导通区三种工作状态，在实际电路应用中仅作为大功率开关元件使用，换句话说在电路应用中 IGBT 应工作在截止区或饱和导通区两种工作状态。”李师傅讲解道。

“李师傅，如果在实际电路维修中，我实测某个 IGBT 工作在放大区，一般是什么原因引起的？”小田问道。

“引起该现象的原因通常是驱动电路或 IGBT 本身出现故障，接下来我们用仿真软件的直流扫描曲线看一下具体变化过程。”李师傅解答道。

参考图 1-81 介绍 IGBT Q2 的三种工作状态：

① 截止区。当 Q2 的栅极供电电压在 0 ～ 5V 时，Q2 的 C-E 极处于截止区，流过 R1 的电流为 0A。

② 放大区。当 Q2 的栅极供电电压在 5 ～ 7V 之间时，Q2 的 C-E 极处于放大区，流过 R1 的电流呈曲线变化状态。

③ 饱和导通区。当 Q2 的栅极供电电压在 7 ～ 15V 之间时，Q2 的 C-E 极处于饱和导通区，流过 R1 的电流处于 30A 的稳定状态。

“IGBT 的检测方法与 MOS 管检测方法相同，这节课我们就讲到这里，下课。”李师傅关闭电脑离开了培训室。

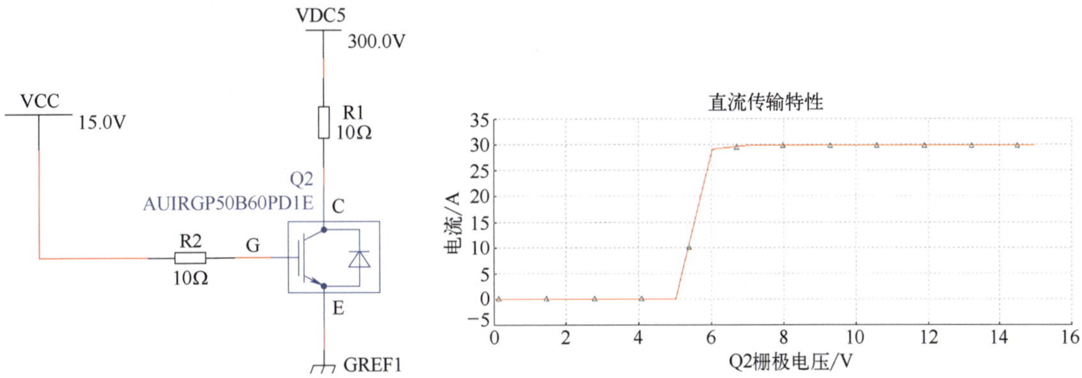

图 1-81　IGBT 直流扫描曲线图

1.9　整流模块的识别与检测

李师傅来到培训室，打开笔记本电脑，大屏幕显示：整流模块的识别与检测技巧，李师傅开始讲课。

1.9.1　整流模块的识别

“图 1-82 中标注了常见的 3 种整流模块实物图及电路符号。

“① 号整流模块为小功率整流模块，又称为整流桥，其内部是将 4 个整流二极管以桥式整流的方式集成在一起，引出 4 个引脚，其中 2、4 号引脚接交流电输入，1、3 号引脚整流输出。这种小功率整流桥常用于开关电源的交变直流供电中。

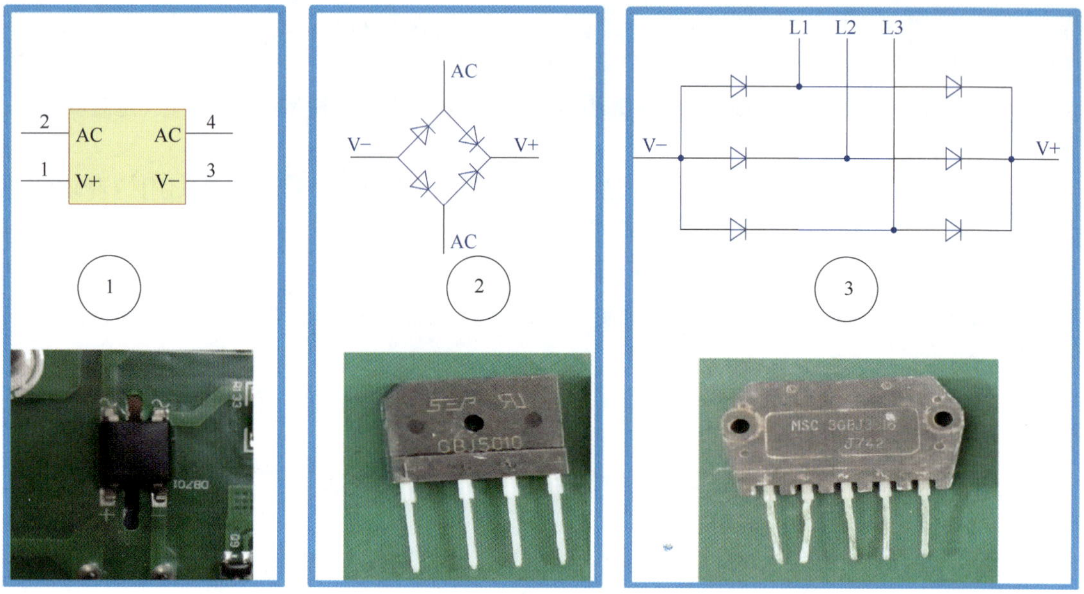

图 1-82　整流模块的识别

“② 号整流模块为中功率整流模块，又称整流桥，其内部是将多个整流二极管以桥式整流的方式集成在了一起，外部引出 4 个引脚，中间两个引脚为交流电输入，外侧两边引脚为直流输出，带有“+”号的引脚为直流正极输出，带有“-”号的引脚为直流输出负极。这种整流模块通常在空调中为变频模块提供 300V 直流供电使用。

“③号整流模块为中功率整流模块又称三相整流桥，其内部是将多个大功率整流二极管以三相桥式整流的方式集成在了一个模块内部，外部引出了 5 条腿，其中间 3 条腿为 L1、L2、L3 三相 380V 交流电输入端，最外侧两条腿为直流输出，带有‘+’号的引脚为直流输出正极，带有‘-’号的引脚为直流输出负极。这种整流模块通常在商用空调中为变频模块提供 560V 直流供电使用。”李师傅指着大屏幕中的图片讲道。

“李师傅，我看到在③号图片中的整流模块上边印有两行小字，这代表什么意思呢？”小田问道。

“参考图 1-83 右侧图片进行解说，在这个三相整流桥上标注的两行小字代表含义为：MSC 代表生产厂家代号；3GBJ 代表三相整流桥；3516 代表整流桥的额定电流是 35A，耐压 1600V；J617 代表产品代号。

“其中最有用的参数是它的额定电流及耐压值，在没有同型号配件进行代换时需要参考，代换时必须大于或等于原模块参数。”李师傅解释道。

“接下来我们以图 1-82 中②号整流桥为例介绍一下整流模块的检测技巧。”李师傅拿来一个整流桥进行测试演示。

1.9.2 整流模块的检测

“参考图 1-84 用数字万用表二极管挡，需要注意的是数字万用表红表笔内部接电池的正极，黑表笔内部接电池的负极，红表笔接整流模块的直流负极引脚，黑表笔接交流输入引脚，万用表显示压降为 0.509V。

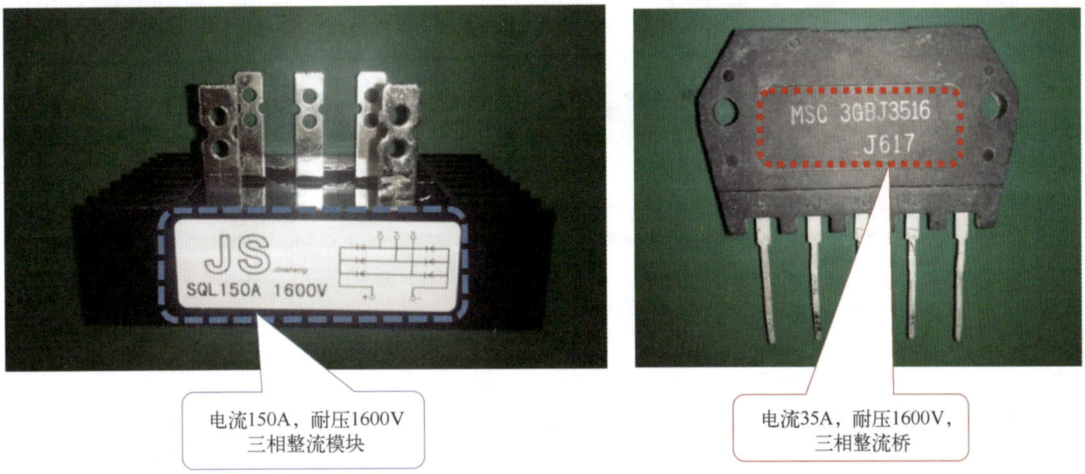

图 1-83　整流模块参数的识别

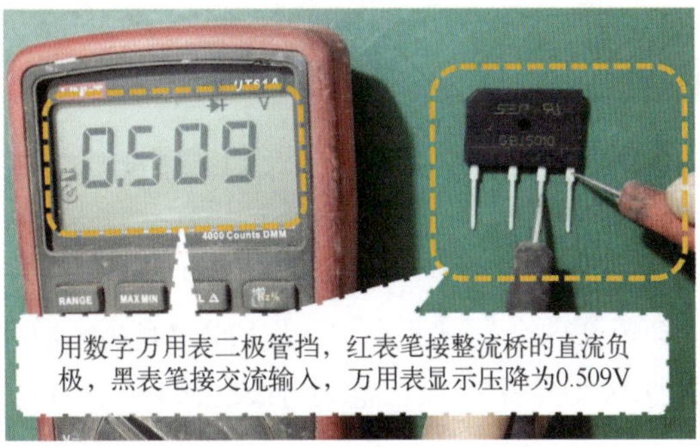

图 1-84　整流桥的检测

“参考图 1-82 中②号整流桥符号可知，此时测量显示压降值为整流桥中一桥臂压降值，测量另一交流输入引脚，其显示压降值也应该相近为正常，如果偏差很大证明整流桥内部损坏。

“在实际维修测量中，通常整流模块的功率越大所测压降值越小，其判断好坏的方法是红表笔接负极，黑表笔所测两个（或三个）交流输入端与负极压降，相近且有一定的压降值即为正常，如果所测压降值为 0 或偏差较大证明该整流模块损坏。

“接下来我们看一下用数字万用表测量整流桥的正负极直流输出引脚的压降值，如图 1-85 所示。

“用数字万用表二极管挡，红表笔接整流桥的直流负极，黑表笔接直流正极，万用表显示压降值为 0.95V。

“参考 1-82 中的②号整流桥电路符号可以看出此时所测压降为内部四路整流桥臂串并联后的压降值。在实际维修中整流模块的功率越大所测压降值越小，如果所测压降值接近 0V 证明整流模块内部损坏。

“在实际维修中，用数字万用表黑表笔接整流模块直流输出负极，红表笔分别检测其他引脚，显示压降值应均为无穷大（.0L）为正常，如图 1-86 所示，否则证明整流模块内部损坏。

“这节课我们就讲到这里，下课。”李师傅关闭笔记本电脑离开了培训室。

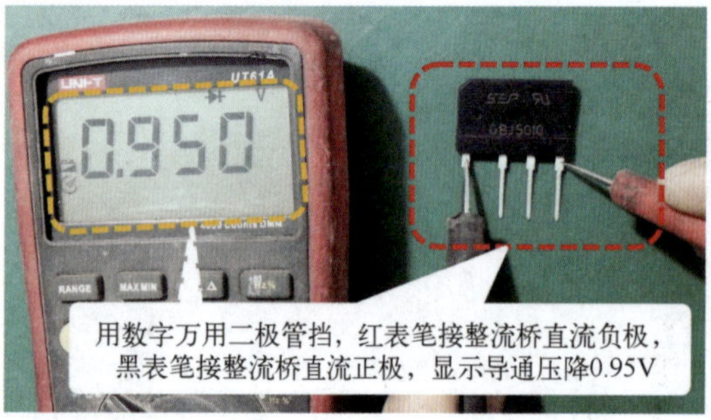

图 1-85　整流桥的测量

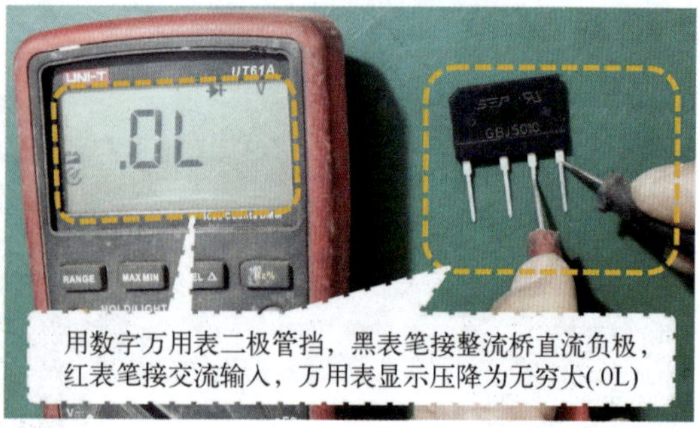

图 1-86　整流模块的测量

1.10　光电耦合器的识别与检测

下午 2 点，李师傅走进培训室，打开笔记本电脑开始讲课，大屏幕显示：光电耦合器的识别与检测，李师傅开始讲课。

1.10.1　光电耦合器的识别

“光电耦合器，简称光耦，主要应用在保护检测隔离电路、通信隔离电路、过零检测隔离电路、开关电源稳压隔离电路、IPM 功率模块隔离电路等，其主要作用是隔离抗干扰、电子开关、通信等。

“光电耦合器的外形为黑色或白色的小方块，在小方块的一侧引脚上方有一个小圆点，称为引脚识别小圆点，靠近小圆点的一个引脚定义为 1 脚，逆时针方向数其他引脚为 2、3、4 脚。该方法也适用于其他集成电路（IC）引脚的识别，如图 1-87 所示。

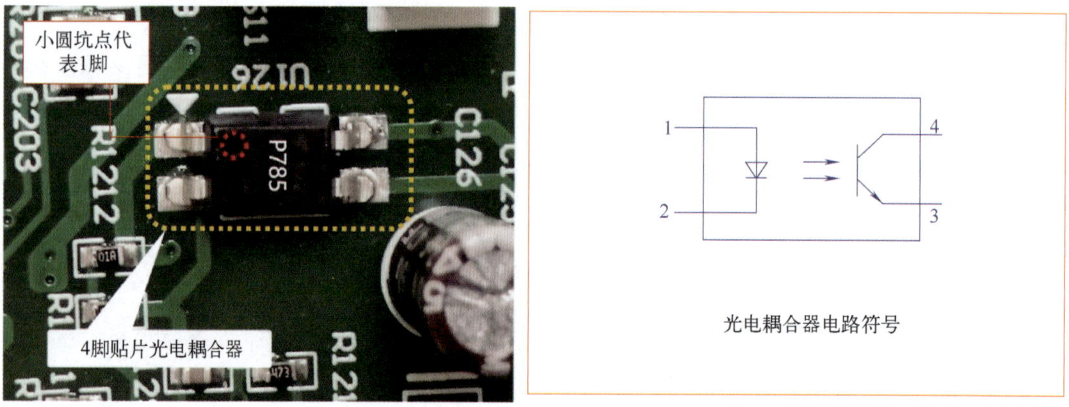

图 1-87　光电耦合器电路实拍及符号

“光电耦合器按封装形式可分为直插、贴片两种，图 1-87 中的光耦为贴片光耦，与直插式光耦引脚识别方法一致。”李师傅指着大屏幕讲解道。

“李师傅，我看到图 1-87 中光耦的上面标有 P785 代表什么意思呢？”小田问道。

“它代表的是采用光耦的型号，在进行代换时尽量采用原型号。”李师傅解释道。

1.10.2 光电耦合器的三种状态

“通过光电耦合器的电路符号分析，其内部结构相当于一个光控三极管，所以光电耦合器在特定环境下也具有三极管的截止区、放大区、饱和导通区三种状态。为了验证我们的分析，分别用仿真软件建立模型电路进行测试。”李师傅讲道。

（1）截止区仿真演示

图 1-88 中，V1 为 50Hz，1mV 正弦波交流信号→经耦合电容 C1 后加到光耦 U1 的 1 脚。此时，VDC5 的电源供电为 3.3V，上偏置电阻 R1 为 100kΩ，通过电压探针 1 显示 U1 的 1 脚对地电压为 824mV。由于该电压较低，U1 的 1-2 脚内部发光二极管发光强度不足以驱动内部光敏管的 3-4 脚进入放大区，所以 U1 的 3-4 脚内部处于开路状态→4 脚对地电压为 12V。

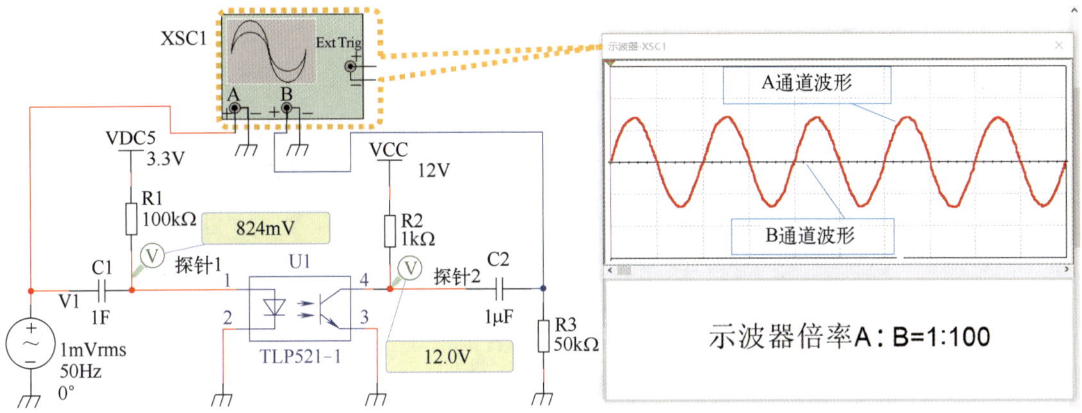

图 1-88　光耦截止区仿真演示截图

这种状态我们称为光耦处于截止区，相当于电子开关的断开状态。

如果我们改变上偏置电阻 R1 的阻值，将其改为 1kΩ，启动仿真软件观察波形如图 1-89 所示，光耦进入了放大区。

（2）放大区仿真演示

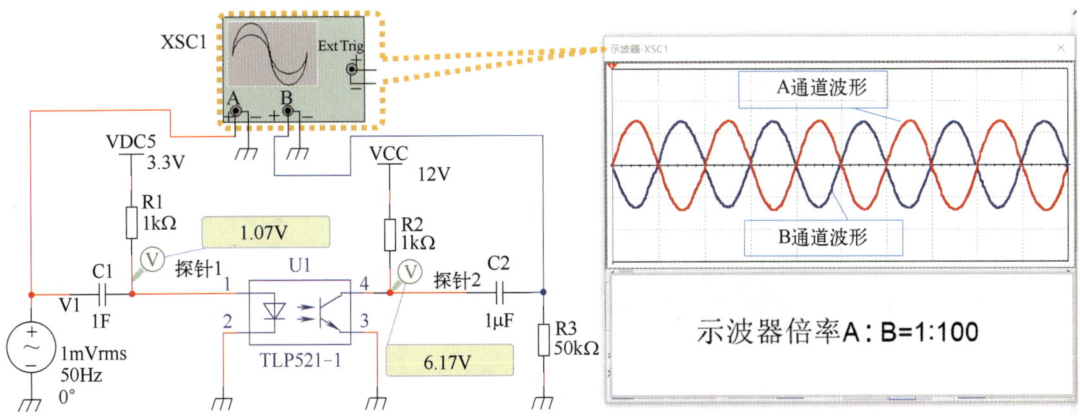

图 1-89　光耦放大区仿真演示截图

通过观察示波器 XSC1 通道 A 刻度为 1mV/div，通道 B 刻度为 100mV/div，此时波形幅度一致，证明该光耦此时的放大倍数是 100。

此时，我们观察 U1 的 1 脚对地电压为 1.07V，U1 的 4 脚对地电压为 6.17V，输入波形与输出波形无变异，这种状态我们称为光耦处于放大区。

在实际的电路应用中，通常用不到光耦的这种特性，因为现在有了运算放大器，所以光耦大多用来作隔离电子开关使用。如果想让光耦作开关使用，就要使其 3-4 脚处于截止区（关）和饱和导通区（开）的状态，放大区表明进入了故障状态。

接下来我们看一下如何让光耦 U1 进入饱和导通区。

（3）饱和导通区仿真演示

图 1-90 中，我们将上偏置电阻 R1 设定为 100Ω，此时 U1 的 1 脚对地电压为 1.22V → 内部发光二极管发光强度达到上限→ U1 的 3-4 脚进入饱和导通状态。

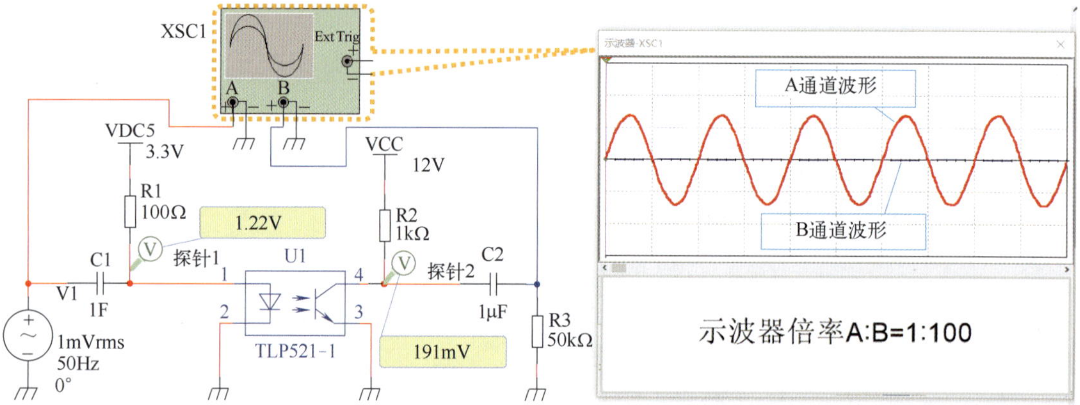

图 1-90　光耦饱和导通区仿真演示截图

U1 的 4 脚对地电压为 191mV，相当于一个开关完全导通，这种状态我们称为光耦的饱和导通区。

“深度理解光耦的这三种状态，对于实际维修中分析判断故障是十分必要的。”李师傅强调道。

1.10.3 光电耦合器的检测

（1）在路判断光耦的好坏

“为了便于理解，我们专门做了一个仿真模型演示光耦好坏的判断方法，如图 1-91 所示。用两个数字万用表，挡位选择二极管挡，表笔接法如图 1-91 所示即可，测试结果受所采用的数字万用表内阻及在路影响，与图中会有较大偏差，但应符合开关逻辑，即可基本判断光耦正常。”李师傅指着大屏幕讲道。

“李师傅，如果没有两块数字万用表，我能不能在路用电压法判断光耦的好坏？”小田问道。

“当然可以，以图 1-91 中的 U1 为例，假设正常时测量 U1 的 1-2 脚电压为 1.1V，在路测量 U1 的 3-4 脚电压为 0.3V，证明该光耦是正常的。如果不符合这个逻辑，证明光耦异常，可以换一个测试。”李师傅解释道。

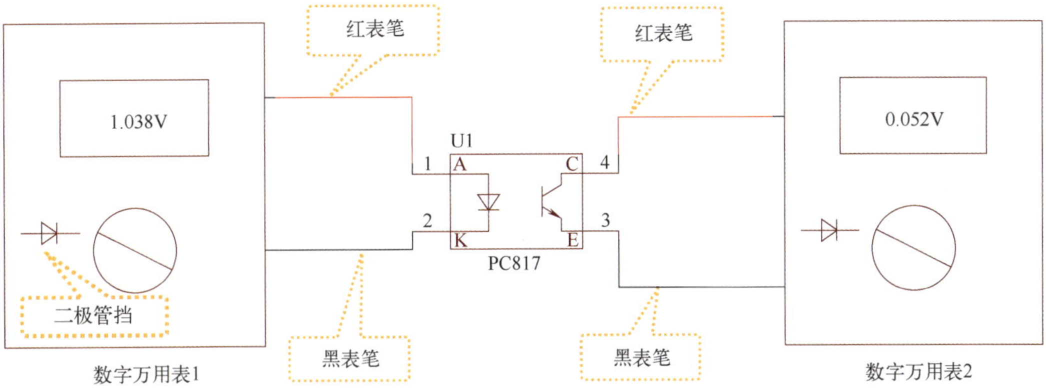

图 1-91　数字万用表判断光耦好坏

“接下来我们以一个现场维修案例为例，详细剖析一下电压法判断故障的方法。”李师傅说着将大屏幕切换到了图 1-92 格力柜机高压保护检测电路。

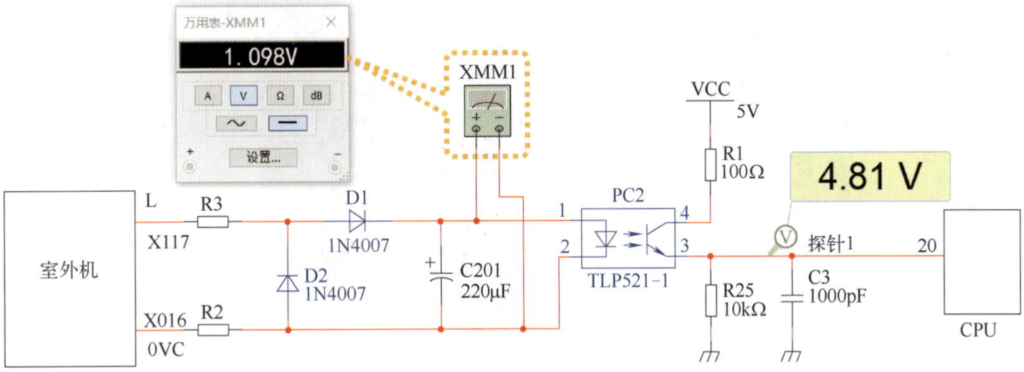

图 1-92　格力柜机高压保护检测电路

（2）用电压法根据光耦的工作状态判断故障之案例分析

“这是一台早期格力柜机，用户反映不定时报 E1 高压保护。

“拿到主板后观察高压保护检测电路元件未发现异常，给主板接上变压器及各路供电，用电压法查找故障原因。

“当检测 PC2 的 1-2 脚时发现电压为 1.068V，低于 1.1V。根据经验判断，此时该光耦工作状态处于放大区，所以引起不定时报 E1 高压保护。

“继续测量 PC2 的 3-4 脚电压时发现为 1V 左右且不稳定，确定了自己的判断。

“到底是什么原因引起光耦 PC2 的 1-2 脚电压降低了呢？

“通过排查分压电阻、整流二极管未发现问题，判断故障由滤波电容 C201 引起，更换同一型号电容器后上电试机，故障排除。

“为了便于电路分析，我们根据实物将其电路绘出如图 1-92 所示，并用仿真软件测试出正常时的关键点电压，供大家维修时参考。”李师傅讲解道。

“这节课我们就讲到这里，下课。”说完，李师傅离开了培训室。

1.11 三端稳压器的识别与检测

课间休息 10 分钟后，李师傅来到培训室开始讲课。

“这节课我们一起来探讨一下三端稳压器的识别与检测，大家一起来看大屏幕。”说着，李师傅将大屏幕的显示切换为图 1-93，继续讲课。

1.11.1 三端稳压器的识别

“三端稳压器是一块稳压集成电路，因为它只有三个引脚，故名三端稳压器，三端稳压器的作用是在一定的直流电压输入范围内，为负载提供稳定的直流电压输出。

“三端稳压器按封装形式分为直插式（图 1-93）和贴片式（图 1-94）两种，在电路板中常见以下几个系列。”李师傅讲道。

图 1-93　直插式三端稳压器电路实拍

图 1-94　贴片式三端稳压器电路实拍

（1）78 系列

78 系列三端稳压器输出的是正极性直流电压，常见型号为：7805、7808、7809、7812、7815、7818、7824 等，图 1-93 中的三端稳压器为 7805 和 7815，在其正面有型号标注。

（2）79 系列

79 系列三端稳压器输出电压为负极性直流电压，常见型号为：7905、7909、79012、7915、7918、7924 等，79 系列的引脚与 78 系列接地脚（GND）和输入脚（in）正好相反。

（3）1117 系列

1117 系列三端稳压器输出电压为正极性直流电压，常见型号为：1117-15、1117-18、1117-25、1117-30、1117-33、1117-50 等。

“值得注意的是，1117 后边的数字与 78、79 系列后边的数字不同，譬如 7815 中 78 后边的数字 15 直接代表输出电压值是 15V，而 1117-33 中 1117 后边的数字 33 代表输出的电压值是 3.3V。”李师傅讲解道。

“李师傅，常见三端稳压器的种类我明白了，它们的电路符号和引脚排序有什么区别呢？”小田问道。

“接下来我们设计一个模型，用对比法观察一下三种三端稳压器的电路符号与引脚排序。”李师傅说完，打开绘图软件绘制了三种三端稳压器的电路符号，如图 1-95 所示。

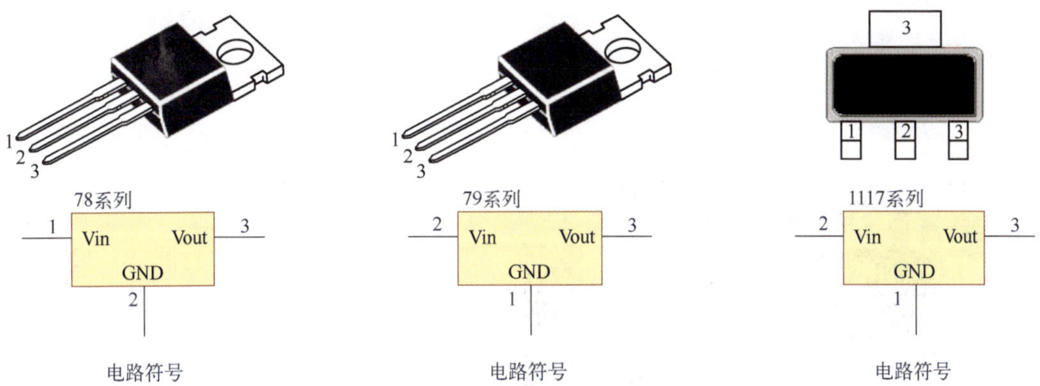

图 1-95　三端稳压器电路符号及实物模型

“李师傅，通过图 1-95 我明白了三端稳压器的电路符号和引脚排序，还有一个小疑问就是 1117 系列实物模型的上边有一个‘3’，与下边的 3 脚是不是相通的呢？”小张问道。

“是的，你观察得很仔细。”李师傅赞赏地答道。

1.11.2 三端稳压器的检测

（1）观察法

直观检查三端稳压器有无开焊、变形、爆裂等异常情况，如有则直接更换（开焊直接焊接）即可。

（2）电压法

以 7805 为例，上电状态，用万用表直流电压挡检测 7805 的输入 1 脚与接地 2 脚之间有无 8 ～ 12V 直流电压输入。

如果没有，则应进行前级供电电路检测，如果有 8 ～ 12V 直流电压，则应使用万用表检测三端稳压器 7805 的输出脚 3 与接地脚 2 有无 5V 直流电压输出。

如果有，则证明该三端稳压器正常。如果电压很低或没有电压输出，7805 发热严重，则进行下一步。

（3）烧机法

用一台可调直流电源，将电压设定为 5V，电流设定为 2A，在断电状态下将直流电源正极探针接入 7805 的 3 脚，直流电源负极接入 7805 的 2 脚，观察直流电源的电流，如果大于 0.1A 证明负载有过流元件，用热成像仪照射观察电路板找到发热元件即可排除故障。

“这节课我们就讲到这里，下课后你们可以找一块板子练习一下今天讲的内容。”说完，李师傅离开了培训室。

1.12 TPS76633 稳压芯片的识别与检测

课间休息 10 分钟后，李师傅来到培训室，打开笔记本电脑，大屏幕显示：TPS76633 稳压芯片的识别与检测。

1.12.1 TPS76633 稳压芯片的识别

“图 1-96 中的 8 脚芯片是从一块格力外机方板中拍摄的，型号 76633 全称为 TPS76633，通常在芯片上标注时都进行了简写。通过该芯片型号，我们查厂家技术手册得知该芯片输出电流为 250mA，输入电压 5 ～ 10V，输出电压 3.3V。

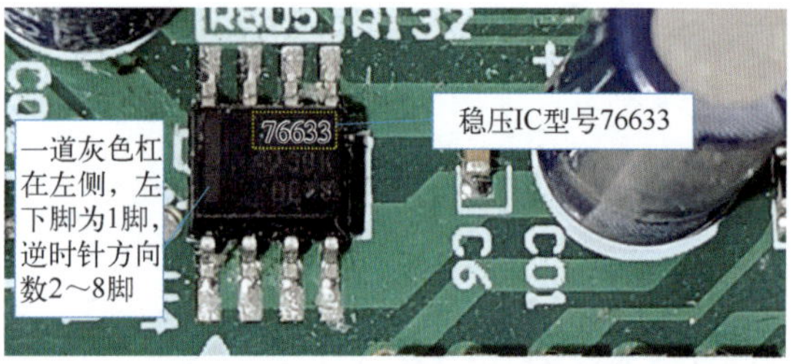

图 1-96　型号及引脚识别在路实拍

“参考图 1-96，该芯片的引脚识别方法为，芯片型号在上，灰色竖杠在左侧，竖杠左下角对应引脚为 1 号引脚，逆时针方向数其他引脚依次为 2 脚～ 8 脚。

“图 1-96 中该芯片的实际电路结构和布线看上去与我们前边刚讲的三端稳压器有些类似，该芯片的 1 脚、2 脚、3 脚、4 脚全部接地，可以看成一个引脚，相当于三端稳压器的接地引脚，该芯片的 5 脚、6 脚为 5V 供电的输入端，可以看成三端稳压器的输入引脚，该芯片的 7 脚、8 脚为 3.3V 稳压后直流电压输出端，可以看成三端稳压器的输出引脚。”李师傅讲解道。

“李师傅，既然 76633 这个稳压芯片电路结构与三端稳压器类似，那它为什么还要设计 8 个引脚呢？”小田问道。

“我们刚才对比式地讲解是为了让大家便于理解 76633 这个稳压芯片在该电路中的功能与三端稳压器相同。

“理论上来说，76633 可以代替三端稳压器 1117-33，当然在这个电路中三端稳压器

1117-33 也可以代替 76633。

“但是 76633 的功能却不仅限于代替三端稳压器，它既然设计了 8 个引脚，那么就具有更多的功能，只是在图 1-96 电路中没有采用而已。

“接下来我们就打开厂家技术手册看一下 TPS766 系列稳压芯片具有哪些与三端稳压器不同的功能特性。”李师傅讲道。

（1）功能特性

TPS766 是一款低压降（LDO）线性稳压器，支持 2.5 ～ 16V 的输入电压范围（新芯片）和高达 250mA 的负载电流。对于新芯片，支持的输出范围为 1.2～12V（固定版本）或 0.8～14.6V（可调版本）。

输入电压范围高达 16V（新芯片），这使得该器件非常适合由变压器次级绕组和稳压电源（例如 10V 或 12V）供电。此外，该器件具有宽输出电压范围，因此能够为碳化硅（SiC）栅极驱动器和麦克风提供偏置电压，以及为微控制器（MCU）和处理器供电。高带宽 PSRR 性能在 1kHz 时大于 70dB，在 1MHz 时大于 46dB（新芯片），因此有助于衰减上游直流 / 直流转换器的开关频率，并最大限度地减少后置稳压器滤波。

新芯片支持内部软启动电路机制，该机制可减小启动期间的浪涌电流，从而降低输入电容。传统芯片支持在整个负载电流范围内提供恒定静态电流（对于 0 ～ 250mA 的整个输出电流范围，通常为 35μA）。

（2）典型电路

参考图 1-97，我们对稳压芯片 TPS766×× 的引脚功能进行探讨。

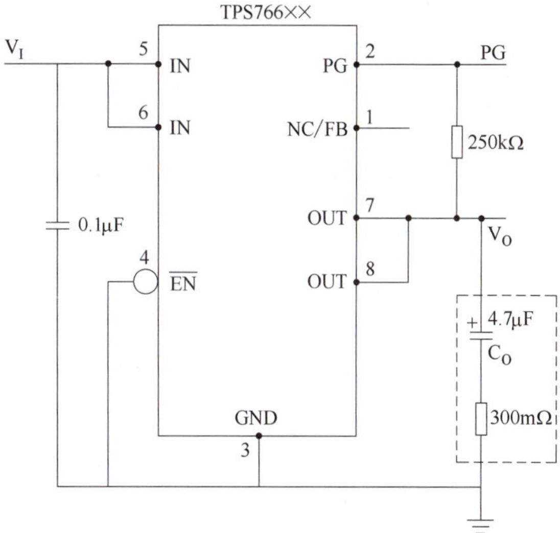

图 1-97 典型电路（选自厂家技术手册）

1 脚，对于固定版本的芯片，该引脚可以悬空或接地。对于可调版本的芯片，该脚为反馈引脚，连接控制回路误差放大器的输入，通过使用外部电阻设置设备的输出电压。

2 脚，功率输出控制。如果不采用该功能，可以将该引脚悬空或接地。

3 脚，接地端。

4 脚，使能控制。该引脚启用时，输入低电平，芯片正常工作有电压输出；输入高电平，芯片停止工作，无电压输出。

5 脚、6 脚，电压输入端。

7 脚、8 脚，稳压后输出端。

“对 TPS76633 的引脚功能有了初步的了解，接下来我们探讨一下该芯片故障时的检测方法。”李师傅说着将大屏幕切换到了图 1-98。

1.12.2 TPS76633 稳压芯片的检测

“该芯片通常为该主板的 CPU 提供 3.3V 供电，所以当我们给这块主板上电后，观察主板电源指示灯，如果不亮，我们就要用电压法进行在路电压的检测了。

图 1-98　在路检测

“万用表打到直流电压挡，黑表笔接地（芯片的 3 脚），红表笔检测芯片的 7 脚或 8 脚有无 3.3V 直流供电输出。

“如果（如图 1-98 所示）证明该芯片正常，主板指示灯不亮应该是 CPU 不工作引起的，检测方法参考‘CPU 的识别与检测’内容。

“如果实测该芯片的 7 脚或 8 脚没有电压输出或输出电压很低，用万用表直流电压挡继续测量 5 脚或 6 脚输入电压 5V 是否正常。

“如果 5V 电压正常，芯片发热严重可能由芯片本身或负载有过流短路引起，用烧机法配合热成像仪进行排查，找到坏件更换即可。

“这节课我们就讲到这里，下课。”讲完，李师傅离开了培训室。

1.13　继电器的识别与检测

上午 8 点，李师傅来到培训室，打开笔记本电脑，大屏幕显示：继电器的识别与检测，李师傅开始讲课。

1.13.1　继电器的识别

电磁继电器简称继电器，由一个控制线圈和一组或几组带簧片的触点组成，主要作用是弱电控制强电，小电流控制大电流负载。

继电器在电路中的图形符号如图 1-99 所示，常用字母 K 表示。

继电器按控制线圈的供电方式不同可分为交流继电器和直流继电器。在空调电路中常用的是直流继电器，如图 1-100 所示。

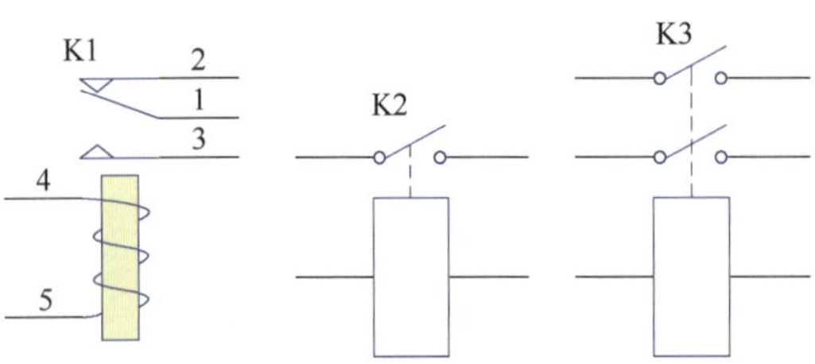

图 1-99　常见继电器电路符号

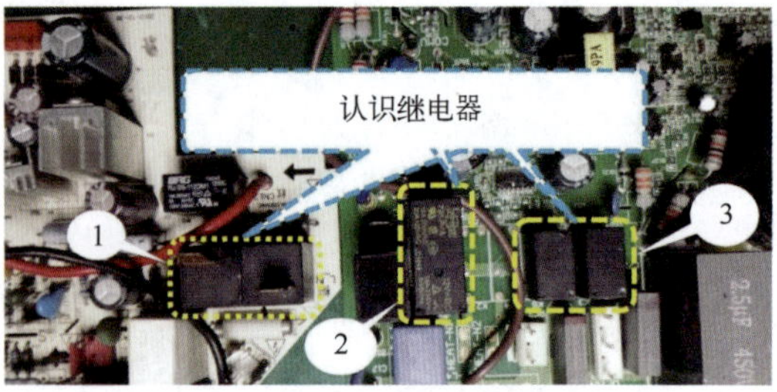

图 1-100　空调电路板常见继电器实拍

图 1-100 中 1 号继电器为室外机上电继电器，2 号继电器为室外机软启动控制上电继电器，3 号继电器为室外机风机和四通阀控制继电器。

接下来我们以 2 号继电器为例介绍一下上面标注的符号及参数，参考图 1-101，继电器上面标注了如下信息：

① 品牌、型号及权威认证标识。该继电器型号为 793-P-1A，获得美国 UL（RU）认证、中国无线电 SR 认证、中国 CQC 认证。

② 继电器线圈控制电压为直流 12V。

③ 控制 250V 交流供电 50/60Hz 负载额定电流为 16A。

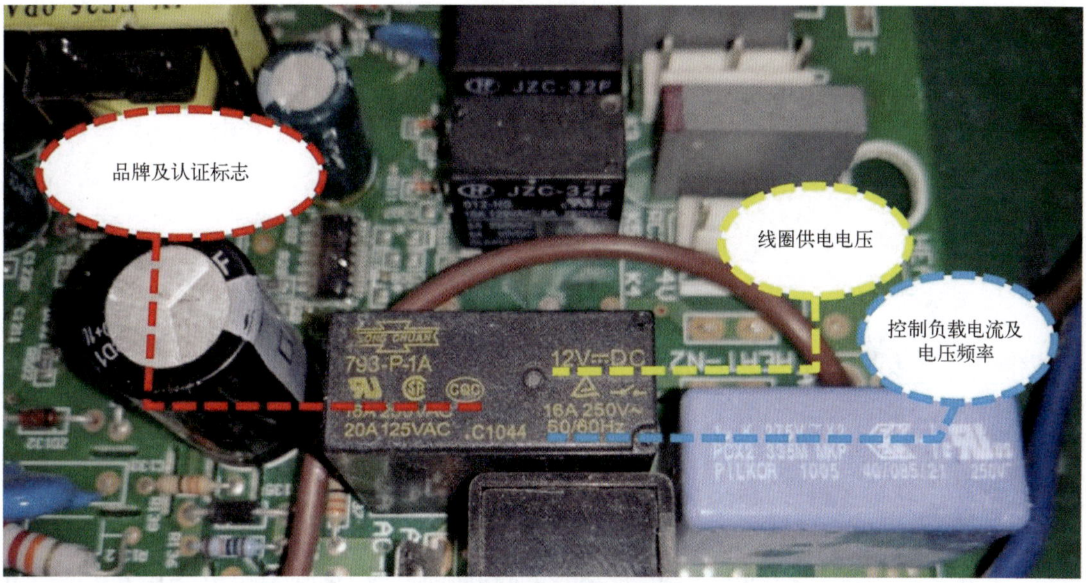

图 1-101　继电器参数识别

“关于继电器的识别大家都明白了吗？”李师傅问道。

“明白了。”大家齐声回复道。

“好的，那我们继续探讨继电器引发的故障及检测技巧。”李师傅继续讲课。

1.13.2 继电器引发的故障与检测技巧

在实践维修中常见继电器损坏后会引起以下故障现象。

（1）触点粘连

“参考图 1-102，当变频空调外板软启动并联的上电继电器触点粘连后，会引起首次开机跳闸，二次开机正常现象，其他负载控制继电器触点粘连会引起开机时负载即刻投入运行且不受控制现象。

“如何进行检测呢？

”断电状态下，用电阻法直接检测继电器触点是否导通即可判断。”李师傅讲解道。

“李师傅，变频空调外板软启动继电器触点粘连为什么会引起首次开机跳闸，二次开机正常的现象？能不能详细讲解一下？”小田问道。

“想了解故障原理，需要先了解变频空调软启动继电器的工作原理。”李师傅解释道。

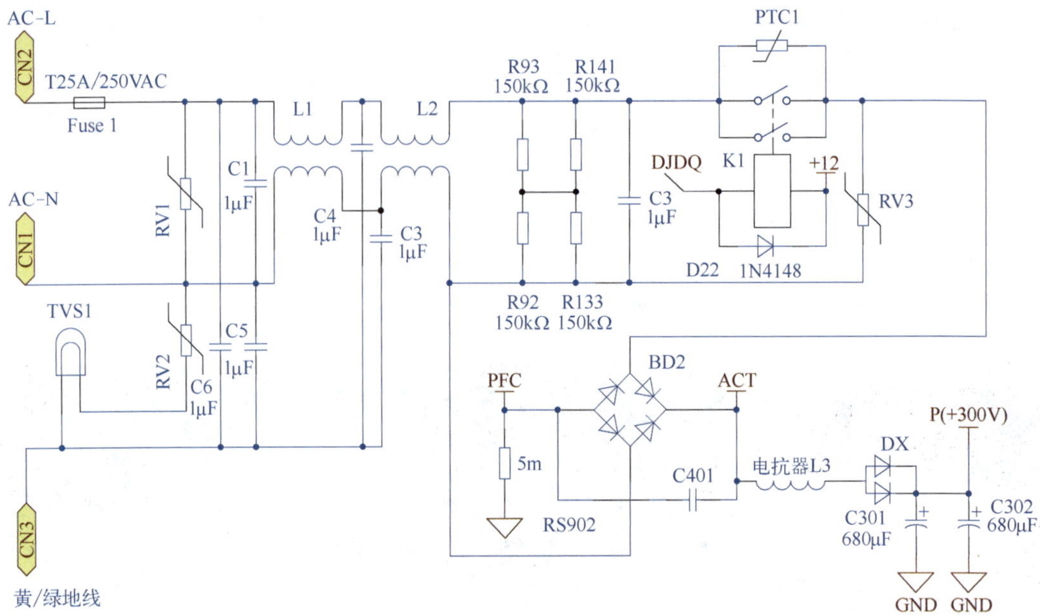

图 1-102　变频空调外机软启动典型电路原理图

“参考图 1-102，首次上电开机后，220V 交流供电火线经交流滤波电路后，首先经过正温度系数热敏电阻 PTC1 →整流桥 BD2（同时零线也送达 BD2）→经桥式整流后输出 260V 左右脉动直流电经电抗器 L3 →续流二极管 DX →给大滤波电容 C301、C302 充电，当电压达到 300V 左右时，CPU 控制 K1 吸合完成软启动。

“当 K1 继电器触点粘连后，首次上电开机时，260V 左右脉动直流电经电抗器、续流二极管后直接给大滤波电容 C301、C302 充电，瞬间电流很大引起跳闸，二次上电开机时，电容电压已充满，工作正常。”李师傅讲解道。

小田点点头表示明白了，李师傅继续讲课。

（2）触点接触不良

变频外板上电继电器会出现电压不稳，压缩机运行一下就停，报电压异常故障等现象，其他负载也会出现电压低、带载能力差等情况。

如何判断呢？

可以用万用表交流电压挡直接检测继电器触点电压，正常机器工作时电压应小于 1V，如果出现触点电压大于 1V 的现象，证明继电器触点存在接触不良现象，应进行更换。

（3）触点开路

在实际维修中，当出现触点完全开路现象时，会引起负载不受控现象。

采用脱机法，将继电器从电路板上拆下来后，线圈施加标称直流电压，用万用表电阻挡测量触点两端阻值，表现为无穷大，证明触点开路。

（4）线圈短路

在实际维修中，继电器线圈短路后会引起开机后 12V 电压被拉低，引起电源工作异常，有的机器会引起通信故障。

直接用万用表电阻挡测量继电器线圈即可初步判断，正常时继电器线圈应该有几十至几百欧姆，如果测量阻值为几欧或为 0，证明继电器线圈短路。

（5）线圈开路，电路板开路

在实践维修中当出现继电器线圈开路、驱动电路板开路时会引起负载不受控现象。

可以采用电压法检测正常工作时继电器的线圈有无标称工作直流电压进行判断，也可用电阻法在断电状态下进行线圈及驱动电路板的在路检测。

“关于继电器的识别与检测我们就探讨到这里，下课。”说完，李师傅关闭电脑，离开了培训室。

1.14 IPM 变频模块的识别与检测

课间休息 10 分钟后，李师傅走进培训室，打开笔记本电脑中的培训课件，大屏幕显示：IPM 变频模块的识别与检测，李师傅开始讲课。

1.14.1 变频模块的定义及参数识别

（1）IPM 变频模块的定义

变频功率模块，又名智能功率模块，英文简写 IPM。变频功率模块是变频空调驱动变频压缩机的核心部件。虽然变频功率模块的外形及品牌种类繁多，如图 1-103 所示，但是其内部的工作原理基本相同。变频模块内部集成了驱动放大、六路 IGBT 功率管、温度检测传感器、电流保护输入及输出等电路，使外围电路设计得到极大简化。

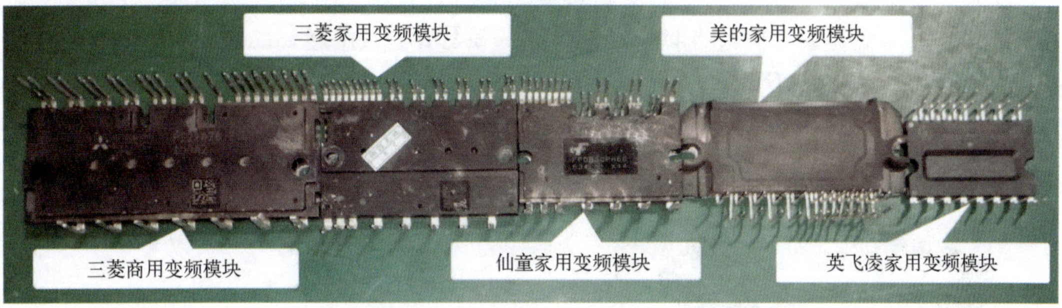

图 1-103 空调变频模块实拍

家用变频空调器所采用的变频模块属于小功率变频模块，一些商用中央空调或变频器所采用的中功率或大功率变频模块通常只是将六路 IGBT 功率管集成在了一个模块内部，外部采用光耦隔离驱动，如图 1-104 中①号、②号变频模块所示。

（2）变频模块参数识别

参考图 1-105，我们以一款家用变频空调所采用的变频模块为例，介绍一下变频模块上边所标注的符号及参数的识别方法。

品牌：三菱。

型号：PS21965-AST。

生产代号：C05VK8。

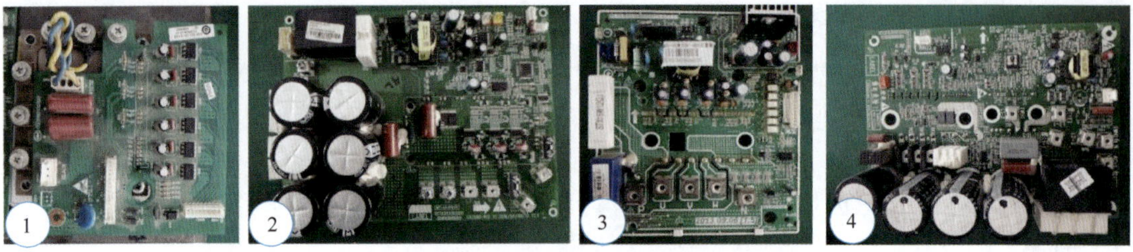

图 1-104　商用空调变频模块主板实拍

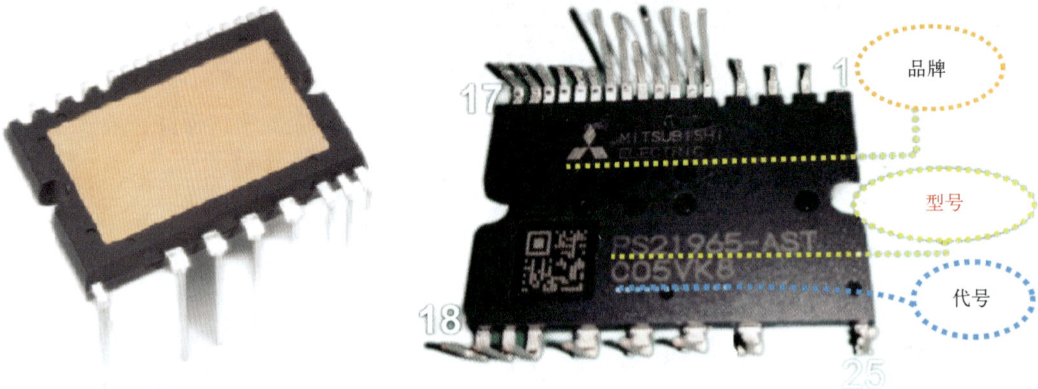

图 1-105　变频模块参数识别

根据变频模块的型号，我们可以查询到厂家提供的技术手册。有了变频模块的厂家技术手册，就相当于有了这个模块的使用说明书，对于绘图、检修、代换有一定的参考价值，如图 1-106、图 1-107 所示。

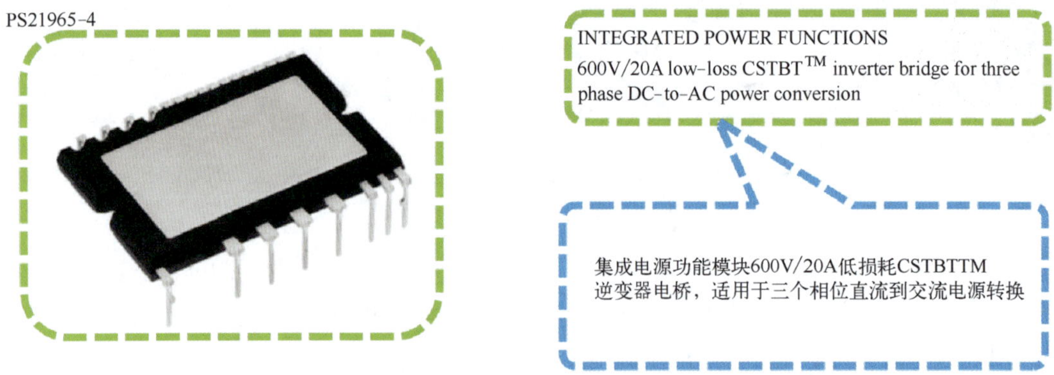

图 1-106　变频模块基本参数

由于大多数国外变频模块厂家提供的技术手册为英文版本，所以我们在查阅时需要用到翻译工具。将我们需要了解的关键参数直接复制到翻译工具即可自动完成翻译。

“通过查询厂家技术手册我们得知，PS21965 变频模块的额定电流为 20A，内部 IGBT 耐压值为 600V。这些参数为我们维修和代换提供了参考依据。”李师傅继续讲课。

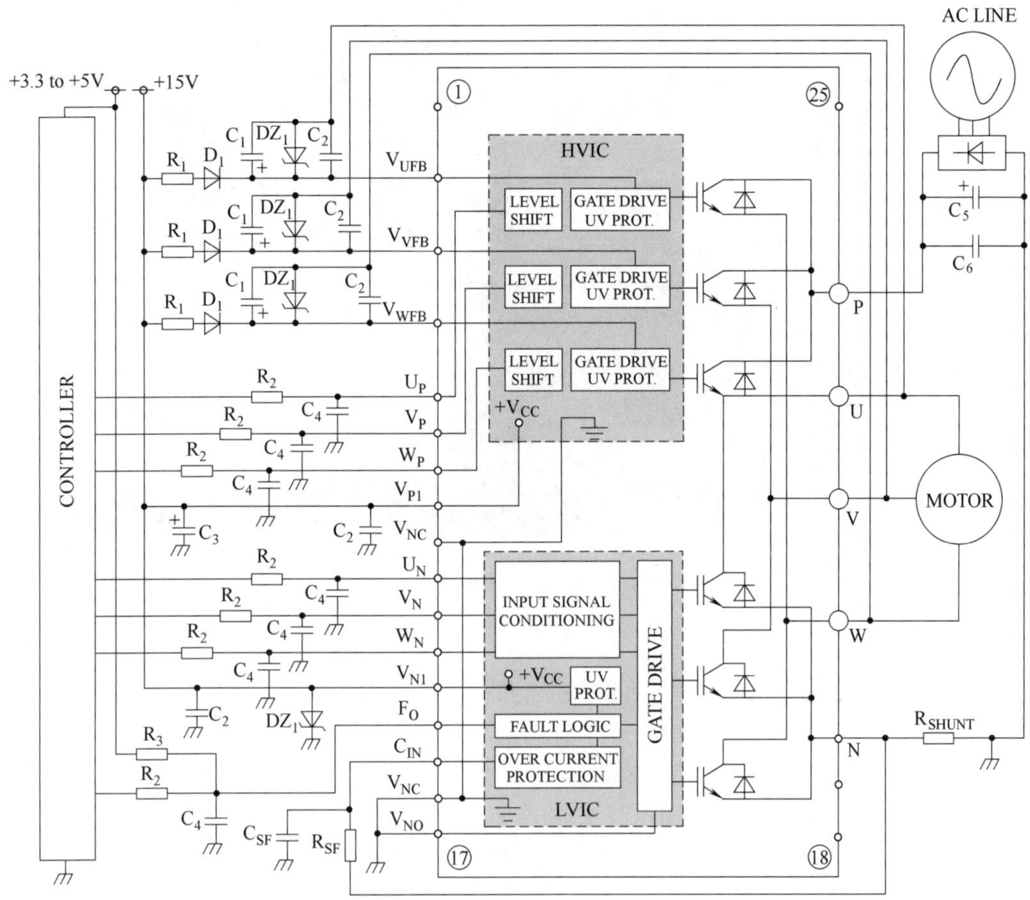

图 1-107 变频模块 PS21965 原理图

1.14.2 变频模块的驱动原理

变频空调按其采用的变频压缩机的不同分为交流变频和直流变频两种。新型 IPM 变频模块是可以通用的，只是交流变频和直流变频的驱动程序不同。如图 1-108 所示，通过拨码开关 4→交流，【＊】→直流，即可实现交流和直流压缩机驱动程序的设定。

直流变频空调按采用的压缩机不同，驱动程序也会有所差异，该驱动程序存储在存储器中。近几年来，空调厂家为了售后维修方便，大多开发出一种通用变频板，适用于自己品牌同级别的大多数直流变频空调，譬如格力的售后专用变频空调通用 208 板，CPU 内部存储了不同压缩机的驱动数据，首次安装时，外机 MCU 会自动搜索机器对应压缩机数据并下载相应的驱动程序驱动相应的压缩机，实现一板通用。

美的、奥克斯等厂家则研发出了一种售后专用拨码板，通过一排拨码开关实现压缩机及其他功能数据的匹配。

各个厂家所采用的变频模块的型号及种类也是多种多样的，但其最基本的工作原理都是与通用模块一样的，都分为早期的交流变频和近期的直流变频两种驱动方式。

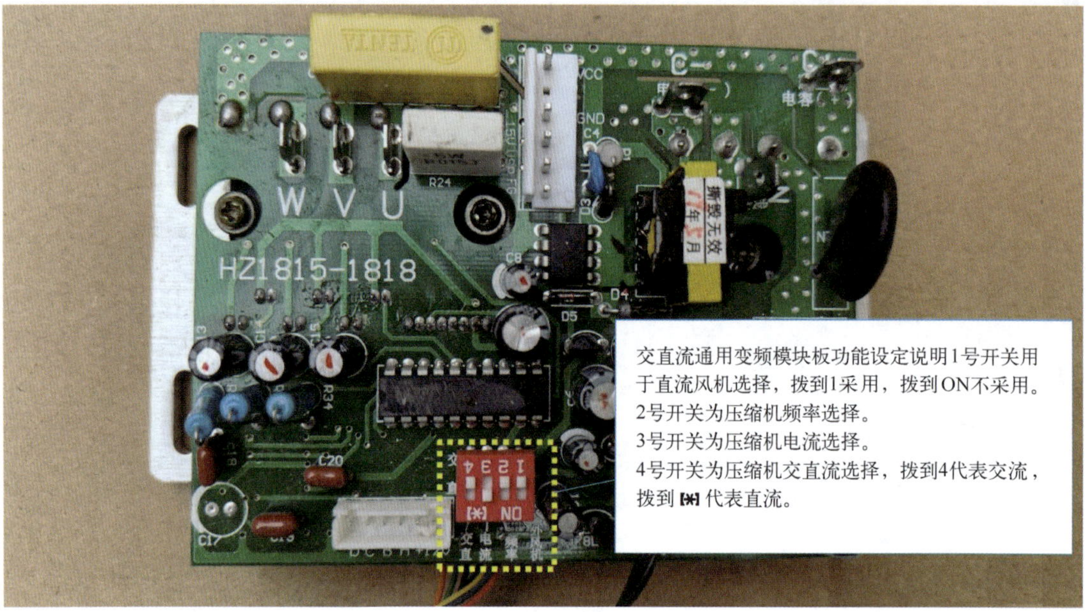

图 1-108　交直流电机通用变频模块

（1）交流变频驱动原理

"MCU 内部产生幅度及频率可调的三相正弦交流电信号作为调制波，再经等腰三角波振荡器产生的三角波作为载波处理后，产生脉冲幅度相等、脉冲宽度与三相正弦调制波一致的六路 PWM 信号，经模块内部放大电路放大后，控制变频模块内部六路 IGBT 的导通与截止，输出频率以及电压可调的模拟三相正弦交流电。

"MCU 通过对三相正弦调制波的幅度（PAM）及频率（f）的调整可以实现输出几千至几十千赫兹的 PWM 信号的调整，在负载上产生的交流电压从十几伏至 200V，对应频率为 15 ～ 150Hz，实现变频压缩机的智能控制。"李师傅指着大屏幕中的图 1-109 讲解道。

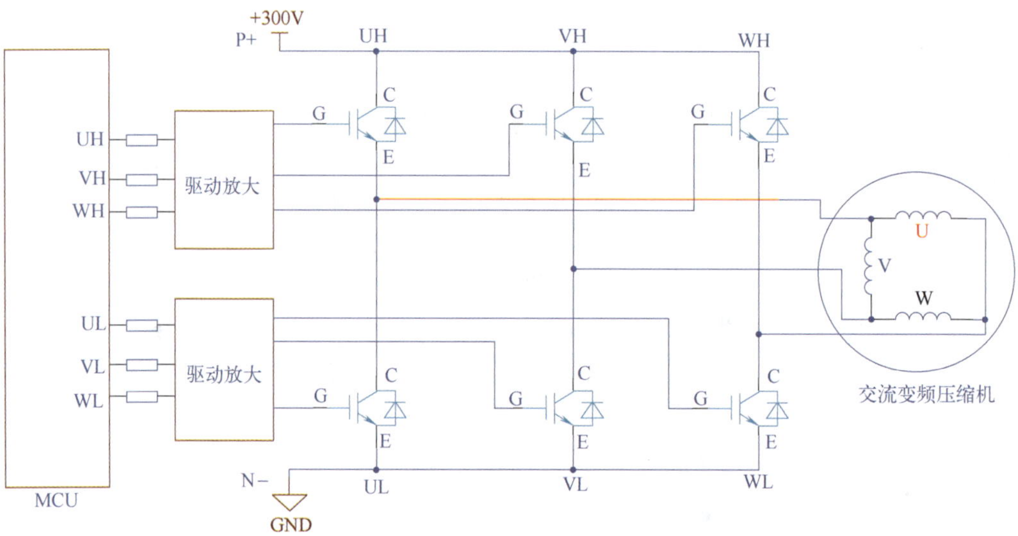

图 1-109　交流变频压缩机驱动原理

“李师傅，你刚才讲到两个名词，一个是正弦调制波，另一个是等腰三角形载波。我弄不明白，能不能用仿真软件演示一下？”小田问道。

“好的。”李师傅说完打开仿真软件，用示波器演示了三角波、正弦波与 PWM 驱动方波，如图 1-110 所示。

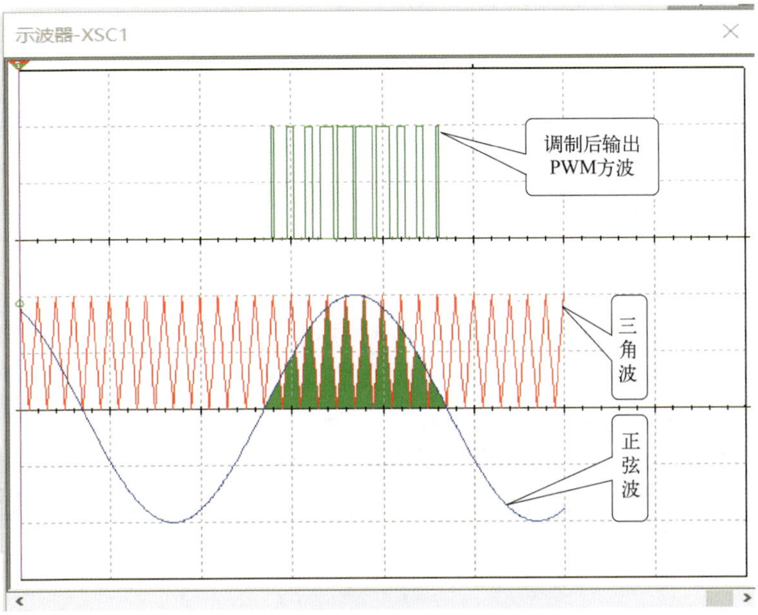

图 1-110　六路 PWM 驱动波形的产生

（2）直流变频驱动原理

参考图 1-111，变频 MCU 通过六路信号控制变频模块内部功率管的导通与截止，输出相位以及电流可调的两相直流电，驱动三相同步无刷直流压缩机电机，具体驱动过程简述如下：根据驱动规则，同一时间内直流电机只能有两相绕组有电，余下绕组上产生波形相同

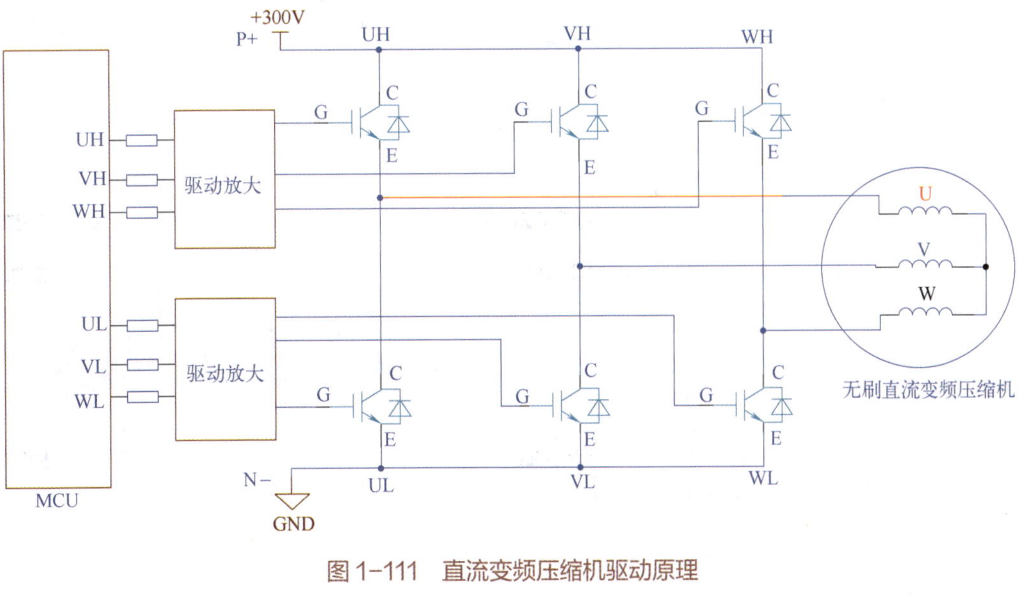

图 1-111　直流变频压缩机驱动原理

的感应电压，MCU 通过该感应电压来判断永磁转子的转动位置。如果 MCU 连续 5 次都检测不到转子的位置，整机停止，报压缩机失步故障代码。

直流无刷电机理想状态的驱动原理如下所述。

U、V 绕组驱动过程：MCU 控制 UH、VL 同时输出高电平信号→驱动 IPM 内部的 IGBT UH、VL 同时导通→ +300V 直流供电 → IGBT UH → U 相绕组→ V 相绕组→ IGBT VL →直流供电负极 N 形成回路。绕组 U、V 有直流电流通过，产生 U 正 W 负的磁场驱动永磁转子转动 1/3 周。

V、W 绕组驱动过程：MCU 控制 VH、WL 同时输出高电平信号→驱动 IPM 内部的 IGBT VH、WL 同时导通→ +300V 直流供电 → IGBT VH → V 相绕组→ U 相绕组→ IGBT WL →直流供电负极 N 形成回路。绕组 V、W 有直流电流通过产生 V 正 U 负的磁场驱动永磁转子转动 1/3 周。

W、U 绕组驱动过程：MCU 控制 WH、UL 同时输出高电平信号→驱动 IPM 内部的 IGBT WH、UL 同时导通→ +300V 直流供电 → IGBT WH → W 相绕组→ V 相绕组→ IGBT UL →直流供电负极 N 形成回路。绕组 W、U 有直流电流通过，产生 W 正 V 负的磁场驱动永磁转子转动 1/3 周。

MCU 依照上述驱动规则控制 IPM 内部六个 IGBT 不断地导通和截止，对 300V 直流电进行数字处理，通过控制 IPM 内部开关管的开关频率来改变输出直流电的相位和电流，实现对直流无刷电机智能换相（代替直流电机内部的碳刷和换向器）、精密调速的目的。

“经过测试，实际的无刷直流电机六路驱动波形为 PWM（脉宽调制）方波，为了精密控制直流电机的转速，MCU 通过改变六路驱动方波的频率、宽度及幅度来实现。”李师傅指着大屏幕讲解道。

“李师傅，直流电机的驱动原理我明白了，但是它的六路驱动及在三相绕组上产生的波形我还没见过，给我们演示一下可以吗？”小张问道。

“好的，接下来我们就用实操的方式用示波器测量一台格力家用变频空调外机变频板输出的六路驱动信号和直流变频压缩机三相绕组上产生的波形。”李师傅说着，起身来到维修工作室，连接好变频板、检测仪、压缩机和示波器。启动机器，波形很快采集完毕，如图 1-112 所示。

李师傅带领学员们了解了直流变频压缩机的驱动波形后，回到培训室继续讲课。

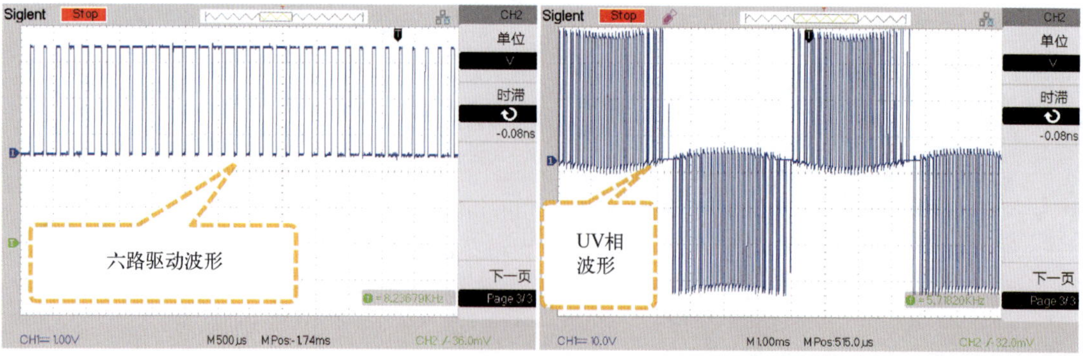

图 1-112　直流变频电机六路驱动及输出波形采集

1.14.3 变频模块的检测技巧

变频模块作为变频压缩机的重要驱动部件，在实际维修中也是故障率较高的部件，所以熟练掌握变频模块的检测方法是每个变频板维修人员必备的基础技能。

结合多年维修实践将其总结归纳为以下五种方法：

（1）询问法

当我们接到客户送修变频板，或是上门维修变频空调时，详细询问客户该机器出现的具体故障现象是什么，有没有什么故障代码，一开机就报故障还是运行一段时间报故障，运行多长时间报故障，等等。通过客户提供的这些线索或代码，我们能初步判断变频板的故障范围，为找到故障元件节省时间。

（2）观察法

当我们拿到一块坏的变频板时，可以用观察法认真观察一下板子上的元件有无变形、变色、爆裂等现象，如图 1-113 所示，如果有，则证明为故障元件。值得注意的是，当变频模块内部发生严重过热现象时会引起导热铜片变色，这种情况会导致冷机状态下测试变频模块各项指标都是好的，但是上机运行一段时间后出现模块保护现象。

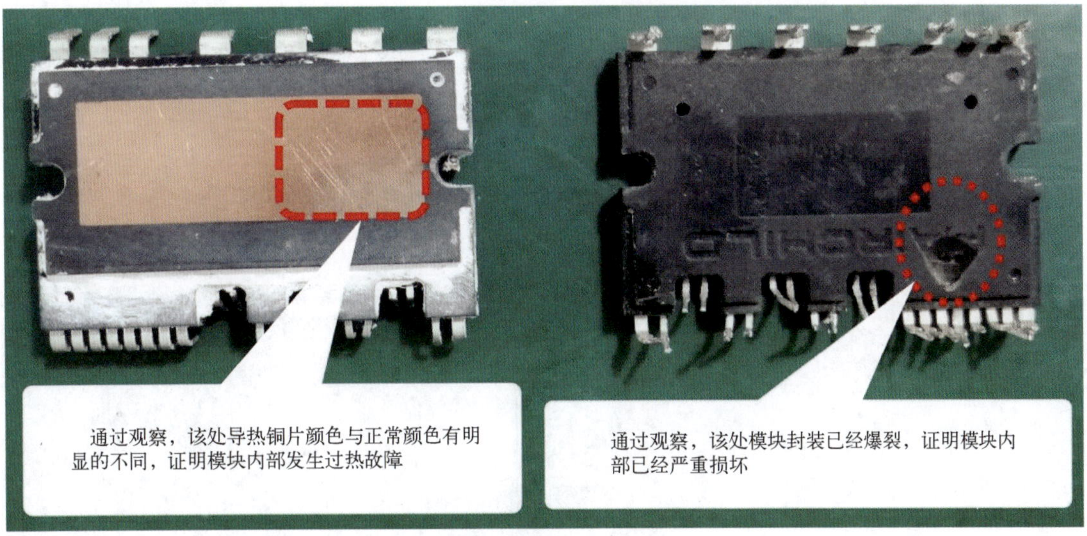

图 1-113　观察法判断模块好坏

（3）打阻法

在断电状态下，我们可以用数字万用表的二极管挡在路或脱机测试变频模块内部六路 IGBT 上并联的阻尼二极管的方法，粗略判断变频模块的好坏，这种测试方法被称为打阻法。如图 1-114 所示。

用数字万用表二极管挡，红表笔接 U 相下半桥接地引脚，黑表笔接 U 相输出端，此时万用表显示 0.435V 压降值，该数据测于仙童 FSBB30CH60C 变频模块。通过图 1-114 中测试示意图可知，该数据实为测试的 U 相下半桥上并联的阻尼二极管的压降值，用同样的方法测试 V 相、W 相下半桥和上半桥上并联的阻尼二极管压降值应该也是 0.435V 左右，如果偏差很大或为 0，证明模块内部损坏。如果将黑表笔与红表笔反过来测量，显示压降值应均为无穷大，视为正常，如果反向测量有压降，证明模块内部损坏。

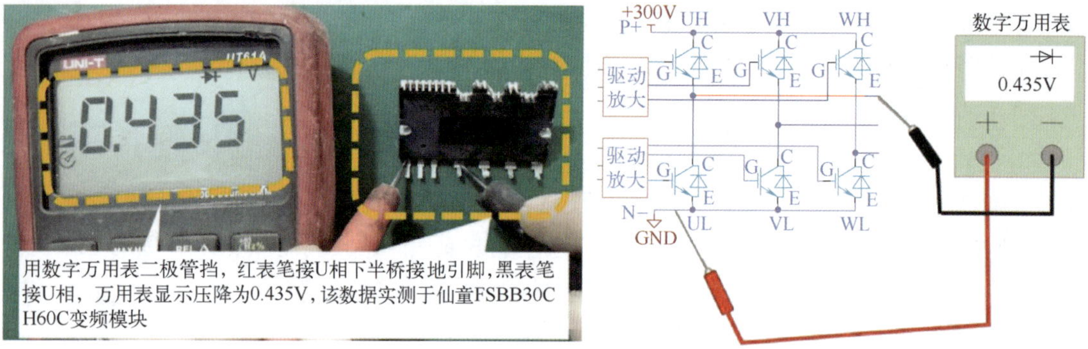

图 1-114　打阻法测试变频模块

（4）电压法

在实践维修中，当变频模块或相关电路出现故障后，常常会引起变频压缩机启动失败、无法运行的故障现象，很难测量压缩机运行时的电压是否平衡，所以我们大多采用待机状态静态关键点电压的测量方法判断模块好坏。

变频模块正常工作必须满足以下供电要求。

15V 供电：现在家用变频空调模块供电大多是单路 15V 供电分成两路，分别供给上下半桥即可，有的早期变频模块需要 4 路 15V 供电。

上电待机状态，用万用表测量变频模块上半桥三路自举升压后的供电，静态时在 15V 左右，三路应该相等，如图 1-115 所示。

图 1-115　待机在路测量 W 相自举升压供电

300V 直流母线供电：300V 直流母线供电为家用单相变频空调供电，由于压缩机高频运行时该电压下降幅度较大，所以大多数电路增加了 PFC 功率因数校正电路，提升直流母线电压最高至 400V。

六路驱动信号电压：在机器正常运行时，用万用表直流电压挡测量六路驱动信号电压应该相等，一般在 2 ～ 5V 之间，如果有条件，用示波器测量会更加精准。

U、V、W 三相电压：机器正常运行时相电压应该相等，误差在 1V 左右为正常，如果电压偏差较大，但是六路驱动信号波形正常、三路自举供电正常、压缩机正常，则可判断为模块内部性能不良。

（5）变频模块在线检测仪测量法

“采用变频模块在线检测仪的手动测试功能可以对变频模块进行在路测试，判断内部六路驱动及放大电路是否正常。”李师傅指着大屏幕讲解道。

“李师傅，变频模块的检测方法我基本上明白了，在实际维修中还有一种故障就是开机正常，运行一段时间后显示模块保护，这种情况如何解决呢？”小田问道。

“接下来我们就专门针对你这个问题，结合变频空调的现场维修，探讨一下引起该现象的可能原因。”李师傅在笔记本电脑上做了如下总结。

（6）对于运行一段时间后显示模块保护的原因分析

① IPM 过热保护。室外环境温度过高，阳光直射外机可能造成保护（室外温度过高建议给外机安装遮阳板）；IPM 和散热片之间没有散热膏或者有异物，以及 IPM、螺钉没打紧造成保护——如果是这些原因，清理异物涂好散热膏，打紧 IPM、螺钉即可消除故障。过热保护时，每次保护从开机运行到发生保护的时间长度相差不大，如果排除上述原因后仍不能解决，即可判断为模块内部问题，更换模块或主板即可。

② 系统负荷过大导致压缩机相电流过大，IPM 过流保护。内外风机运转正常：检查内机过滤网是否积满灰尘（若是，需清洗过滤网）；内外机进风口是否被堵；连接管阀门是否未打开或者系统内部是否被异物堵住；是否冷媒不足。如果未发现以上现象，可以更换外机主板进行确认。更换外机主板后仍有模块保护故障，一般认为是系统堵塞或压缩机故障。

③ PFC 未启动运行至高频时压缩机电流过大。一般运行至高频时才保护。可以上电开机运行 5 分钟后测量直流母线电压，如果直流母线电压低于 260V，可认为 PFC 未启动，维修 PFC 电路或更换外机主板。

④ 空调电源电压突变，导致压缩机电流突然增大达到保护值。前三种情况下，每次保护从开机运行到发生保护的时间长度一般相差不大。电源电压突变造成模块保护，一般从开机运行到发生保护的时间长度没有规律性，可能是附近有大负荷设备运行。

⑤ 外机主板或其程序与压缩机不匹配。更换为正确的主板程序。

⑥ 压缩机故障。测量压缩机三根线两两之间的电阻，正常情况下一般在几欧姆左右，且两两之间的电阻值相差不大。可以更换外机主板进行确认，更换外机主板后仍有模块保护，一般认为系统堵塞或压缩机故障。

“关于变频模块的识别与检测技巧我们就讲完了，课后大家要结合实践多练习一下。”说完，李师傅离开了培训室。

1.15 电源管理芯片 P1027P65 的识别与检测

课间休息 10 分钟后，李师傅来到培训室打开笔记本电脑，大屏幕显示：电源管理芯片的识别与检测，李师傅开始讲课。

“在新型开关电源电路中，为了简化电路设计流程，提升稳定性能，大多采用一个电源管理芯片。

“在变频空调中常见的电源管理芯片有 P1027P65、A6061H、TNY279、NCP1377 等，本节我们以 P1027P65 为例详细介绍其功能识别和检测技巧。”李师傅指着大屏幕讲解道。

1.15.1 电源管理芯片 P1027P65 的识别

（1）外观及引脚功能

图 1-116 中左边图片为电源管理芯片 P1027P65 的实物拍摄图，上边分别标注了该芯片的如下信息：型号 P1027P65，产地 5DB，出厂编号 1132G。

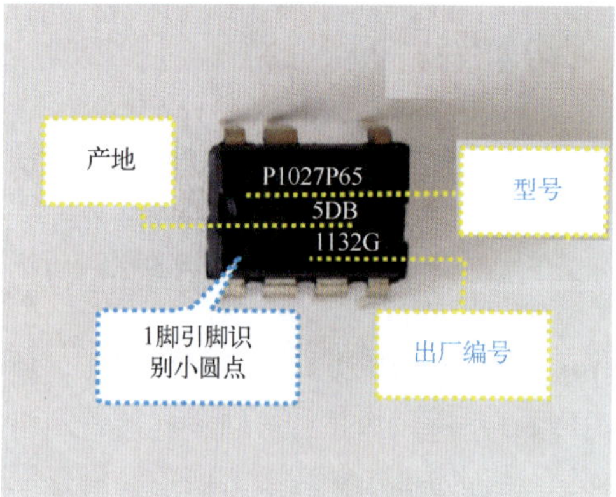

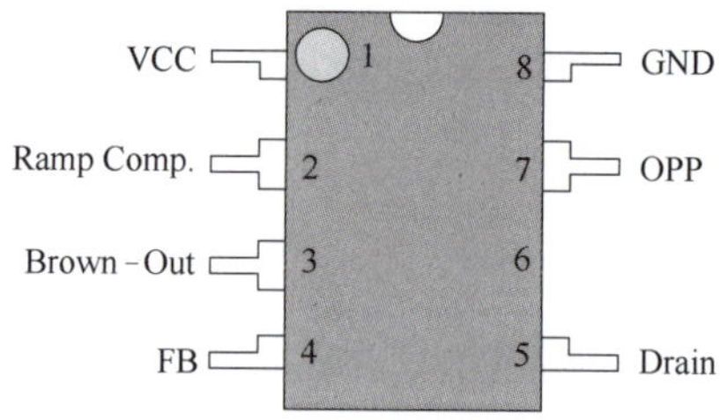

P1027P65引脚功能

图 1-116　P1027P65 的识别

在电源管理芯片 P1027P65 的正面 1 脚上有一个引脚识别小圆点，其他引脚逆时针方向数依次为 2 ～ 8 脚。

在电源管理芯片的识别中我们要看清型号，在维修更换时必须与原型号一致。

图 1-116 中右边图片为 P1027P65 的引脚功能，图片选自厂家技术手册，由于采用英文标注，我们对其详细的引脚功能进行了翻译，将其注解归纳如下：

1 脚，芯片二次供电，外接 22μF 滤波电容器。

2 脚，谐波补偿，为了延长连续导通模式下的占空比工作，该引脚可用于向控制器注入谐波补偿，如果未采用，该引脚接到 1 脚 VCC 二次供电。

3 脚，电压检测，外部通过分压电阻检测供电电压，当某种原因引起该引脚电压高于 4V 时，芯片内部停止工作，进入保护状态。

4 脚，稳压反馈，通过光电耦合器与该引脚连接，保证输出电压的稳定。

5 脚，内部连接 MOS 管的漏极。

6 脚，空。

7 脚，功率保护，如果不需要该功能，该引脚直接接地即可。

8 脚，接地。

（2）主要参数

电源管理芯片 P1027P65 的重要参数在厂家技术手册中都有英文标注，我们对其进行了翻译，归纳如下。

内置 700V MOSFET，典型 RDS（on）为 5.8，TJ=25℃，电流模式固定频率工作：65kHz 和 100kHz。

800mA 的固定峰值电流。

265V AC 时为 85mW 的空载输入待机功率。

负载 500mW，230V AC 时输入功率为 715mW。

“通过上述重要参数的解读，我们对该芯片有了初步的了解，接下来我们一起探讨一下该芯片的工作原理与检测技巧。”李师傅继续讲解道。

1.15.2 电源管理芯片 P1027P65 的典型电路工作原理与检测

（1）工作原理

图 1-117 节选自厂家技术手册，对其工作原理简述如下。

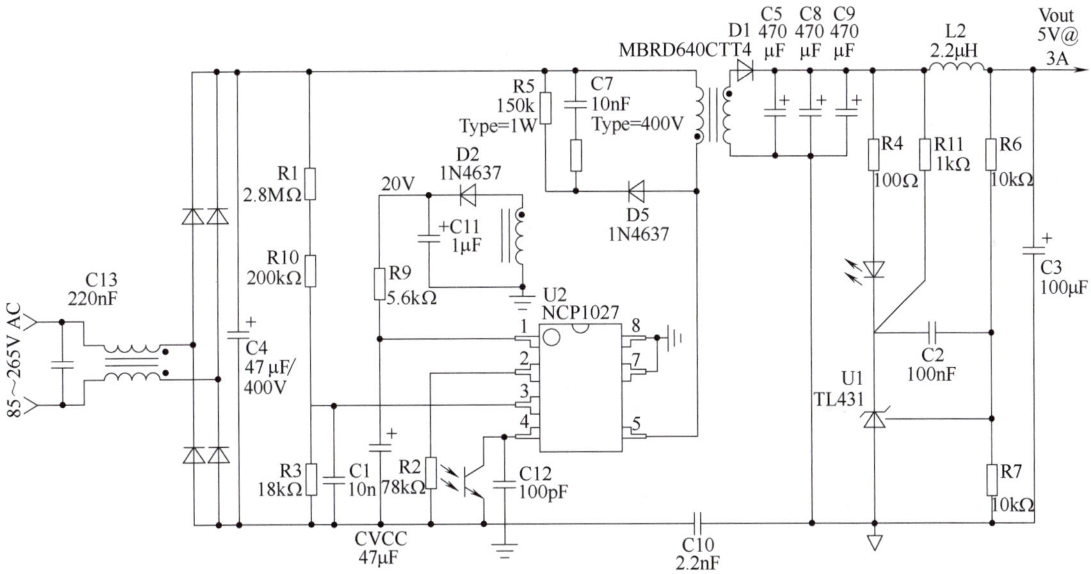

图 1-117　P1027P65 典型电路原理图

85 ～ 265V 的交流电压经交流滤波后送至桥式整流电路，整流后再经 C4 滤波，产生 120 ～ 380V 直流电压，该直流电压分成两路：一路经上拉电阻 R1、R10 与下拉电阻 R3 分压后产生一个 0.71 ～ 2.26V 的参考电压送至 U2 的 3 脚，为内部供电电压监控提供参考依据，当某种原因导致该引脚电压高于 4V 时，内部保护动作关闭内部开关管工作；另一路经 DRC 阻尼削峰电路及开关变压器的初级线圈后送至 U2 的 5 脚，为内部开关管的漏极和振荡驱动电路提供启动供电。

当 U2 内部得到供电后，振荡电路以 65kHz 的固定频率模式经内部放大后驱动内部开关管进行开关工作。

当开关管导通时，在开关变压器的初级线圈上产生上正下负的感应电动势，在线圈上进行储能；当开关管截止时，该感应电动势的极性迅速翻转为上负下正进行放能。

在放能期间，开关变压器的次级线圈上产生上正下负的感应电能，经整流滤波后产生直流电压供负载使用。

由次级线圈及 D2、C11 产生的 20V 直流电压，经 R9 送至 U2 的 1 脚，为芯片提供二次供电工作电压。

由次级线圈及 D1、C5、C8、C9 产生的 5V 直流电压，供负载使用。

当输出的 5V 直流电压高于 5V 时，稳压采样芯片 U1 对地导通→光耦内部发光二极管发光→ U2 的 4 脚被旁路→内部开关管截止→开关变压器次级输出电压降低，实现了稳压目的。

（2）检测技巧

在实践维修中，电源管理芯片的常见故障原因为外部原因、内部开路、内部短路等。

① 外部原因。外部原因是指电源管理芯片本身正常，由外部原因引起电源电路无法正常工作。譬如稳压电路中 R7 变大引起输出电压低，或电压检测电路中 R3 变大（R1 变小）引起 U2 的 3 脚电压高于 4V 内部保护无电压输出等。

② 内部开路。内部开路是指外围元件正常，电源管理芯片内部开路引起无电压输出，一般认定为芯片内部自然损坏，更换即可。

③ 内部短路。内部短路是指内部开关管漏极对地短路，通常原因为 DRC 阻尼削峰电路失效、开关变压器初级线圈匝间短路、芯片自身原因等。

具体检修方法：可以采用电阻法测量相关电阻、打阻法测量相关二极管元件、电桥法测量开关变压器的初级线圈、电桥法在路检测相关电容元件，排除外部原因后，更换同型号芯片即可。

“这节课我们就讲到这里，下课。”李师傅关闭笔记本电脑，离开了培训室。

1.16 反向驱动器的识别与检测

下午 2 点，李师傅走进培训室，打开电脑中的培训课件，大屏幕显示：反向驱动器的识别与检测，李师傅开始讲课。

1.16.1 反向驱动器的识别

“反向驱动器在空调器电路中主要用来驱动蜂鸣器、风机、压机、四通阀、电加热、电子膨胀阀、摆风电机等电路。”李师傅指着大屏幕讲解道。

（1）反向驱动器的分类

反向驱动器按其引脚不同可分为 14 脚和 16 脚两种。目前在空调器电路中常见的是 16 脚反向驱动器，如 ULN2003、MC1413、TD62003 等。

反向驱动器按封装形式，分为直插式和贴片式两种，如图 1-118 所示。

以 ULN2003 为例，其引脚识别方法为：芯片型号左下角第 1 引脚为芯片 1 脚，其他引脚为逆时针方向数 2 ～ 16 脚。

（2）ULN2003 电路符号及内部结构

“参考图 1-119，对 ULN2003 的各脚功能进行介绍。

图 1-118　反向驱动器 ULN2003 的识别

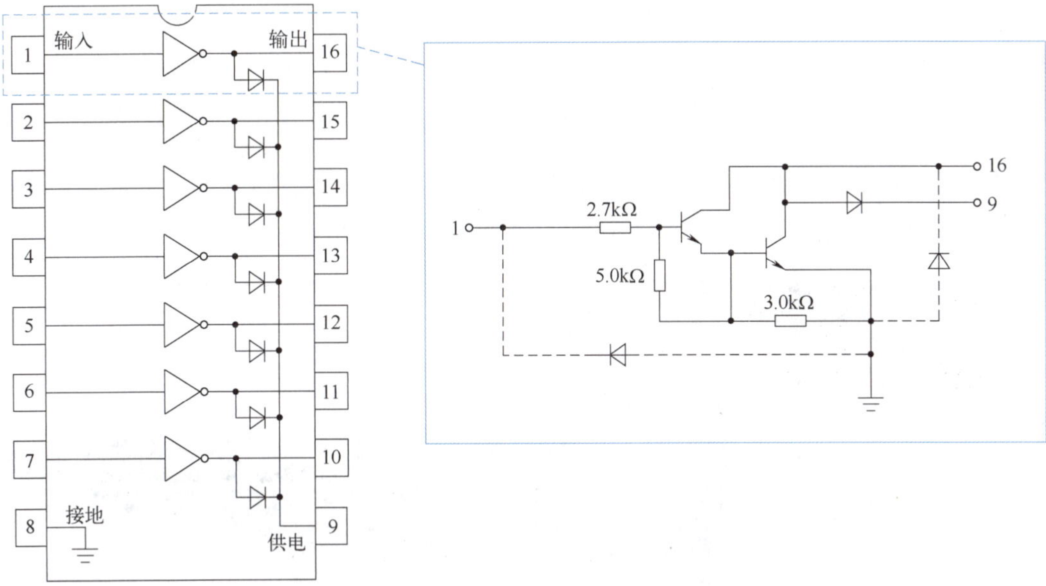

图 1-119　内部结构及引脚功能图（选自厂家技术手册）

“8 脚，接地。

“9 脚，接 12V 供电。

“1 ～ 7 脚为控制电平输入端，一般通过限流电阻后接 CPU 相关控制引脚，也有的电路不接限流电阻直接接 CPU 控制引脚。投入工作时电压为 2 ～ 5V（带限流电阻的为 2V 左右，直接控制的为 5V）。

“10 ～ 16 脚输出负载端（待机时电压 12V，工作时电压 0.7V）。只有当反向驱动器的 1 ～ 7 脚有高电平（2 ～ 5V）输入时，其对应 16 ～ 10 脚才能输出低电平（0.7V），相关负载才能投入工作。”

1.16.2 反向驱动器的检测

“接下来我们探讨一下反向驱动器的检测方法。反向驱动器在实际电路维修中常见故障为内部开路或短路。内部开路会造成负载不受控，无法投入工作；内部短路，会造成上电负载即投入工作。检测方法可以采用电压法或干预法进行。接下来我们参考图 1-119，以一个维修案例进行详细探讨。”李师傅讲道。

故障现象：一台格力柜机低风时电机不转。

原因分析：经试机发现该空调中风或高风时电机运行正常，只有设为低风时电机停止运转。初步分析可能的原因有以下几种情况。

① 电机低速挡绕组开路。

② 电机低速挡控制继电器内部触点接触不良或控制线圈开路。

③ 反向驱动器 ULN2003 内部开路损坏。

④ 限流电阻 R18（10kΩ）阻值变大或开路。

⑤ CPU47 脚到 R18 之间信号线开路。

⑥ CPU 内部损坏。

检修步骤：

① 断电后拔下风机插头，用万用表电阻挡检测风机低速绕组与其他绕组是否导通（一般有几十至几百欧姆），如果阻值偏大或不导通，则证明电机内部绕组开路，更换电机即可。如果测得电机绕组正常，则进行下一步。

② 参考图 1-120，上电开机，通风模式，低速挡，用万用表交流电压挡测试内风机低速挡端子 C 点，正常时应该有 220V AC 电压，如果没有则继续测量 D 点有无 0.7V 低电平电压，如果有，则证明继电器坏，更换继电器即可，如果没有，则进行下一步。

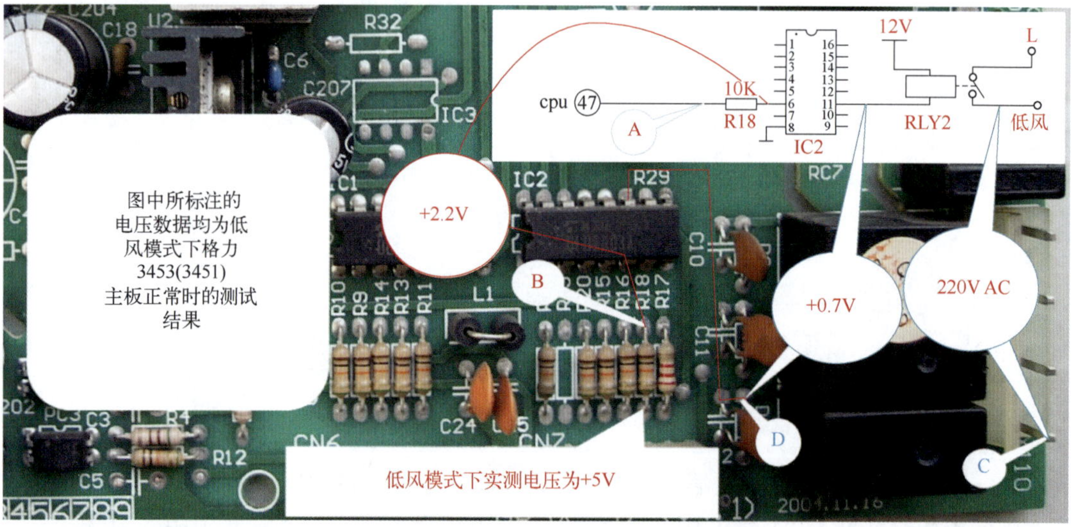

图 1-120　格力柜机内机主板实物与故障电路图

③ 模式同上，继续用万用表直流电压挡测试反向驱动器 IC2 的输出端 11 脚有无 0.7V 电压，如果有，则证明驱动块级以前电路正常，如果没有，则继续用万用表测试 IC2 的 6 脚有无 2.2V 高电平，如果有，则证明反向驱动块 IC2 内部损坏，更换同型号的 ULN2003 反向驱动块即可。如果没有则进行下一步。

④ 模式同上，继续用万用表直流电压挡测试 A 点有无 5V 高电平，如果有则，证明前级正常，重点检查 R18 是否开路或阻值变大，正常阻值为 10kΩ，如果没有，应直接检测显示板上 CPU 的 47 脚有无 5V 高电平，如果有，则证明故障点为 CPU47 脚到电阻 R18 之间

的信号线路有断路，查出故障点修复即可。如果测试 CPU47 脚没有 5V 高电平输出，则证明 CPU 内部损坏，更换 CPU 或电脑显示板即可。

“通过上述测试，最终判断低风挡继电器损坏，更换继电器后故障排除。”李师傅指着大屏幕讲解道。

“李师傅，关于反向驱动器的识别和检测我基本明白了，我想请教的是，如果在实际维修中，反向驱动器只是损坏了一路，譬如您刚讲的这个案例中的低风电路，但是在现场维修，时间很紧急，客户要求马上修复，我可不可以用一个 2SC1815 的三极管代替这一路控制呢？”小田问道。

“当然可以，但值得注意的是需要在三极管的基极加一个 1kΩ 的限流电阻，然后将原反向驱动器的控制引脚脱开即可。”李师傅回复道。

“这节课我们就讲到这里，下课。”李师傅关闭笔记本电脑，离开了培训室。

1.17 变压器的识别与检测

课间休息 10 分钟后，李师傅走进培训室，打开电脑中的培训课件，大屏幕显示：变压器的识别与检测，李师傅开始讲课。

1.17.1 变压器的识别

“在空调器电路中，常见的变压器有两种，其中一种是工频线性变压器，如图 1-121 所示，通常在变压器的顶部铭牌标有如下信息。

“型号：SC28B1。

“输入电压和频率：220V 50Hz。

“输出电压：黄 - 黄 13.7V，白 - 白 9.8V。

“产品安全认证：长城、CE。

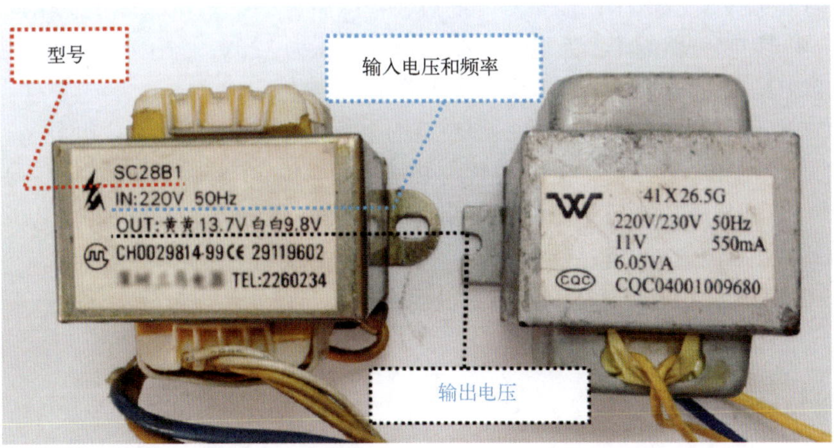

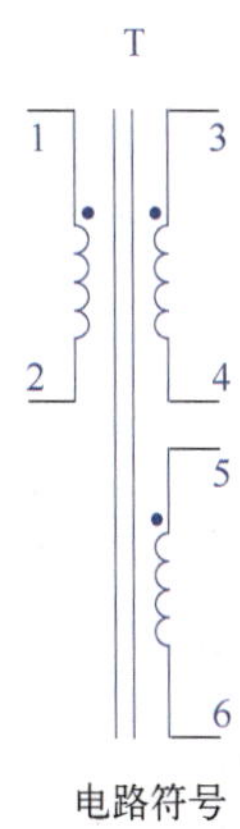

图 1-121 工频线性变压器

“通过变压器的铭牌我们了解了该变压器的详细信息，在电路设计、维修、代换时进行参考”。李师傅将大屏幕中的 PPT 图片进行了切换，继续讲课。

“另一种是高频开关变压器，如图 1-122 所示。

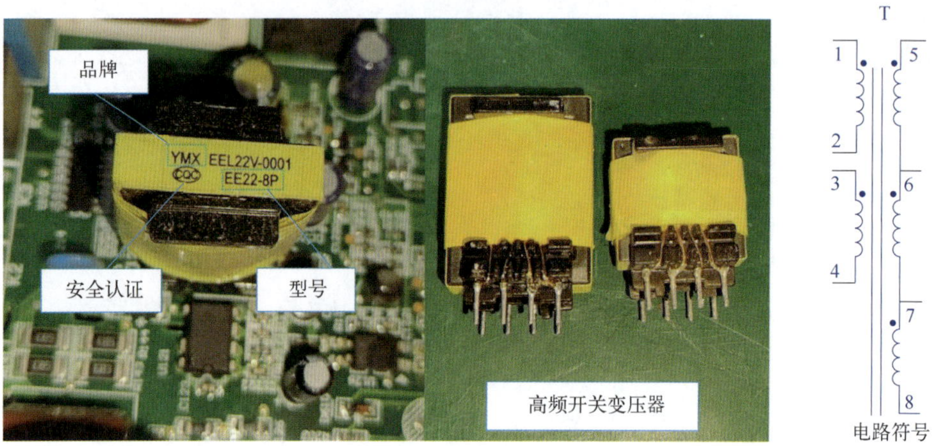

图 1-122　高频开关变压器

“在变压器的顶部铭牌标有如下信息。

“品牌：YMX。

“安全认证：CQC。

“型号：EE22-8P。

“通过变压器的铭牌我们了解该变压器的初步信息，在电路设计、维修、代换时进行参考。

“通过图 1-121 和图 1-122 中的变压器电路符号我们识别到如下信息。

“无论是线性工频变压器还是高频开关变压器，电路符号基本相同，都包含初级线圈和次级线圈两部分。

“图 1-121 中线性工频变压器的 1-2 为初级线圈，输入电压为 220V 交流电压。

“次级线圈 3-4 输出 13.7V 交流电压，经整流、滤波、稳压后为摆风电机、继电器等负载提供工作电压。

“次级线圈 5-6 输出 9.8V 交流电压，经整流、滤波、稳压后为 CPU 等负载提供工作电压。

“图 1-122 中高频开关变压器的 1-2 为初级线圈，输入电压为 320V 直流电压，经高频开关管调制成 50 ～ 100kHz 的方波才能正常工作，次级输出感应电压。

“次级线圈 3-4 产生约 18V 电压，经整流、滤波后为电源管理 IC 提供二次供电电压。

“次级线圈 5-8 产生 15V 电压，经整流滤波后为 PFC、变频模块提供工作电压。

“次级线圈 6-8 产生 12V 电压，经整流滤波后为继电器、电子膨胀阀等提供工作电压。

“次级线圈 7-8 产生 5V 电压，经整流滤波后为存储器、CPU 等负载提供工作电压。

“对于变压器的识别与工作原理通过上述讲解已经有了初步的了解，接下来我们一起探讨一下变压器在实际维修中的常见故障和检测方法。”李师傅讲解道。

1.17.2 变压器的检测

“变压器在实际电路维修中常见故障为内部线圈开路或短路。由于线性工频变压器和高频开关变压器的工作电路不同，所以其引发的故障现象和检测方法也有所不同，我们分两部分进行探讨。”李师傅继续讲课。

（1）线性工频变压器常见故障与检修技巧

“线性工频变压器在实际维修中常见故障为初级线圈开路或短路。

“初级线圈开路引起供电负载上电无反应。将变压器的初级和次级绕组从主板上拔下，用万用表的电阻挡测量其阻值，正常时初级绕组一般有 100Ω 至几百欧姆（如图 1-123 所示），如果实测阻值为几千欧姆或无穷大，证明初级线圈开路了，更换变压器即可。

“初级线圈短路引起上电烧主板保险管，更换一个，上电再次烧坏。将变压器的初级线圈从主板上拔下后，用万用表的电阻挡测量其阻值，正常时初级绕组一般有一百至几百欧姆，如果实测阻值为几欧姆或十几欧姆，证明初级线圈短路了，更换变压器即可。

“变压器的次级线圈阻值较小，一般为 1Ω 至十几欧姆，如图 1-123 所示，由于变压器的次级线圈匝数少，线径粗，开路或短路的概率非常小。

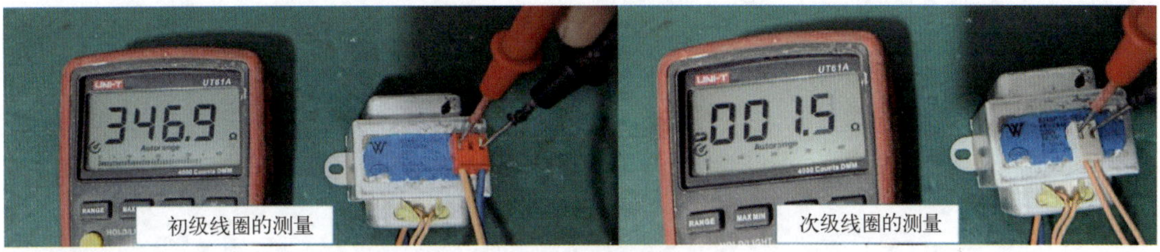

图 1-123　线性工频变压器的测量

“关于线性变压器的检测我们就讲到这里，大家还有什么问题可以探讨交流一下。”李师傅问道。

“李师傅，我在空调售后工作中遇到过这种情况：客户反映空调工作一段时间就没反应了，断电一段时间后再次上电，机器又能工作一段时间。我到客户家后，经检测发现是变压器坏了，更换一个新的变压器后，故障排除了，目前我还没明白是什么原因呢。”小田问道。

“这是因为你所更换的变压器内置有一个温度保险，由于某种原因变压器运行一段时间温度升高超过 77℃，或温度保险本身损坏，导致误动作引起该现象。”说着，李师傅将 PPT 切换至图 1-124，向大家展示了这种变压器的结构和电路图。

“接下来我们继续探讨高频开关变压器的常见故障与检修技巧。”李师傅继续讲解道。

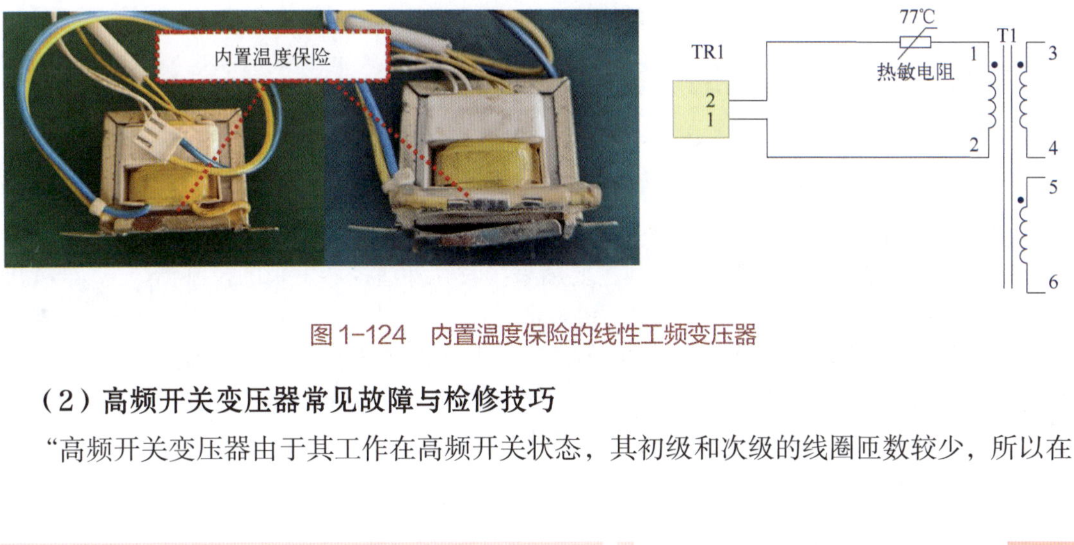

图 1-124　内置温度保险的线性工频变压器

（2）高频开关变压器常见故障与检修技巧

“高频开关变压器由于其工作在高频开关状态，其初级和次级的线圈匝数较少，所以在实际维修中故障率较低，但遇到过初级线圈开路和初级线圈匝间短路的案例，次级线圈开路或短路的现象到目前为止没有遇到过。

“由于高频开关变压器无法单独工作，必须与开关电源管理 IC 及稳压、整流、滤波电路配合使用，所以本小节无法详细剖析开关变压器损坏的真正原因（在后续开关电源电路中详细剖析），本小节重点介绍一下开关变压器的检测方法——电桥法。”李师傅讲解道。

“李师傅，用万用表无法判断开关变压器的好坏吗？”小田问道。

“万用表的电阻挡只能粗略判断开关变压器线圈的通断，无法判断其有无匝间短路。”李师傅解释道。

“我用对比的方式给大家演示一下。”李师傅分别用万用表和电桥对一好一坏两个开关变压器进行测量演示，如图 1-125 所示。

图 1-125　开关变压器好坏对比测试

“通过刚才的对比测试我们得出以下结论。

“万用表的电阻挡测量开关变压器只能判断其线圈是否开路或短路，无法判断是否存在匝间短路。

“用电桥的电感测试 L 挡，将其频率设定为 20kHz，查看其损耗 D 值（标准参考值为 0.2）来测量开关变压器的初级线圈，就可以判断其初级或次级是否存在匝间短路。

“刚才我们在路测量好的开关变压器的数据截图（图 1-125）D 值为 0.0199，坏的开关变压器的 D 值为 0.6771。”李师傅讲解道。

“今天这节课我们就讲到这里，下课！”李师傅关闭笔记本电脑，离开了培训室。

1.18　遥控接收器的识别与检测

课间休息 10 分钟后，李师傅来到培训室，打开笔记本电脑，大屏幕上显示：遥控接收器的识别与检测，李师傅开始讲课。

“接收器，全称为红外接收器，其主要用来接收红外遥控器发来的控制指令，实现短距离的无线人机对话。”李师傅指着大屏幕讲解道。

“人眼可见红光波长为 0.62 ～ 0.76μm，比可见红光波长更长的光称为红外线。利用波长为 0.76 ～ 1.5μm 之间的红外线来传送信号的装置称为红外遥控通信装置。这种红外遥控通信装置通常由两部分组成：一部分是信号发射装置，称为遥控器；另一部分是信号接收装置，称为接收器。这种通信装置由于其编码简单、抗干扰性强、功耗低等优点被广泛应用在家电遥控通信领域。

“本节我们就以家用空调的遥控器和接收器为例进行详细探讨。”李师傅将大屏幕切换至图 1-126。

1.18.1 遥控器的识别与检测

(1) 红外遥控器工作原理

“常见的空调遥控器如图 1-126 所示：①号遥控器为冠远通用板所采用的遥控器；②号遥控器为 1000 合一万能遥控器；③～⑤号遥控器为格力空调所采用的遥控器；⑥～⑧号遥控器为美的空调所采用的遥控器。

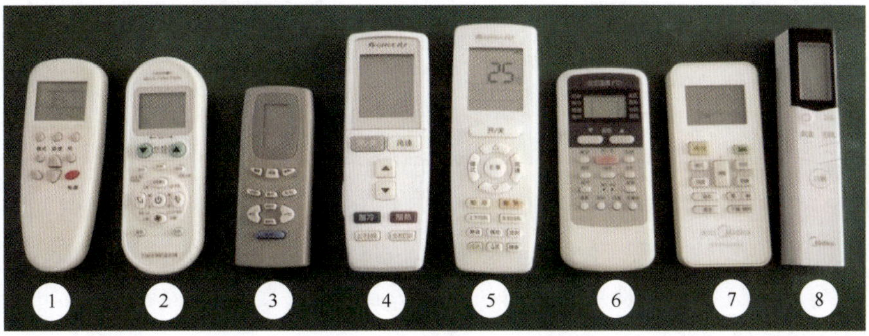

图 1-126 常见空调遥控器

“虽然空调遥控器种类繁多，但其工作原理相同，如图 1-127 所示。

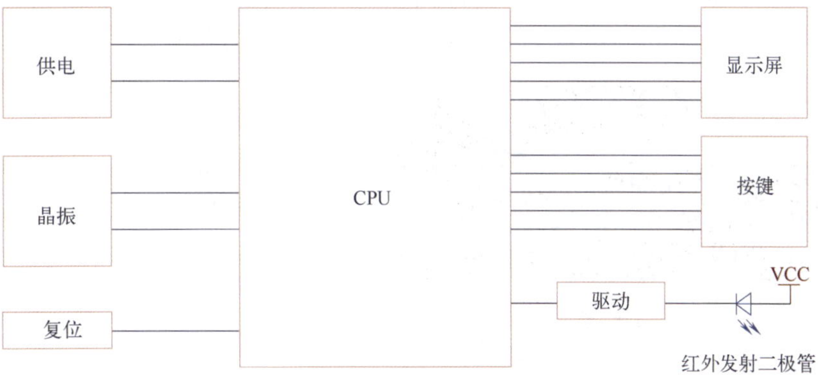

图 1-127 遥控器原理框图

“本小节以图 1-126 中⑤号格力遥控器为例进行探讨，为了便于分析，我们根据遥控器主板实物将其部分电路图绘出，如图 1-128 所示。

“参考图 1-128，V1、V2 为 1.5V 七号电池，串联后→经 $R4$ 限流→ C2、C1 滤波得到稳定的 3V 直流供电。

“U1 的 19 脚接地，20 脚供电。

“U1 的 21、22 脚外接晶振 Y1。

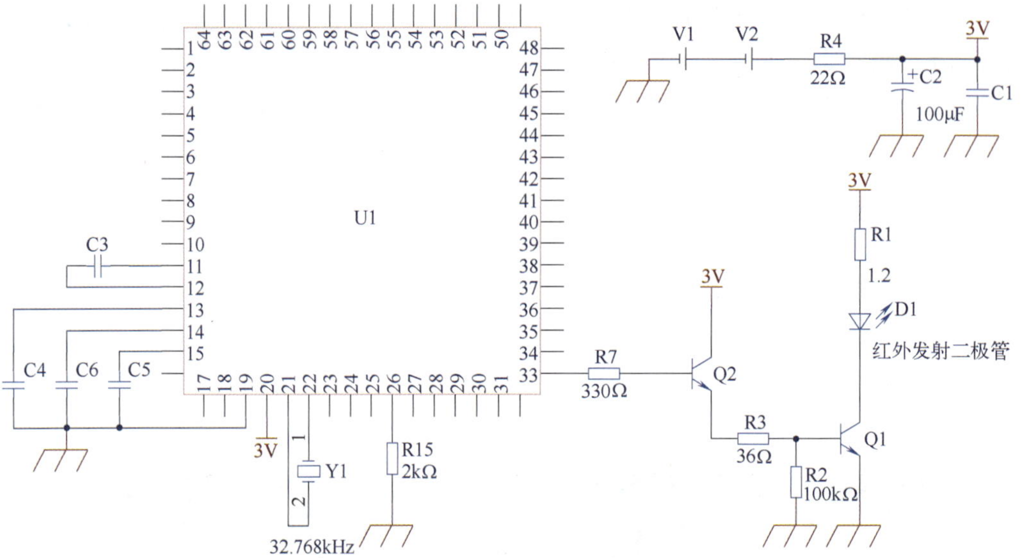

图 1-128　YAPOF 遥控发射部分电路原理图

“U1 的复位电路在实际绘制中未找到，分析可能为内置复位电路。

“U1 满足了上述 3 要素后即可投入工作。当 U1 收到用户按键反馈的信号指令后，经内部编码调制处理后由 U1 的 33 脚发出→经 R1 送到 Q2 的基极→经 Q2 驱动放大后→经 R3、R2 分压送至 Q1 的基极→经 Q1 驱动红外发射二极管 D1 发光。”李师傅指着大屏幕讲解道。

（2）遥控器好坏判断技巧

李师傅将大屏幕显示切换为图 1-129，继续讲课：“接下来我们一起来探讨遥控器好坏的简易判断方法。”

① 手机拍照法检测遥控器。如图 1-129 所示，打开手机照相功能，将手机摄像头对准遥控器发射管，按下遥控器开关键，观察手机显示屏，如果遥控发射管没有红外光发出证明遥控器损坏，如果有红外光发出证明遥控器正常。

图 1-129　手机拍照检测遥控器好坏

② 红外遥控检测仪判断法。如图 1-130 所示，打开红外遥控器检测仪，检测仪电源灯点亮，将遥控器发射器对准检测仪红灯位置按下开关键，如果检测仪红灯闪烁并伴有蜂鸣器“嘀 - 嘀”报警声，证明遥控器正常，如果检测仪没有反应，证明遥控器损坏。

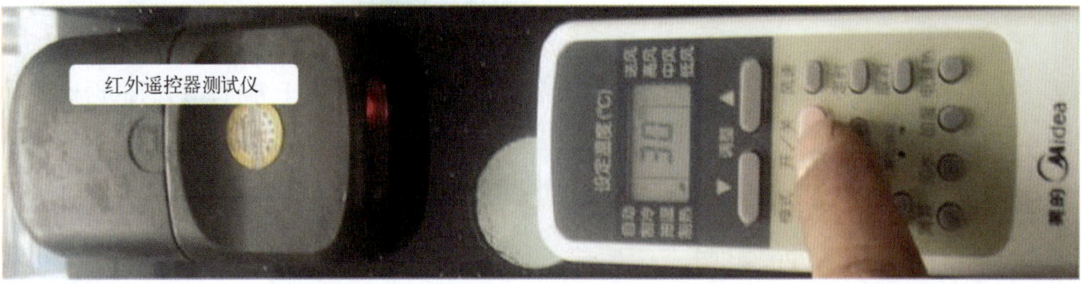

图 1-130　红外遥控测试仪判断遥控器好坏

（3）遥控器常见故障检修技巧

“接下来我们继续探讨遥控器的常见故障与检修方法。”李师傅继续讲课。

故障现象 1：空调遥控失灵。

分析检修：空调遥控失灵有多种原因，常见的如：空调供电异常、空调接收器损坏、遥控器异常等，本小节假定空调正常，仅对遥控器异常做详细的分析。

遥控器异常的常见原因有：供电电池电量不足或虚接、遥控器芯片不能复位、芯片晶振异常、按键粘连（锁定）、发射管驱动电路异常、芯片异常等，参考图 1-128，判断方法如下。

排除方法：

① 打开遥控器外壳，在上电状态下用万用表直流电压挡检测芯片 U1 的 20 脚对地之间 3V 供电是否正常。若不正常，则更换电池，并检查供电线路，若正常，则进行下一步。

② 用万用表电压挡监测遥控器信号发射驱动三极管集电极对地间电压，同时按下任意遥控器按键，观察电压有无瞬间跳变。若有，则证明遥控器信号发射电路正常，遥控失灵可能是遥控发射管异常引起，更换发射管试机即可。若无瞬间电压跳变，则用万用表监测驱动三极管基极，同时按下任意遥控器按键，观察有无瞬间电压跳变。若有，则证明故障为驱动电路异常引起，更换驱动管相关元件即可；若仍无电压跳变，则用万用表测量遥控器芯片晶体振荡器两端电压是否正常（正常时为 0.2V 左右）。按下任意键观察有无电压波动，若有，则证明晶振基本正常；若无，则更换晶振试机。若更换晶振后仍无效，则证明遥控器芯片损坏，更换芯片或遥控器即可。

故障现象 2：遥控器显示缺画或不显示。

分析检修：常见原因为遥控器显示屏引脚虚接或显示屏异常。

排除方法：首先检查显示屏各引脚有无虚接，若有，进行补焊，若正常，则应更换显示屏。

故障现象 3：遥控器按下任意键均全部显示。

分析检修：该现象常见为遥控器电量不足、复位不良等原因引起。

排除方法：首先更换新电池试机，若故障排除，则证明为电量不足引起；若故障依旧，则更换遥控器。

故障现象 4：遥控距离变短。

分析检修：该现象常见原因有遥控器电量不足、遥控器信号发射驱动电路异常、遥控器红外发射管老化、接收器异常、接收窗太脏等。

排除方法：更换遥控器电池试机。若故障依旧，则进行下一步。更换遥控器进行试机，若故障排除，则检修遥控器驱动电路；若故障依旧，则检查接收窗是否太脏。如果是，进行清洗即可；如果不是，则更换接收器。

“接下来我们要探讨的就是接收器的识别与检测技巧。”李师傅将大屏幕中的 PPT 切换至图 1-131，继续讲课。

1.18.2 空调红外接收器的识别与检测

（1）接收器的识别

“接收器由一块装有光电二极管的红外线接收专用集成电路组成。当接收到遥控器发来的红外线信号时，它能将光信号转变为电信号，经内部前置放大、滤波、解码输出。

“图 1-131 展示了空调常见接收器图片。虽然各种接收器的外形及引脚排列不同，但是其工作原理相同，通常有三个引脚，分别为供电（VCC）、接地（GND）、信号输出（RAM）。”李师傅指着大屏幕讲解道。

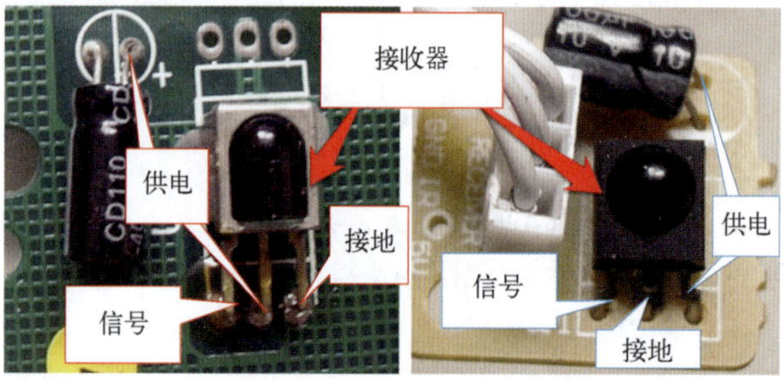

图 1-131 常见接收器的识别

“李师傅，接收器外形及引脚排序不同，如何在路判断它的各引脚功能呢？”小田问道。

“有一个接收器引脚快速识别的小窍门分享给你们：参考图 1-131，接收器旁边有一个滤波电容，这个电容为接收器供电滤波电容，我们可以用万用表电阻挡进行在路测量。

“接电容器正极的引脚为接收器的供电端，接电容器负极的引脚为接收器的接地端，余下的一个引脚为接收器的信号输出端。”李师傅解释道。

（2）接收器的检测

“接下来我们一起探讨一下接收器的检测方法。在实际空调维修中，接收器的好坏通常通过电压法进行判断。

“正常待机状态，用万用表测量接收器供电引脚（VCC）对地电压为 5V，输出引脚（OUT）对地电压为 5V。

“当用遥控器对着接收器连续发送信号时，输出脚对地电压应有 0.5 ～ 1.5V 的电压下降跳变。如果没有跳变，证明接收器内部损坏，更换同型号的新接收器即可。”李师傅讲解道。

“李师傅，在实际的维修中，接收器有多种，可以用一种接收器代用吗？”小张问道。

“当然可以，接下来跟大家分享一下通用接收器的选购及代换技巧。”李师傅回答道。

（3）接收器的代换

“空调常用的接收器虽然型号繁多，外观也不一样，但各型号之间基本上都可以互换。空调常用接收器按引脚分为三种，如图 1-132 所示。

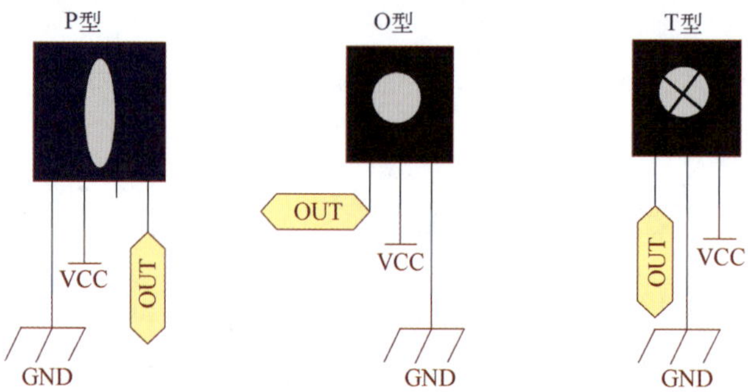

图 1-132 空调常见接收器

"为了便于区分和代换，我们将三种接收器分别定义为 P 型、O 型、T 型接收器，三种接收器引脚不同，安装时应该注意。

"在实际维修中，发现有些品牌空调接收器电路板上已经设计好了 O 型、T 型两种接收器的安装脚位，通常万能接收器为 T 型接收器，原机接收器如果也为 T 型接收器，则在原接收器位置安装万能接收器即可，如果原机接收器为 O 型接收器，则万能接收器在进行代换时需要将供电脚和接地脚调换，如果电路板设计有 T 型接收器安装位置，直接安装焊接即可。

"如果原机为 P 型接收器，我们用万能 T 型接收器进行代换时，需要给万能接收器的引脚套上绝缘胶套，并将三个引脚调整至与 P 型接收器引脚功能相同，插入电路板安装即可。

"这节课我们就讲到这里，下课！" 李师傅关闭笔记本电脑，离开了培训室。

1.19 CPU 的识别与检测

上午 8 点，李师傅来到培训室，打开笔记本电脑，大屏幕上显示：CPU 的识别与检测。李师傅开始讲课。

"中央处理器，简称 CPU，是主板的核心元件，通常它的引脚是最多的。本节我们以变频空调外机主板 CPU 为例简述其识别方法及检修技巧。"李师傅指着大屏幕讲解道。

1.19.1 CPU 的识别

（1）直插式

图 1-133 中格力 4 代多联机风机驱动板采用直插式 CPU，各引脚穿过电路板过线孔后焊接在双面铜箔上。这种 CPU 稳定性好、散热好、坚固耐用，缺点是体积较大。

（2）贴片式

图 1-133 中格力变频挂机外机方板采用贴片式 CPU，各引脚直接贴焊在表面铜箔上。这种 CPU 弥补了直插式 CPU 的不足，被广泛应用于新型变频电路板上。

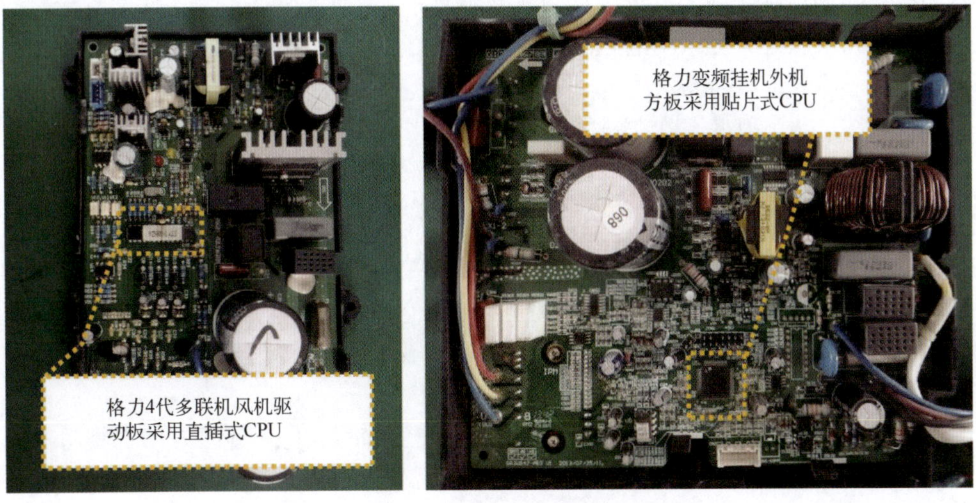

图 1-133　常见 CPU 的两种封装形式

1.19.2 CPU 的检测

（1）CPU 工作条件及检测方法

通常，一个 CPU 正常工作需要满足三个条件——供电、复位、时钟晶振。大多数 CPU 的这三个条件由 CPU 配合外部电路实现。

图 1-134 是依照图 1-133 中格力 4 代多联机风机驱动板实物绘制。U5CPU 型号为 PIC18F2431，厂家工程师编写程序后实现图中各引脚功能。

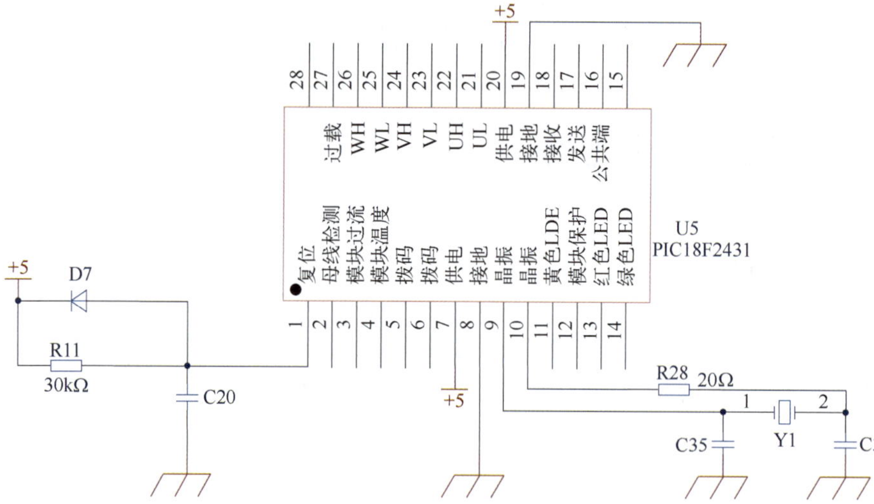

图 1-134 CPU 工作条件典型电路图

U5 的 1 脚为复位引脚，低电平有效，由外围元件 R11、C20、D7 实现。实践维修中可以采用打阻法、电阻法、电桥法测试判定元件的好坏。

U5 的 7、20 脚为 5V 供电，8、19 脚接地。实际维修中，CPU 内部短路会引起无供电或供电电压低的现象，可以用烧机法进行检测。

U5 的 9、10 脚及外围元件 R28、Y1、C35、C36 组成了时钟晶振电路，正常工作时用示波器测试有晶振标称频率的波形信号。实际维修中先用示波器测试 Y1 两端有无标称频率的波形出现，如果没有，可以用电阻法判断 R28 的好坏，用电桥测试 C35、C36 的好坏，如果仍然没有波形出现，代换晶振测试。

随着技术的进步，有些 CPU 将复位、时钟电路全部集成在了内部，只需要给 CPU 供电就能工作，极大简化了电路设计。

（2）CPU 程序烧写

通常我们在市面上买到的同型号的 CPU 均为空白 CPU，就如同买到一台没有安装操作系统的电脑一样，是无法正常使用的，我们需要给这个空白 CPU 进行程序烧写后才能正常使用。

常见程序烧写工具如图 1-135 所示，包括芯片专用仿真烧写器①、驱动程序软件②、USB 连接线③、原厂驱动数据④、免焊烧录座⑤等。

“程序烧写步骤：打开笔记本电脑，打开专用程序烧写软件，连接好仿真烧写器，连接好主板（不上电），选中数据，上电，开始烧写，看软件烧写进度显示 OK，烧写完毕。如果过程中出现错误，重复上述步骤。”李师傅讲解道。

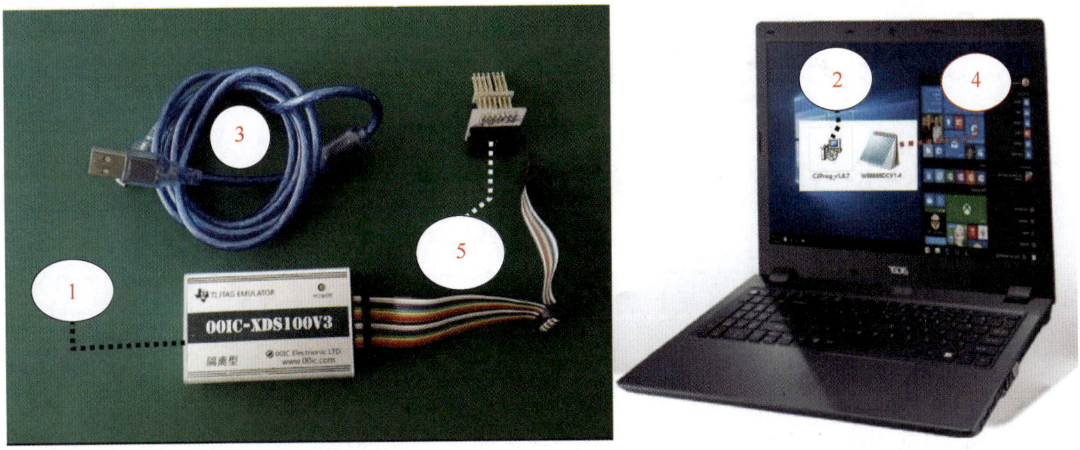

图 1-135　参见程序烧写工具

1.19.3 CPU 的拆焊技巧

“接下来我给大家演示一下 CPU 的拆焊技巧。”李师傅说道。

（1）直插式 CPU 的拆焊

① 拆卸。

化锡溶胶：先将电路板上引脚用焊锡焊接一遍。

强力除锡：将电烙铁温度设定为 400℃，给芯片引脚加热 3 ～ 5 秒，用强力吸锡器将锡吸走，如果一次吸不干净，可以重复上述动作直至引脚松动。吸完后可以轻松将芯片取下。

② 焊接。将芯片安装就位后，电烙铁设定温度为 380℃，用无铅焊锡进行焊接即可。

（2）贴片 CPU 的拆焊

① 拆卸。

化锡溶胶：可以将待拆芯片的引脚用溶胶水或焊锡焊接一遍。

风枪吹卸：风枪温度 380℃，风速 3 挡，给待拆芯片均匀加热，加热到引脚焊锡熔化时，用镊子从一侧将芯片逐步挑起即可。

② 焊接。首先将焊盘清洗干净，在实际贴片芯片焊接中常用到两种方法，可以单独使用也可以配合使用。

烙铁加锡丝焊接法：将芯片的引脚与焊盘对位后，先用焊锡固定四边，然后用拓锡法对芯片四边进行焊接即可。

锡浆 + 热风枪焊接法：首先将芯片与焊盘进行对位，对位后将芯片四边引脚用焊锡固定，给芯片四边引脚均匀涂抹锡浆，用风枪 380℃ /3 挡进行逐边焊接即可。焊接完毕后在放大镜下观察有无连锡，用洗板水将焊接后的杂质清理干净即可。

李师傅边讲边给大家演示焊接技巧，课后又给每个徒弟准备了练习拆焊的旧电路板，供大家使用。安排完毕，李师傅关闭笔记本电脑，离开了培训室。

1.20 拨码开关的识别与检测

课间休息10分钟后，李师傅来到培训室，打开笔记本电脑，大屏幕显示：拨码开关的识别与检测。李师傅开始讲课。

“这节课是我们电路板维修基础课的最后一节，我们重点探讨一下拨码开关在变频家用及商用空调中的常见种类及检测方法。”说完李师傅将电脑PPT课件进行了切换。

1.20.1 拨码开关的识别

“在图1-136中我们看到的是在空调电路板中常见的几种拨码开关，图1-137是拨码开关的电路符号。”李师傅指着大屏幕讲道。

图1-136 拨码开关实物拍摄

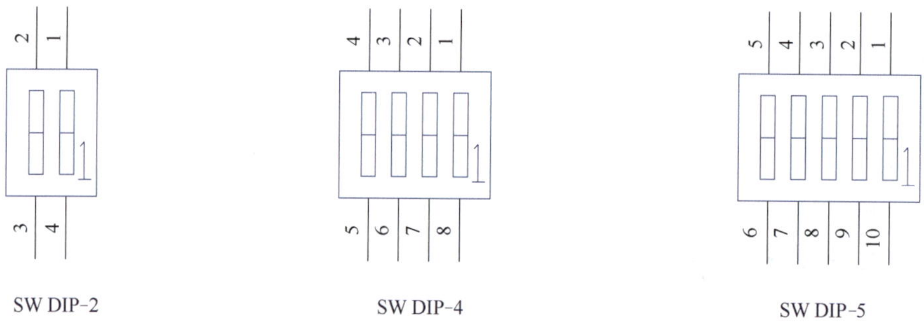

图1-137 拨码开关的电路符号

“李师傅，拨码开关的外形我看明白了，那么它的内部结构是怎样的呢？”小田问道。

“每一路拨码开关的内部都由一个金属划片和3个触点组成，当拨杆置于数字（1234）侧时，划片置于关的位置，拨码开关的两个引脚不导通。当拨杆置于ON侧时，划片置于开的位置，拨码开关两个引脚处于导通状态。”李师傅解释道。

“我明白了，李师傅。”小田答道。

“好的，接下来我们来演示一下拨码开关好坏的判断方法。”说着李师傅将笔记本电脑中的PPT进行切换，如图1-138所示。

1.20.2 拨码开关的检测

李师傅拿来万用表和一个 4 位拨码开关，进行好坏判断测试演示。

“万用表打到电阻蜂鸣挡，拨码开关的拨杆全部置于 ON 侧，此时进行测试，拨码开关的两路都应该是导通的，阻值在 1Ω 左右，蜂鸣器鸣叫，如图 1-138 所示。证明拨码开关的导通状态是正常的。”李师傅一边演示，一边讲解道。

“接下来我将这个拨码开关的拨杆全部置于数字（1234）侧，此时用万用表的电阻挡测试应该显示无穷大，如图 1-139 所示。证明拨码开关的关状态是正常的。”李师傅一边演示，一边讲解道。

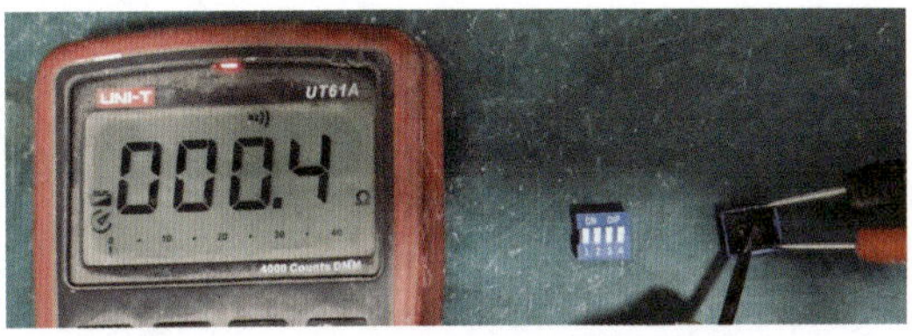

图 1-138　拨码开关开的检测

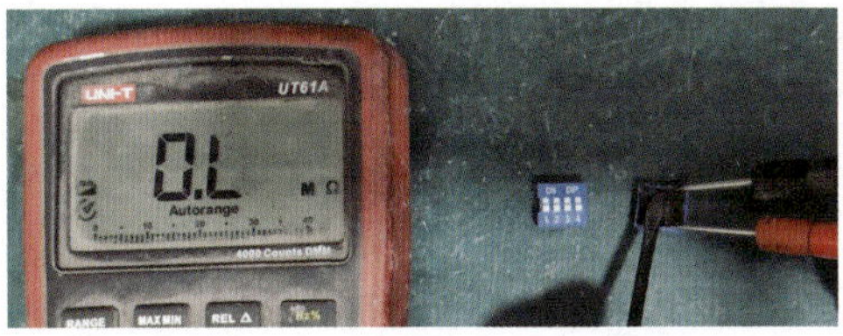

图 1-139　拨码开关关的检测

“李师傅，拨码开关的检测方法我明白了，但是拨码开关在空调电路中起什么具体的作用呢？”小田问道。

“拨码开关在空调电路板中主要用于功能的设定，多用于通用内机或外机主板中，接下来我就以一款美的 3 代通用外机板中的拨码开关为例进行讲解。”李师傅边回答，边将 PPT 切换至图 1-140。

1.20.3 拨码开关的应用

“如图 1-140 所示，这是一款美的厂家生产的售后专用通用变频板。为了适用于不同型号的机型和不同类型的压缩机数据，厂家在该通用板上通过两个拨码开关来实现。

图 1-140　美的 3 代通用拨码板

“SW1 拨码开关用于设定机器的机型和能效，其逻辑关系如下所述。

“SW1-1 代表外机的机型，拨杆拨到 ON 时代表 23/26 机型，拨杆拨到 1 时代表 32/35 机型。

“SW1-2 代表外机的能效，拨杆拨到 ON 时代表一级能效，拨杆拨到 1 时代表 2 级或 3 级能效。

“SW2 为压缩机机型选择拨码开关，不同的开关组合匹配不同的压缩机驱动数据，譬如四个拨杆全部拨到数字（1234）侧，代表匹配的压缩机型号为 ASM98D11UFZ。

“这节课我们就讲到这里，课后你们都练习一下拨码开关的检测。

“到今天为止，我们的基础课就讲完了，大家系统地复习一下，下次开始讲解空调典型电路！”李师傅关闭笔记本电脑，离开了培训室。

第2章

空调典型电路

李师傅来到培训室，打开笔记本电脑，大屏幕上显示：空调典型电路，李师傅开始讲课。

“从今天开始，我将带领大家一起探讨家用和商用变频空调的典型电路原理和维修技巧。

“任何电路都可以简化成输入、输出两部分来进行分析。

“图 2-1 中，围绕一个控制中心（CPU）整合了家用和商用变频空调常见的 30 种典型电路，单向→指向 CPU 的代表输入电路，CPU 单向→朝外的代表输出电路，既有输出又有输入的电路，我们用双向←→表示，接下来我们逐节进行探讨。”李师傅指着大屏幕讲解道。

图 2-1　空调典型电路

2.1　交流滤波电路

2.1.1　交流滤波电路模型

“由于变频压缩机工作时会产生很强的高次谐波干扰（用示波器观察六路驱动波形会清晰看到），为了防止该干扰传入交流市电公网，同时也防止交流市电中的干扰传入变频主板，国标中规定变频空调须设计交流滤波电路。

“首先来了解一下交流滤波电路的通用电路模型及其主要元件在该电路中的作用。

“参考图 2-2 交流滤波电路模型，可以了解到交流滤波电路主要由以下几部分组成。

“火线 L：为变频板负载提供工作电压，交流滤波电路的供电如果采用单相 220V 供电，则火线 L 只有 1 根引线，如果交流滤波电路的供电采用三相 380V 供电，则一般有三根火线 L1、L2、L3。

“零线 N：作为单相 220V 供电负载的回路，在交流滤波电路中无论采用单相 220V 供电还是三相 380V 供电，零线 N 只有一根。

“地线 G：该引线直接与大地连接，通常采用黄绿双色线，在交流滤波电路中只用来吸收 Y 电容耦合的干扰信号和 TVS 放电管传来的电流信号。

“保险管 FU：主要作用是过流保护，当电路负载由于某种原因出现严重短路（如压敏电阻或 X 电容击穿）时，保险管 FU 迅速熔断，变频板断电，保护后级负载和变频板。

“压敏电阻：在正常电压下其阻值非常大接近于开路状态，当加在其两端的电压超过其额定耐压值时其阻值瞬间变小接近于短路状态。该器件在本电路中主要用于过压保护、防浪涌电流等，与 TVS 放电管配合实现防雷击功能。

“TVS 放电管：在正常电压下其阻值非常大，接近于开路状态，当电路中出现瞬时高脉冲电压时（如闪电），该器件瞬间导通，将高电压旁路入地，保护后级电路免受冲击。

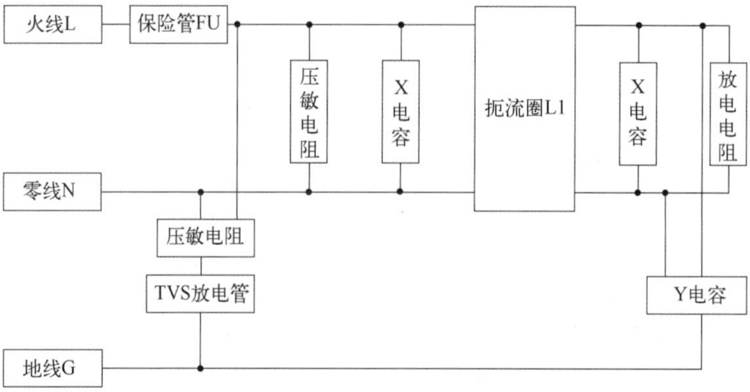

图 2-2　交流滤波电路模型

“X 电容：位于火线 L 与零线 N 之间，在扼流圈（共模电感）前、后两侧，与扼流圈 L1 配合实现低通滤波，抑制差模干扰。

“Y 电容：位于火线 L 与地线 G、零线 N 与地线 G 之间，主要用来滤除共模干扰，避免变频板产生高次谐波传入市电公网。

“扼流圈 L1：扼流圈又名共模电感，与 X、Y 电容配合组成低通滤波器，抑制高频干扰。

“放电电阻：用来泄放 X 电容上的电压。

“通过对交流滤波电路模型的元件介绍，我们有了初步了解，接下来我们以一款格力变频挂机交流滤波电路为例进行详细探讨。”李师傅讲解道。

2.1.2 交流滤波电路原理与检修技巧

“图 2-3 是我根据一款格力变频挂机的交流滤波板绘制而成的。这款机器为格力早期产品，采用交流滤波板与变频板分离结构，滤波板安装在变频板的下边的壳体上，通过引线 AC-L1 和 N1 与变频主板连接。

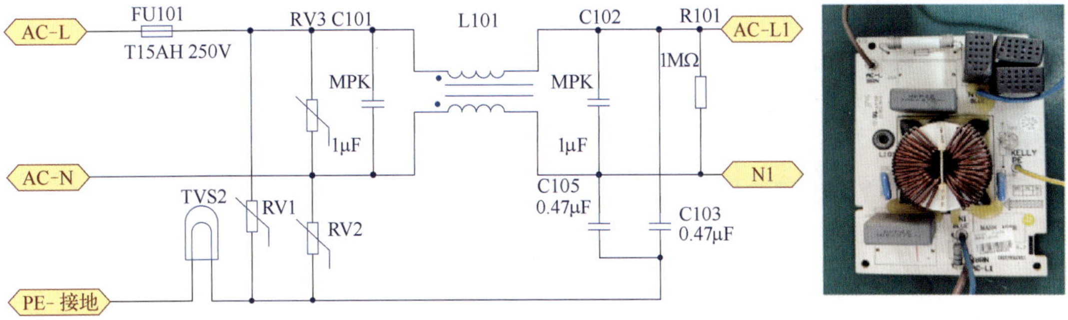

图 2-3　格力变频挂机交流滤波电路图

“首先我给你们 10 分钟的时间采用对号入座的方法，参考交流滤波电路模型图 2-2，分析一下图 2-3 中主要元件的功用，稍后我进行抽查提问。”说完，李师傅拿起水杯去接水。

10 分钟后，李师傅开始提问。

“小田，你来回答一下，C103、C105 是什么电容，主要作用是什么？”李师傅指着大屏幕中的图 2-3 中的元件问道。

“根据图 2-2 中的模型分析，这两个电容叫 Y 电容，主要用来滤除变频板产生的共模干扰。”小田站起身来回答道。

“回答得很好，请坐！”李师傅赞赏道。

“李师傅，我还有个问题不太明白，请您讲解一下。”小田说道。

“什么问题？”李师傅问道。

“刚才我在回答问题时提到的共模干扰是什么意思呢？”小田问道。

“在交流滤波电路中，共模干扰是指存在于两根或多根导线（如 L 和 N）与地线之间相同的干扰信号。”李师傅解答道。

“好的，我明白了！”小田回复道。

李师傅继续提问了小张和小杨两位学员，他们都作了正确的解答。

“接下来我们探讨一下交流滤波电路在实际维修中常见的故障及检修方法。”李师傅继续讲课。

“参考图 2-3，该电路常见故障为由于某种原因输入电压过高，引起压敏电阻 RV3 击穿短路，造成保险管 FU101 熔断（当然保险管熔断也有可能是其他负载短路引起）。

“在实际维修中，遇到保险管熔断，不要急于更换保险管，一定要找到保险管熔断的原因，排除故障后再更换保险管试机！”李师傅讲解道。

“关于交流滤波电路我们就讲到这里，下课！”讲完，李师傅离开了培训室。

2.2　软启动电路

课间休息 10 分钟后，李师傅来到培训室继续讲课。

2.2.1　软启动电路模型

“空调室外机变频板首次上电时，为了避免整流滤波电路中的大滤波电容充电时对电网电压冲击过大或上电继电器的损坏，变频空调器中的变频板专门设计了软启动电路。

“参考图 2-4 电路模型，对其工作原理简述如下。

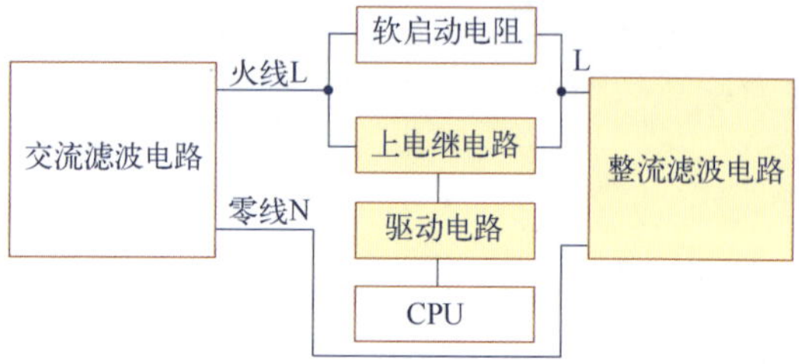

图 2-4　软启动电路模型

“220V 的交流市电经过交流滤波电路后，火线 L 分成两路：一路送到上电继电器的输入触点进行待命；另一路经软启动电阻→整流后给大滤波电容充电，当大滤波电容电压充电至 300V（家用机 300V，商用机 500V）左右时→变频板的开关电源电路投入工作→ CPU 也投入工作控制相应引脚输出高电平→经驱动电路控制上电继电器线圈得电吸合→软启动电阻被上电继电器的触点短路→火线 L 经上电继电器的触点给整流滤波电路及其他负载供电，完成软启动的过程。

“值得注意的是，在家用变频板中，软启动电阻一般采用正温度系数的热敏电阻，将大滤波电容的电流限制在 2A 左右，充电电流加大，热敏电阻发热阻值变大实现软启动。而在一些商用 380V 供电的变频设备中，软启动电阻通常采用几个大功率的水泥电阻用串联和并联相结合的方式加大功率，为大滤波电容充电，电流一般控制在 3A 左右，实现软启动。”李师傅指着大屏幕中图 2-4 软启动电路模型讲解道。

2.2.2 软启动电路原理与检修技巧

“图 2-5 是我根据一款格力挂机外机变频板的软启动电路实际绘制而成的，请大家根据刚才讲过的软启动电路模型中的原理，对号入座地分析一下这个图纸的工作原理，稍后我进行提问。”

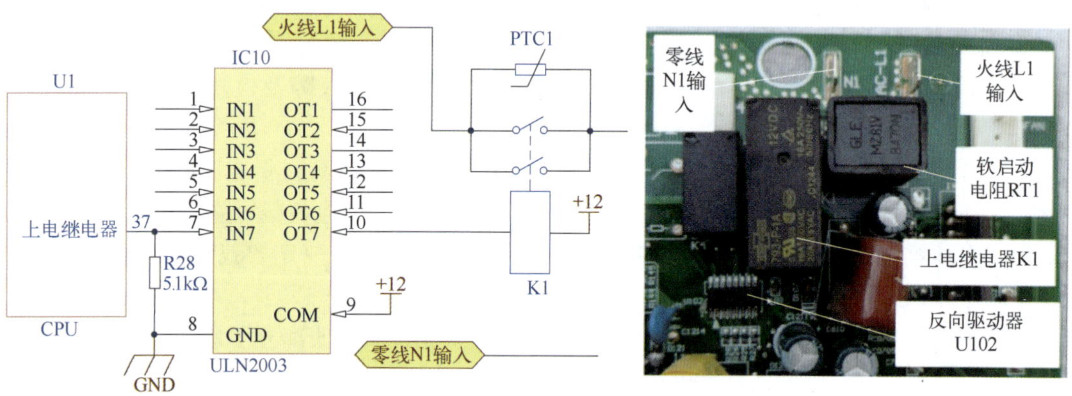

图 2-5　软启动电路原理图

10 分钟后，李师傅开始提问。

“小张，你来讲解一下这台格力变频空调外机主板软启动的工作原理。”李师傅说道。

小张起身走上讲台，手指大屏幕中的图 2-5 开始讲解：

“当外机首次上电时，来自交流滤波电路的火线经插件 L1 送入本机软启动电路，分为两路：一路送到上电继电器 K1 的输入触点进行待命；另一路经软启动电阻 RT1 整流后给大滤波电容进行充电，当大滤波电容电压充电至 300V 左右时，变频板的开关电源电路投入工作，CPU-U1 也投入工作，控制 37 脚输出高电平，经反相驱动器 IC10 的 7 ～ 10 号引脚控制上电继电器 K1 线圈得电吸合，软启动电阻 RT1 被上电继电器 K1 的触点短路，火线 L1 经上电继电器 K1 的触点给整流滤波电路及其他负载供电，完成软启动的过程。”

“小张讲得很好，请回到你的座位上！”李师傅赞赏道。

“接下来我们一起探讨一下该电路各元件出现故障后机器的表现。”李师傅继续讲课。

（1）软启动电阻 RT1 开路

故障表现：RT1 开路会引起室外机上电无反应，内机报通信故障 E6。

排除方法：断电状态，用万用表电阻挡在路测量 RT1 阻值，正常时为 47Ω 左右，如果实测阻值很大，证明 RT1 损坏，更换即可。

（2）上电继电器 K1 触点粘连或 RT1 短路

故障表现：K1 触点粘连或 RT1 短路会引起软启动失效，通常外机首次上电容易跳闸，再次上电后机器能正常工作。

排除方法：断电状态，用万用表电阻挡在路测量 RT1 两端阻值为 0 或很小，证明判断正确。根据维修经验，RT1 短路的概率很小，K1 触点粘连的概率大一些，所以建议先将 K1 拆下来，再次进行测量确认，然后更换坏件即可。

（3）上电继电器 K1 不工作或触点接触不良或引脚虚焊

故障表现：室外机压缩机刚开始运行正常，几十秒后突然停机，有的机器会报母线电压低故障（格力报 PL，美的报 P1）。

排除方法：用万用表交流电压挡测量 RT1 两端的电压，正常压缩机运行时电压几乎为零或零点几伏，如果实测该处电压随着压缩机升频，电压逐渐升高几伏或十几伏后压缩机停机，证明为 K1 工作异常引起，通常原因如下。

① 继电器引脚虚焊：用放大镜认真观察K1的4个引脚有无虚焊，如有，进行焊接即可。

② 继电器线圈不得电：上电状态，用万用表直流电压挡测量 K1 的线圈控制的两个引脚上有无 11V 左右的压降产生，如果有，证明继电器线圈控制电路正常；如果没有该电压，应根据驱动原理图逐级逆向查找→ U102 的 10 ～ 7 脚反相驱动电平逻辑是否正常→ U1 的 37 脚有无 3.3V 高电平输出、连接线路有无断线，找到原因并排除即可。

③ 继电器内部触点接触不良：上电状态，测量继电器 K1 的控制线圈有 11V 电压产生，证明继电器内部触点损坏，更换继电器即可。

（4）驱动电路电路板铜箔断线

故障表现：室外机压缩机刚开始运行正常，几十秒后突然停机，有的机器会报母线电压低故障（格力报 PL，美的报 P1）。

排除方法：用万用表电阻挡根据图纸直接测量即可，找到断线的铜箔。如果无法在路焊接，可以采用跳线法代替原机铜箔。

（5）反相驱动器 IC10 内部短路或 K1 线圈内部短路

故障表现：上电后外机无反应，内机报通信故障 E6。

排除方法：可以用烧机法配合热成像快速锁定短路元件，更换即可。

“这节课我们就讲到这里，课后大家可以根据我讲的案例进行模拟测试，下课！”讲完，李师傅离开了培训室。

2.3 整流滤波电路

下午 2 点，李师傅准时来到培训室，打开笔记本电脑，大屏幕上显示：整流滤波电路，李师傅开始讲课。

整流滤波电路的主要作用是将单相（220V AC）或三相（380V AC）交流电压转变为稳定的直流电压供变频板开关电源、逆变模块等电路使用。

2.3.1 整流滤波电路模型

“我们参考图 2-6 整流滤波电路模型对其工作原理进行介绍。

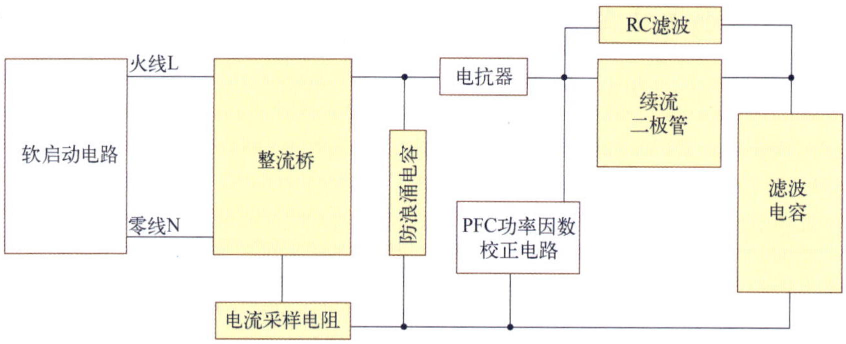

图 2-6　整流滤波电路模型

“经过软启动电路后的（220V 交流电）火线 L 和零线 N 送达整流桥的交流输入端→经整流桥内部处理后输出未经滤波的脉动直流电→经防浪涌电容滤波→ PFC（功率因数校正）电路→续流二极管→滤波电容滤波→输出稳定的 320V 直流电压供后级负载使用。

“在整流桥的负极回路中串入一个毫欧级别的功率电阻，用来检测整机的工作电流，为 PFC 电路提供参考依据。

“本节重点探讨整流滤波电路，关于 PFC 电路将在下节课介绍。”李师傅指着大屏幕讲解道。

2.3.2 整流滤波电路原理与检修技巧

“图 2-7 整流滤波电路原理图是我根据一款格力挂机外机变频板的整流滤波电路实际绘制而成的，现在给你们 10 分钟，采用对号入座的方法参考咱们刚才所讲的整流滤波电路模型基本原理分析该电路图的工作原理，稍后进行提问。”

10 分钟后，李师傅开始提问。

“小田，你来讲解一下。”李师傅说道。

小田站起身来到讲台，指着大屏幕中的图 2-7 开始讲解：

“经过软启动电路后的（220V 交流电）火线 L 和零线 N 送达整流桥 G1 的交流输入端→经整流桥内部处理后输出未经滤波的脉动直流电→经防浪涌电容 C307 滤波→外置电抗器 L1 → PFC 功率因数校正电路→续流二极管 D203 →滤波电容 C2020、C2023、C306、C701 滤波→输出稳定的 320V 直流电压供后级负载使用。

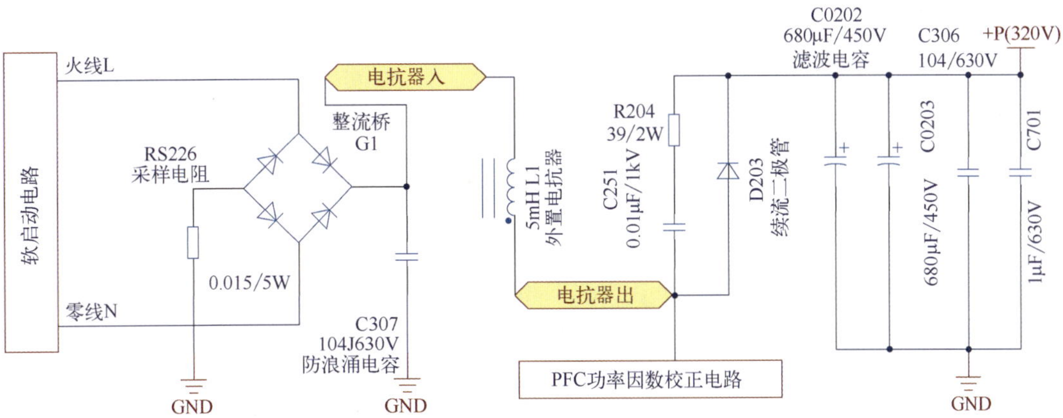

图 2-7　整流滤波电路原理图

“在整流桥的负极回路中串入一个毫欧级别的功率电阻RS226用来检测整机的工作电流，为 PFC 功率因数校正电路提供参考依据。”

“李师傅，整流滤波的工作原理我基本明白了，在这个电路中 R204、C251 这两个元件串联后并联在续流二极管 D203 上，有什么作用呢？”小田讲完原理，停顿了一下问道。

“这是一个典型的 RC 低通滤波电路，在 PFC 功率因数校正电路工作时，对其产生的高频信号进行整形，抑制高频信号的噪声和干扰。”李师傅解释道。

小田点点头，表示明白了，小田回到座位上，李师傅继续讲课：

“接下来我们一起探讨一下该电路在实际维修中的常见故障及检修技巧。我们一个元件一个元件地进行分析。”

（1）整流桥 G1 引脚虚焊或内部开路

故障表现：当整流桥引脚虚焊或内部开路时，会引起输出电压低或无输出现象。如果无输出，会引起内机报通信故障 E6；如果虚焊导致输出电压低，则会引起压缩机启动一下就停的现象，或报 PU 电容充电故障、PL 母线电压过低故障。

排除方法：对于引脚虚焊，用显微镜观察 G1 的焊接引脚即可；对于内部开路，断电状态下用打阻法判断即可。

（2）整流桥 G1 内部击穿短路

故障表现：如果是在外机正常运行状态下突然因某种原因引起 G1 内部击穿短路，会出现保险管熔断及跳闸现象，再次上电开机内机报通信故障 E6。

如果开机瞬间因某种原因整流桥G1击穿短路会引起软启动电阻发热，外机上电无反应，内机报通信故障 E6。

排除方法：用电压法和打阻法配合即可判断。

（3）续流二极管 D203 开路

故障表现：引起D203内部开路的原因有很多，这里仅探讨其自身原因引起的内部开路。当内部开路后引起无 +P（320V）电压输出，内机报通信故障 E6。

排除方法：断电状态，用万用表的二极管挡在路测量（为了避免电路影响，可以将外置电抗器插头拔下来再测量）D203 的正反向压降是否正常。正常时用数字万用表红表笔接 D203 的正极，黑表笔接负极，显示压降应为 0.4V 左右；用黑表笔接 D203 的正极，红表笔接负极，正常时显示压降应为无穷大。如果正反向测量 D203 的压降都是无穷大，则证明该二极管内部开路，更换即可。

（4）续流二极管 D203 短路

故障表现：通过原理分析，当某种原因引起续流二极管击穿时，如果 PFC 电路也在工作，通常会引起 IGBT 击穿、保险管熔断的现象。

排除方法：断电状态用万用表二极管挡在路测量 D203 正反向压降，若相等且接近 0V，证明 D203 已经损坏。值得注意的是，更换 D203 后要检查一下 IGBT、整流桥、保险管、变频模块等其他负载有无短路后再上电试机。

（5）滤波电容击穿短路

故障表现：根据原理分析，引起滤波电容击穿短路的原因有以下几种。

① 电容器老化。

② 工作环境温度过高。

③ 母线电压检测电路故障引起 CPU 误判→驱动 PFC 满负荷工作→ +P 电压超过电容耐压值 450V →电容击穿。

排除方法：通过观察可以初步判断电容器损坏原因。

“PFC 驱动电路检修方法下节课进行探讨，这节课就讲到这里，下课！”讲完，李师傅离开了培训室。

2.4 PFC 功率因数校正电路

课间休息 10 分钟后，李师傅来到培训室，打开笔记本电脑，大屏幕上显示：PFC 功率因数校正电路，李师傅开始讲课。

“PFC 是英文 power factor correction 的缩写，翻译为：功率因数校正。功率因数的含义为有效功率和总功率之比。

“例如，一把电烙铁的总功率为 40W，其产生的热量也为 40W，那么这把电烙铁的功率因数为 40/40=1。

“再举例，一台电风扇总消耗功率为 200W，有效输出功率为 180W，另外 20W 为无功功率，在电能转化为机械能时被消耗，这台电风扇的功率因数为 180/200=0.9。由此可见，功率因数越大代表其电力利用率越高，越节能。

“对于一些电阻性的负载（如电烙铁、电饭锅等），一般电能利用率较高，不需要功率因数校正电路；而对于一些电感性负载（如变频器、变频空调、开关电源等），电能利用率较低且容易引起谐波干扰，根据国家 3C 认证要求，必须设计功率因数校正电路。

“在变频空调器中常见的功率因数校正电路有以下两种。

“一种是无源 PFC 电路，如图 2-8 所示。无源 PFC 电路只有一个电抗器和一个续流二极管，在商用 380V 供电的压缩机驱动板 PFC 电路或一些早期的家用变频空调中常见。

“另一种是有源 PFC 电路，如图 2-9 所示，今天我们重点探讨有源 PFC 电路。”李师傅指着大屏幕讲解道。

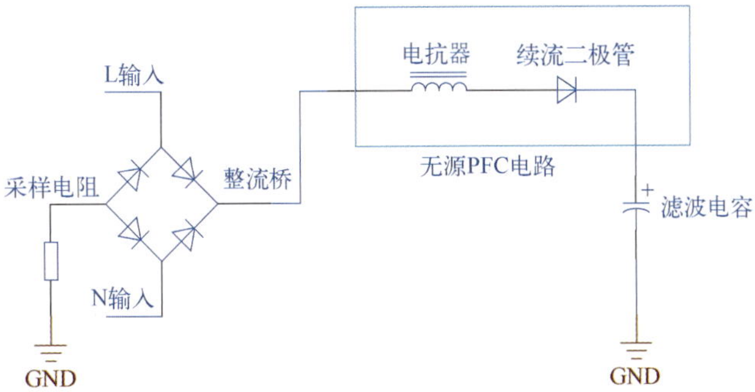

图 2-8　无源 PFC 电路

2.4.1 有源 PFC 电路模型

“随着电子技术的发展，一种新型的有源 PFC 功率因数校正电路研发成功，被广泛应用于变频器和开关电源电路中。它利用 IGBT 开关管将整流输出的脉动直流电进行高频斩波调制成高频（20 ～ 100kHz）方波，经电感储能叠加升压，经 D 续流后滤波供开关电源和变频器使用。

“这种新技术不仅抑制了高频谐波干扰，更大幅度提高了负载的功率因数，并且具有一定的升压作用，尤其在变频压缩机高频运行时效果更加明显。

“我们参考图 2-9 有源 PFC 电路模型对其工作原理进行介绍。

“变频空调室外机主板芯片 CPU 通过采集交流电压、整机电流、PFC 电流和整流滤波后的直流母线电压数据，经过内部分析处理→当直流母线电压低于一定值（例如，某款格力挂机检测到母线电压低于 260V 时启动 PFC 电路）时输出 PWM 驱动信号，经内部驱动放大后控制 IGBT 在高频状态下斩波调制整流后的脉动直流电。将 100Hz 的脉动直流波斩波调制成几十千赫兹的直流方波，经电感储能和放能使电压叠加升压后，再经续流二极管滤波，从而大幅提升功率因数，并将谐波干扰降到最低。”李师傅指着大屏幕讲解道。

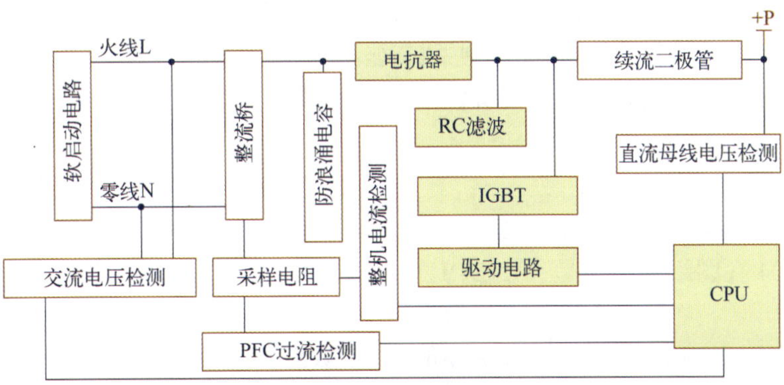

图 2-9　有源 PFC 功率因数校正电路模型

“本节我们重点讲解 PFC 驱动电路，其他检测电路在后续章节中探讨。”李师傅继续讲解道。

2.4.2 PFC 电路原理与检修技巧

“图 2-10 PFC 典型电路原理图是我根据一款格力挂机外机变频板的 PFC 驱动电路绘制而成的，接下来我们对其工作原理进行探讨。

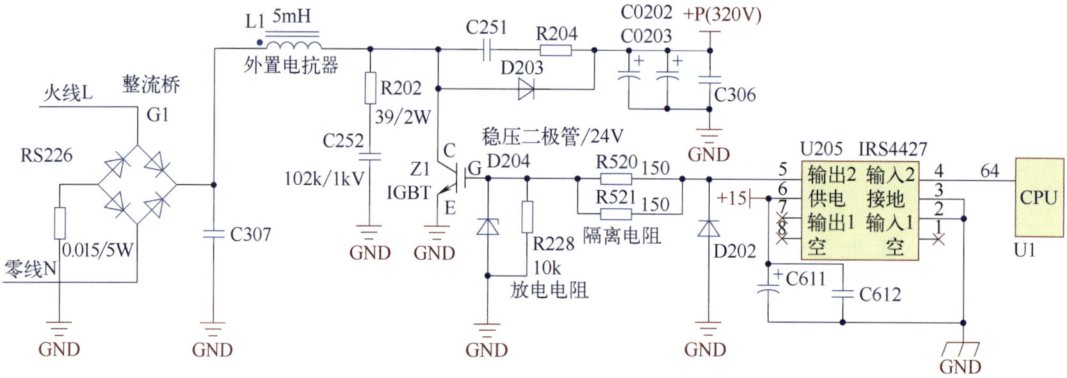

图 2-10　PFC 电路原理图

“上电开机后，当 U1 接收到内机发来的开机指令后→控制变频压缩机开始运行，当压缩机运行至中频 46Hz 时，直流母线电压 +P 降低至 260V 达到 PFC 启控条件→ U1 的 64 脚输出 20 ～ 60kHz，0 ～ 3.3V 的高频开关信号→经专用驱动放大器 U205 的 4 脚输入（内部放大后）5 脚输出 0 ～ 14V 高频开关信号→再经隔离电阻 R520、R521 →送至 IGBT Z1 的栅极，Z1 依照送来的高频开关信号的频率进行相应的开关工作，实现对变频压缩机功率因数的校正。

“升压校正原理：当 Z1 导通时，在外置电抗器 L1 上产生左正右负的感应电动势进行储能，当 Z1 截止时，在 L1 上存储的电动势能量迅速反转变为左负右正，该电压与 G1 输出的 100Hz 脉动直流电叠加后，经续流二极管 D203，再经 C0202、C0203、C306 滤波，实现升压校正功能。

“通常家用变频挂机外机变频压缩机高频运行时，经 PFC 校正后直流母线电压 +P 一般稳定在 320V 左右。

“格力的一款 208 售后专用通用板经监测，PFC 校正后直流母线电压 +P 稳定在 380V 左右，使整机电流在同频率下变得更小，更加节能。”李师傅继续讲课。

“关于 PFC 的驱动原理，我们就讲完了，大家参考图 2-10，还有什么疑问探讨一下。”李师傅说道。

“李师傅，我有一个问题请教一下，在图 2-10 中，Z1 的栅极驱动电压是 0 ～ 14V，而 D204 是一个 24V 的稳压二极管，放在这里有什么作用呢？”小张问道。

“虽然 D204 在图纸标注中是一个 24V 的稳压二极管，但在该电路中它的主要作用是电路保护。

“当某种原因引起 Z1 击穿后→ D204 也会击穿短路→保护了 U205 和 CPU 免受高电压冲击。”李师傅解释道。“接下来我们一起探讨一下该电路在实际维修中的常见故障及检修技巧。”

（1）IGBT Z1 击穿

故障表现：开机报内外机通信故障 E6，上电后检测到外机主板指示灯不亮，用手摸

PTC 发热。

判断方法：断电后，用万用表二极管挡检测 IGBT 已经击穿短路。通常引起 IGBT 损坏的原因有以下几种。

① 电源稳压失控引起 15V 输出电压过高，烧坏专用驱动 IC4427 → 15V 直达 IGBT 的控制极。首先将 Z1 拆除，然后将开关电源修复，再采用安全检修法进行修复。

安全检修法：将 Z1 拆除后不要安装，直接上电，用电压法检测 Z1 的栅极对地电压，正常时不开机，该电压为 0V，如果实测该电压为 15V，证明 U205 已经损坏，应更换 U205 后再进行检测判断。

更换 U205 后实测 Z1 的栅极 G 对地电压为 0V 后断电，安装 Z1 即可。

② 放电电阻 R228 开路引起 IGBT 工作时无法截止导致断电状态，用万用表电阻挡直接在路判断即可。

③ 电抗器 L1 匝间短路引起储能能量减少→用电桥进行测量判断即可。

④ U1 内部损坏直接输出高电平→拆除 Z1 后，上电，用电压法检测 U1 的 64 脚即可判断。

⑤ 续流二极管 D203 击穿引起电压倒流→断电状态，用万用表二极管挡判断即可。

⑥ 散热片灰尘太多引起散热不良→用观察法判断，清理即可。

⑦ 220V 供电不稳定→检查用户的插座或供电空开，排除即可，如果是供电电压过低，低于 165V，则需要加装稳压器。

⑧ U205 驱动芯片 4427 性能不良→代换时应采用原装正品或原装拆机配件。

⑨ IGBT 自然损坏→更换即可。

（2）PFC 不工作

故障表现：根据 PFC 控制逻辑及 PFC 过流保护电路设计的不同，PFC 驱动电路不工作时，在不同品牌的机器中故障表现有所不同。

维修实践表明，格力的变频板无论挂机还是柜机，PFC 驱动电路不工作表现为：压缩机运行一会儿就停机并报 PFC 过流保护 HC 代码。

而美的的大部分挂式变频板 PFC 驱动电路不工作时，压缩机可以正常中低频运行，不起高频，不报故障代码，而柜式机器当 PFC 驱动电路不工作时压缩机运行一段时间就停机，报故障代码 P1（PFC 过流）。

原因分析：引起 PFC 电路不工作的常见原因有以下几种。

① 直流母线检测电路异常造成 CPU 误判母线电压偏高，引起 PFC 不起控→用电压法检测或查看检测仪显示的数据，进行比对即可判断。

② 驱动电路异常：常见的 PFC 驱动电路有以下两种。一种是图 2-10 中的 U205 专用驱动放大器，如果其内部开路或驱动引脚虚焊，会引起 PFC 不工作。另一种是光耦隔离驱动，如果光耦内部发光管老化或引脚虚焊，会引起 PFC 不工作。

③ IGBT 内部开路→可以用电压法（将电抗器用一个 100W、220V 灯泡代替）直接给 Z1 的栅极送入 15V 直流电压，观察灯泡是否点亮即可判断其内部是否开路。

④ CPU 内部开路（隔离电阻开路或铜箔断线）→用电压法和电阻法判断即可。

⑤ 格力 3P 柜机电流未达到 5A →在电路板维修完毕进行测试时，整机电流需要加载到 5A，PFC 驱动电路才工作。

“这节课我们就讲到这里，下课！”讲完，李师傅离开了培训室。

2.5 PFC 过流检测电路

上午 8 点，李师傅来到培训室，打开笔记本电脑，大屏幕上显示：PFC 过流检测电路。李师傅开始讲课。

2.5.1 PFC 过流检测电路模型

“想要了解 PFC 过流检测电路的工作原理，首先我们需要了解一个新名词‘比较器’的定义和工作原理。”李师傅讲解道。

比较器的定义：

这种由一个正相输入端、一个反相输入端和一个输出端组成的电路或 IC，我们称之为比较器。

比较器的特点：

① 正相输入端和反相输入端所输入的信号为模拟电压或电流信号，输出端输出的为高或低（0 或 1）数字信号（信号电压幅度由供电决定）。

② 当正相输入端的信号电压大于反相输入端电压时，比较器输出高电平（1），当正相输入端的信号电压小于反相输入端电压时，比较器输出低电平（0）。

③ 运算放大器可以作比较器（没有负反馈电阻）使用，比较器不能作运算放大器使用。

④ 比较器的输入引脚与输出引脚符合虚断理论，在计算输入引脚电压时可作为参考依据。

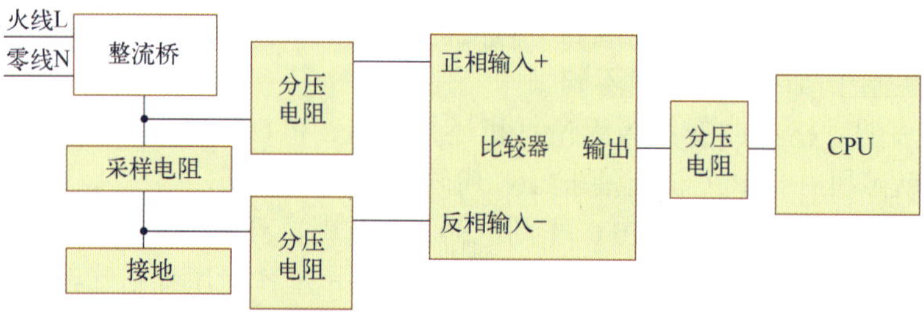

图 2-11 PFC 过流检测电路模型

“参考图 2-11 PFC 过流检测电路模型，对其工作原理进行探讨。

“火线 L 和零线 N 将 220V 的交流电送至整流桥→经整流滤波电路后为整机提供工作电压→在整流桥与供电的负极接地之间串联了一个毫欧级别的采样电阻，将整机的电流信号转变为电压信号→在采样电阻两端采集两路电压信号，经分压电阻处理后分别送至比较器的正相输入端和反相输入端→根据工程师的电路设计，机器在正常运行时，正相输入端的电压高于反相输入端的电压→比较器的输出端保持高电平输出→经分压电阻→送至 CPU。

“当某种原因引起比较器的正相输入端的电压低于反相输入端的电压时，比较器输出端输出低电平→经分压电阻送至 CPU → CPU 控制整机停机，报 PFC 过流故障代码。

“用比较器作过流保护的特点是控制精确、响应速度快，所以这种 PFC 过流保护电路在变频板的设计中得到广泛应用。接下来我们就以一款格力变频挂机中采用的 PFC 过流保护电路为例进行详细剖析。”李师傅继续讲课。

2.5.2 PFC 过流检测电路原理与检修技巧

“图 2-12 PFC 过流检测电路原理图是我根据一款格力挂机外机变频板的 PFC 过流检测电路绘制而成的，接下来我们对其工作原理进行探讨。

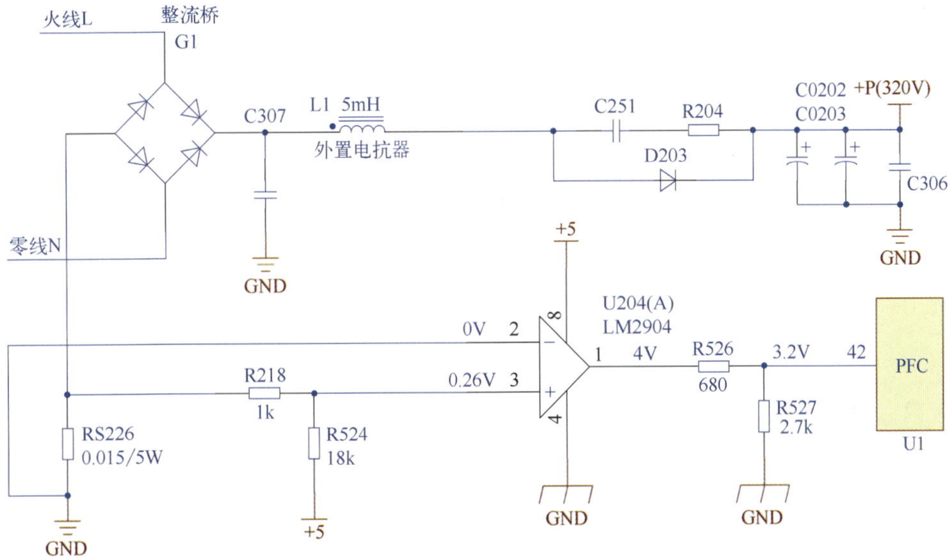

图 2-12　PFC 过流检测电路原理图

“RS226 为整机电流采样电阻，负责将整机电流信号转变成电压信号。

“在该电路中 U204 的 2 脚反相输入端直接接地，所以其电压为 0V。

“在该电路中 U204 的 3 脚正相输入端待机时电压为 0.26V，该电压由 +5V 供电、上拉电阻 R524、下拉电阻 R218 与采样电阻 RS226 上产生的负压相加后产生。

“由于机器待机时或机器正常工作时（35 挂机高频运行时电流为 8A，根据欧姆定律在采样电阻 RS226 上产生的电压为 -0.12V，则 U204 的 3 脚电压为 0.26-0.12=0.14V）PFC 过流检测电路不动作→比较器 U204 的（LM2904 是一个运算放大器芯片，1、2、3 脚部分在本电路中用作比较器使用）1 脚输出高电平 4V，经电阻 R526、R527 分压后输出 3.2V 高电平→送达 U1 的 42 脚。

“当某种原因导致通过采样电阻 RS226 上电流超过 18A 时（电压为 -0.27V）→ U204 的 3 脚电压变为 0.26V-0.27V=-0.01V → U204 的 3 脚电压小于 2 脚电压→ 1 脚输出低电平 0V →经分压电阻 R526 送至 U1 的 42 脚→ CPU（U1）控制整机停机，报 HC 故障代码。

“关于 PFC 过流检测原理，我们就讲完了，大家参考图 2-12，还有什么疑问？”李师傅问道。

“李师傅，我有一个问题请教一下，在图 2-12 中，为什么在采样电阻 RS226 上所产生的电压是负压而不是正压呢？”小田问道。

“在整机电流采样电阻 RS226 上所产生的电压为正压还是负压，主要是由公共接地端这个参考点所决定的，如果将接地公共端移动至整流桥 G1 的负极，那么在 RS226 上所采集到的电压即为正压，该 PFC 过流检测电路依然有效。”李师傅解释道。

小田点点头，表示明白了。

“接下来我们一起探讨一下该电路在实际维修中的常见故障及检修技巧。”李师傅讲道。

（1）R526 开路或变大

故障表现：开机后压缩机运行一下就停，外机主板黄色故障灯闪 14 次，检测仪报 HC 故障代码。

判断方法：断电后，用电阻法直接检测 R526 阻值，与标称阻值进行比对即可判定。

（2）R524 开路或变大

故障表现：引起开机后压缩机运行一下就停，外机主板黄色故障灯闪 14 次，检测仪报 HC 故障代码。

判断方法：上电待机状态，用电压法测量 U204 的 3 脚电压，与图纸标称电压进行比对即可判定。如果检测电压为 0.26V，即可判定该引脚外围分压电阻正常；如果实测电压为 0V 或很低，基本判定 R524 变大引起，更换 R524 即可；如果更换 R524 后电压仍然为零或很低，即可判定 U204 内部损坏，更换 U204 即可。

“这节课我们就讲到这里，下课！”讲完，李师傅离开了培训室。

2.6 整机电流检测电路

课间休息 10 分钟后，李师傅来到培训室，打开笔记本电脑，大屏幕上显示：整机电流检测电路。李师傅开始讲课。

2.6.1 整机电流检测电路模型

“在变频空调电路中常见的整机电流检测电路有两种：一种是互感器式电流检测电路；另一种是差分放大器式电流检测电路。

“参考图 2-13 中的两种电流检测电路模型，对其工作原理进行简述。”李师傅指着大屏幕讲道。

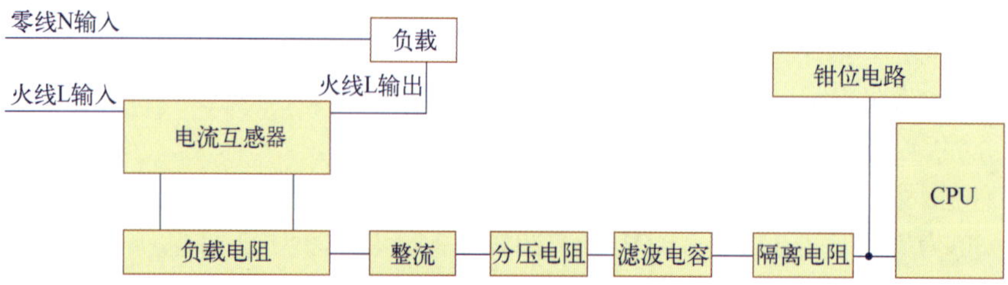

(a) 互感器式电流检测电路模型

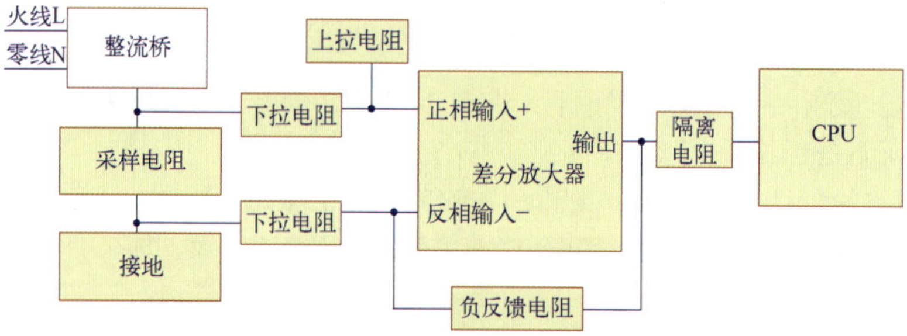

(b) 差分放大器式电流检测模型

图 2-13　整机电流检测电路模型

（1）互感器式电流检测电路工作原理

“互感器式也可以理解为变压器式，其初级线圈通常由一根很粗的导线或单匝锰铜线圈组成，对于火线的通过几乎没有阻力，次级线圈匝数很多。电流互感器将初级线圈通过的电流信号转变为次级线圈的电压信号，初级线圈通过的电流越大，次级线圈输出的电压越高。该电压信号为交流信号，经整流、电阻分压、电容滤波后，再经隔离电阻和钳位电路后送至CPU，CPU将采集到的模拟电压信号经内部转化成数字信号，与数据库比对后计算出当前的整机电流值通过检测仪表显示出来。

“当CPU检测到的整机电流值超过其额定电流值时，触发内部保护机制，控制整机停机并报过流故障代码。”李师傅继续讲课。

（2）差分放大器式电流检测电路工作原理

在正式探讨差分放大器式电流检测电路之前，需要先了解一个名词——差分放大器。

差分放大器的定义：

这种将两个输入端电压的差以固定增益放大的电子放大器我们称之为差分放大器。

差分放大器的特点：

① 正相输入端与反相输入端所接的下拉电阻相等，正相输入端所接的上拉电阻与反相输入端所接的负反馈电阻相等。

② 待机状态，当反相输入端下拉电阻接地时，该差分放大器输出电压约等于正相输入端的上拉电阻供电电压。

③ 差分放大器符合虚短（放大器正反相输入端引脚电压相等，就像短路了一样）、虚断（放大器正反相输入端引脚阻值于放大器内部非常大，就像开路了一样）理论，在计算输入引脚电压时可作为参考依据。

“参考图2-13（b），对其工作原理进行探讨。

“火线L和零线N将220V的交流电送至整流桥→经整流滤波电路后为整机提供工作电压→在整流桥与供电的负极接地之间串联了一个毫欧级别的采样电阻，将整机的电流信号转变为电压信号。

“待机状态，由于该电路反相输入端下拉电阻接地，所以该差分放大器输出电压约等于正相输入端的上拉电阻供电电压。

“根据模型分析，由于差分后的电压信号为负压，所以整机电流越大，差分放大器输出的电压就越低→该电压信号经隔离电阻送至CPU→经CPU内部处理后计算出整机运行电流值。

“当CPU检测到整机电流值大于其额定电流时触发保护机制→控制整机停机，报电流过大故障代码。

“接下来我们就根据变频板电路实物及图纸进行原理和检修技巧的剖析。”李师傅讲解道。

2.6.2 整机电流检测电路原理与检修技巧

（1）互感器式整机电流检测电路原理与检修技巧

“图2-14是我根据一款美的挂机外机变频板的整机电流检测电路绘制而成的，现在请大家采用对号入座的方法根据刚才所讲的电路模型进行原理分析，10分钟后进行提问。”李师傅说道。

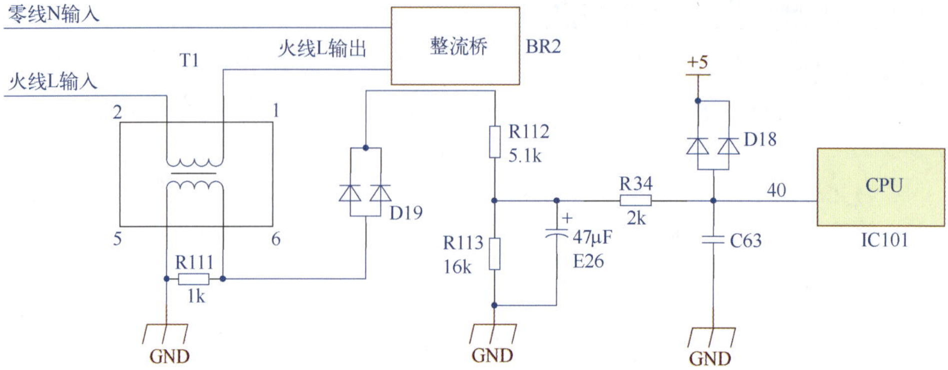

图 2-14　互感器式整机电流检测典型电路原理图

10 分钟后，李师傅开始提问。

“小田，上台来给大家讲解一下互感器式整机电流检测电路的工作原理！”李师傅说道。

小田站起身，走上讲台，用手指着大屏幕开始讲解：

“T1 为电流互感器，火线 L 穿过 T1 的初级线圈→通过的电流越大，T1 的次级线圈上所产生的感应交流电压就越高→为了保证输出电压的稳定，在 T1 的次级线圈上并联了一个负载电阻 R111。

“T1 次级线圈上产生的感应电压→经 D19 整流→ R112、R113 分压→再经 E26 滤波→ R43 隔离电阻→ C63 高频滤波→ D18 钳位电路→送至 IC101 的 40 脚，经内部处理后计算出整机电流。”

“讲解得很到位！”李师傅赞赏道，随后小张、小王也上台进行了讲解演练。

“根据刚才的上台测验，原理部分大家已经基本掌握了，接下来我们一起剖析一下该电路主要部件的故障表现及检修技巧。”李师傅总结道。

① T1 初级线圈开路或虚焊。

故障表现：开机后室外机上电无反应，内机报通信故障代码 E1。

判断方法：断电后，用电阻法直接检测 T1 初级线圈阻值，正常时应不为 0，如果实测阻值为 0 或无穷大，证明 T1 初级线圈损坏，更换 T1 即可。

对于 T1 初级线圈虚焊的检测，可以用显微镜观察判断，如果怀疑初级线圈虚焊，直接用电烙铁焊接后再用电阻法测试即可判断。

② R111 开路或变大。

故障表现：在实际维修中发现，当 R111 开路或阻值严重变大（轻微变大不影响使用）后会引起电流检测输出不稳定现象，机器有时报整机过流故障代码 P8。

判断方法：由于受到 T1 次级线圈的影响，用电阻法很难确定 R111 是否变大或正常，所以一般采用对比法（与一块板号相同的好的变频板进行在路对比测试，与好板所测阻值接近判断为正常，偏差较大判断为异常）或代换法（直接更换一颗好的 1kΩ 电阻）处理即可。

③ T1 次级线圈开路。

故障表现：根据原理图分析，当 T1 的次级线圈开路后会引起 CPU 无法检测到整机电流的现象，通过美的大黄检测仪器可以观察到，即使压缩机工作在高频状态，其电流值也一直显示 0.92A。

判断方法：断电后，用电阻法在路测试 T1 次级线圈的阻值（如图 2-15 所示，拆机后实测阻值为 0.722kΩ，由于受到负载电阻 R111 及 D19 的影响，在路实测阻值为 0.407kΩ）。如果实测阻值与 0.407kΩ 相近，证明 T1 次级线圈正常；如果在路实测其阻值接近 1kΩ，证明 T1 次级线圈开路，更换 T1 即可。

图 2-15　脱机测试 T1 次级线圈阻值

另外 R34、R112 开路或 C63、E26 短路都会引起 CPU 检测整机电流异常现象，用电阻法测量电阻、电桥法测量电容即可判断。

R113 开路或阻值变大会引起分压失效，CPU 检测到整机电流偏大，压缩机一起高频就报故障代码 P8。

“关于互感器式整机电流检测电路原理与检修技巧我们就讲完了，大家课间休息 10 分钟，下节课继续探讨差分放大器式整机电流检测电路的工作原理与检修技巧。”说完，李师傅离开了培训室。

（2）差分放大器式整机电流检测电路原理与检修技巧

课间休息 10 分钟过后，李师傅来到培训室，继续讲课。

“图 2-16 是我根据一款格力挂机外机变频板的整机电流检测电路绘制而成的，现在请大家采用对号入座的方法根据上节课所讲的差分放大器式电路模型进行原理分析，10 分钟后进行提问。”李师傅说道。

10 分钟后，李师傅开始提问。

“小张，上台来给大家讲解一下差分放大器式整机电流检测电路的工作原理！”李师傅说道。

小张站起身，走上讲台，用手指着大屏幕开始讲解。

“运算放大器 U204 的 5、6、7 脚与外围元件一起组成了一个差分放大器式整机电流检测电路。

“如何确定这是一个差分放大器电路呢？我们可以通过外围电阻的布局来确定。

“差分放大器的特点之一是正相输入端与反相输入端的电阻阻值相等，图 2-16 中的 R217、R219 阻值相等符合这个特点。

“差分放大器的另一个特点是正相输入端的上拉电阻与反相输入端的负反馈电阻阻值相等，图 2-16 中的上拉电阻 R525、负反馈电阻 R522 阻值相等符合这个特点。

“差分放大器还有个特点是在待机状态下，当反相输入端的下拉电阻接地时，同相输入端上拉电阻的供电约等于差分放大器的输出端电压。图 2-16 中实测 U204 的 7 脚电压为 3.28V，与 R525 的上拉供电 3.3V 接近。

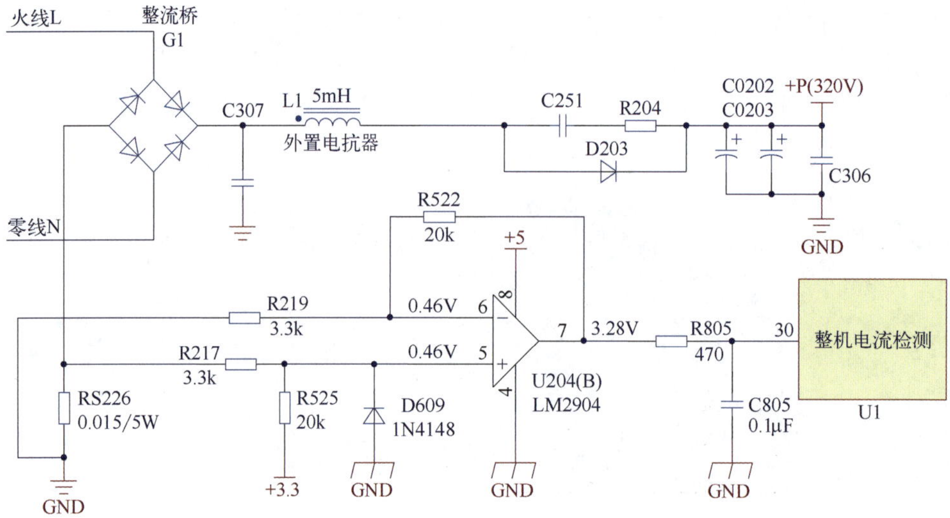

图 2-16 差分放大器式整机电流检测典型电路原理图

“由于该差分放大器正相输入端与反相输入端的电压相减后产生的电压为负压，所以流过采样电阻 RS226 的电流越大，产生的负压越低→经差分放大后 U204 输出的电压就越低→该电压经隔离电阻 R805 送至 U1 的 30 脚，经内部计算出整机的实际电流值在检测仪器上显示出来。

“当某种原因导致 U1 的 30 脚检测到整机电流高于额定值时，内部启动保护机制控制整机停机，报整机过流故障代码。”小张非常流利地讲解道。

“讲解得很好！”李师傅赞赏道，随后小田、小王也上台进行了讲解演练。

“根据刚才的上台测验，原理部分大家已经基本掌握了，接下来我们一起剖析一下该电路主要部件的故障表现及检修技巧！”李师傅总结道。

① 隔离电阻 R805 变大、开路。

故障表现：在实际维修中 R805 电阻故障率较高，开路后会引起上电开机压缩机不启动，外机主板故障黄灯闪 5 次停顿一下，检测仪器报故障代码 E5。

R805 阻值变大至几千欧姆对电路影响不大，阻值变大至几百千欧姆会引起 U1 的 30 脚电压偏低或不稳定，导致压缩机运行一下就停机并报 E5 故障代码。

判断方法：断电后，用电阻法直接检测 R805 阻值，正常时应为 470Ω，如果实测值偏大，更换即可。

② R219 开路。

故障表现：在实际维修中发现当 R219 开路时引起 U204 的 7 脚电压变为 0.46V，U1 经过内部运算显示电流 30A，压缩机不启动或运行一下就停机。

判断方法：断电后用电阻法直接在路测量 R219 的阻值，正常时应为 3.3kΩ，如果实测大于该阻值则证明该电阻开路或阻值变大，直接更换即可。

③ R525 开路或阻值变大。

故障表现：根据原理图分析，当 R525 开路或阻值变大后会引起 U204 的 5 脚电压变小，进而引起 U204 的 7 脚输出电压变低→ U1 检测到整机电流偏大→引起压缩机运行一下就停或压缩机不启动报整机过流故障代码 E5。

判断方法：上电待机状态，用电压法在路测量 U204 的 5 脚电压是否为 0.46V，如果是则证明外围电阻正常，如果所测电压偏小则证明 R526 异常，更换即可。

④ U204 内部损坏引起 7 脚输出电压偏低或为 0。

故障表现：根据原理图分析，当 U204 内部损坏引起 7 脚输出电压偏低或为 0 时→ U1 检测到整机电流偏大→引起压缩机运行一下就停或压缩机不启动，报整机过流故障代码 E5。

判断方法：排除 U204 外围元件损坏后，U204 的 7 脚电压仍不正常，更换 U204 即可。

“这节课我们就讲到这里，下课！”讲完，李师傅离开了培训室。

2.7 交流电压检测电路

下午 2 点，李师傅来到培训室，打开笔记本电脑，大屏幕上显示：交流电压检测电路，李师傅开始讲课。

2.7.1 交流电压检测电路模型

“参考图 2-17 的交流电压检测电路模型，对其工作原理进行简述。”李师傅指着大屏幕讲道。

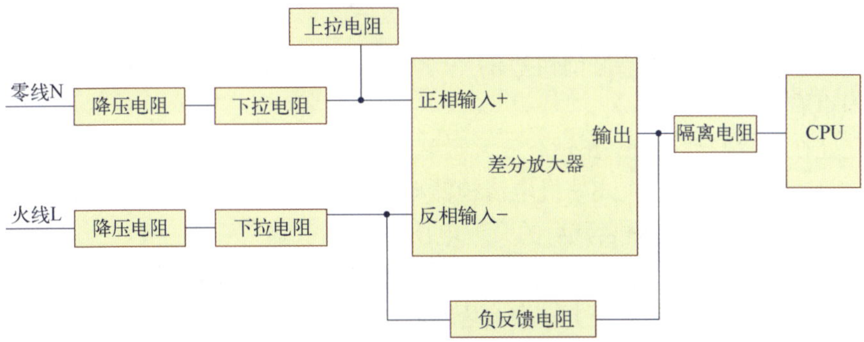

图 2-17　交流电压检测电路模型

根据电路模型分析，该电路主要由一个放大器单元与外围电阻组成的差分放大器。

火线 L 与零线 N 之间电压正常时为稳定的 220V AC，由于电压太高，如果要送至 CPU 进行检测，必须用降压电阻将其降到合适值，本模型利用差分放大器即可实现。

由于降压电阻阻值很大，所以该差分放大器的放大倍数小于 1，故该电路又称为差分衰减器电路。

根据差分放大器的特点，在该电路模型中：

① 正相输入端所接的下拉电阻、降压电阻与反相输入端的下拉电阻、降压电阻阻值是相等的。

② 上拉电阻与负反馈电阻的阻值是相等的。

③ 在该电路中，上拉电阻的供电电压与差分放大器的输出直流电压相等，为差分缩小后的 50Hz 交流电压提供检测环境。

“接下来我们就根据变频板实物图纸进行原理和检修技巧的剖析。”李师傅喝了口水继续讲课。

2.7.2 交流电压检测电路原理与检修技巧

“图 2-18 是我根据一款美的挂式变频板的交流电压检测电路实际绘制而成的，这个电路具有一定的代表性，我们对其工作原理和检修技巧进行探讨。”李师傅讲道。

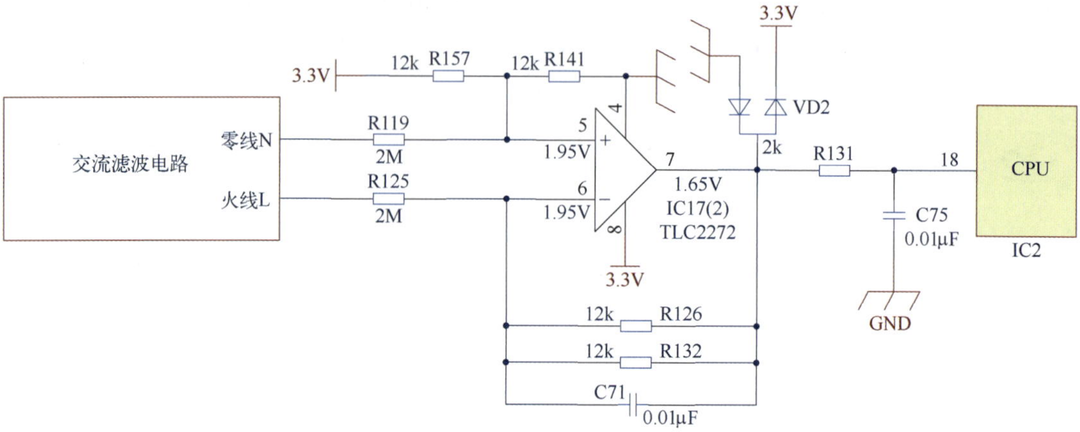

图 2-18 交流电压检测典型电路原理图

（1）工作原理

交流电压检测电路与我们之前讲过的差分放大式整机电流检测电路通过电路模型比对很相似，但也有很大的不同。

相似之处在于它们都是由一路运算放大器单元配合外围电阻组成的差分放大器电路。

不同之处在于：差分放大式整机电流检测电路输出的是变化的直流电流（电压）信号，而交流电压检测电路输出的是衰减后的交流电压信号。

换句话说，差分放大式整机电流检测电路提供的检测平台的差分放大器电路采用直流电搭建，需检测的整机电流也通过采样电阻转化为变化的直流电压，再经差分放大器放大后送至 CPU，CPU 只需检测输入引脚的直流电压的高低即可判断整机电流的大小，检测原理简单易懂。

而交流电压检测电路提供的检测平台的差分放大器电路也采用直流电搭建，需检测缩小后的 220V 交流电压，就要在差分放大器的输出端提供一个相当于直流供电电压一半的直流电压作为 CPU 检测缩小后的交流电压上下半周变化空间。所以该电路在设计中既有直流电压又有交流电压，相对来说工作原理较为复杂。

在图 2-18 中 IC17（2）的 5、6、7 脚所标注的电压 1.95V、1.95V、1.65V 为用万用表直流电压挡所测的直流电压值，如果我们用万用表的交流电压挡测试 5、6、7 脚电压，分别为 0.3V、0.3V、0.6V。

如果用示波器观察 IC17（2）的 5、6 脚为幅度相等的 50Hz 半波信号，如图 2-19 所示，而 7 脚输出的是以 1.65V 为中心的 50Hz 正弦交流波形，如图 2-20 所示。

“大家对交流电压检测电路的工作原理还有没有问题？”李师傅问道。

“李师傅我有问题，在交流电压电路模型原理的描述中说：‘在该电路中上拉电阻的供电电压与差分放大器的输出直流电压相等’但我看到的图 2-18 中为什么上拉电阻的供电电压为 3.3V，与 IC17（2）的 7 脚电压 1.65V 是不相等的呢？”小田举手并问道。

图 2-19　实测 IC17（2）的 5 脚波形

图 2-20　实测 IC17（2）的 7 脚波形

“事实上是相等的，因为该电路在设计时采用虚拟上拉供电的方式，接下来我就按部就班地为大家演示推导一下。

“常规差分放大器一般将 R126、R132 合并成一个电阻 RY，阻值为 6kΩ，R157、R141 合并成一个 6kΩ 的上拉电阻 RX，接 1.65V 供电。由于本机没有 1.65V 供电电压，所以工程师在设计该电路时采用两个 12kΩ 电阻串联后接在 3.3V 与接地之间，取中间点电压虚拟出一个电阻 RX 上拉 1.65V 供电的电路，简化了电路的设计，如图 2-21 所示。

“在图 2-21 中，我把这个电路改造了一下，增加了一个跟随器 IC17（1）专门为上拉电阻 RX 提供 1.65V 供电，这样一来我们就容易理解了。”李师傅指着大屏幕讲解道。

“关于交流电压检测电路的工作原理我们就讲完了，接下来我们一起剖析一下该电路主要部件的故障表现及检修技巧。”李师傅说道。

（2）主要部件故障表现及检修技巧

① 隔离电阻 R131 开路严重变大。

故障表现：当隔离电阻 R131 阻值轻微变大时，对电路影响不大，当 R131 开路或阻值严重变大至几百千欧姆时 IC2（2）的 18 脚检测到的交流电压偏小，会引起上电开机时压缩机不启动，检测仪器报故障代码 P1、L5。

判断方法：断电后，用电阻法直接检测 R131 的阻值，正常时应为 2kΩ，如果实测值偏大，则更换即可。

② 负反馈电阻 R126、R132 开路。

故障表现：在实际维修中，当负反馈电阻 R126、R132 开路或变大时，会引起该电路由差分放大器变为同相放大器，其放大倍数变大（衰减倍数变小），引起 IC17（2）的 7 脚输出交流电压升高，控制整机停机或限频检测仪报 P1 故障代码。

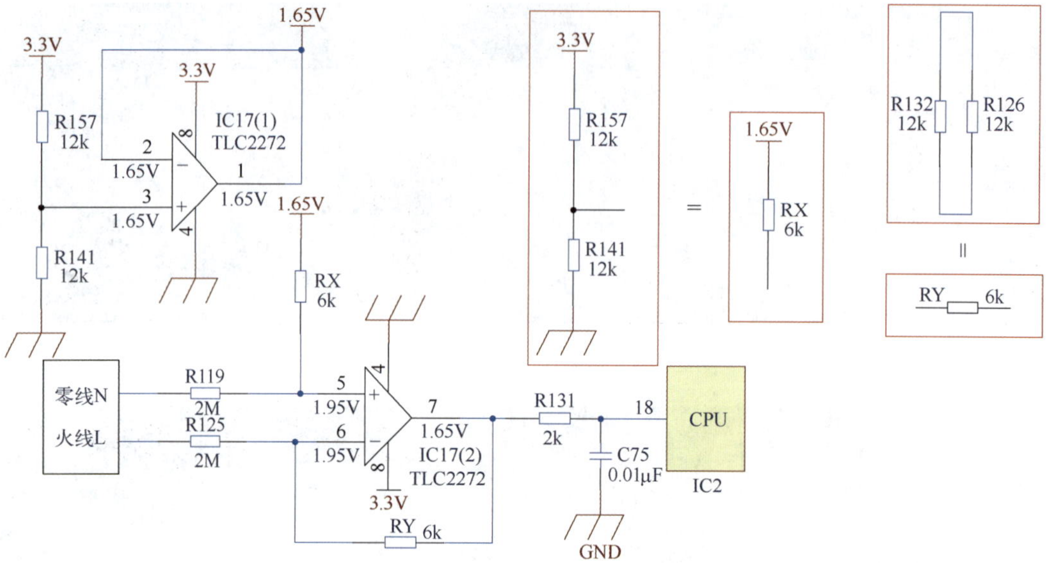

图 2-21　交流电压检测电路等效电路图

判断方法：断电后用电阻法直接在路测量 R126、R132 的阻值，正常时应为 6kΩ，如果实测大于该阻值，证明 R126、R132 有某个开路或阻值变大，将其中一个拆下后测量，判定故障元件后更换即可。

③ R157、R141 开路或变大

故障表现：根据原理图分析，当 R157、R141 开路或阻值变大后会引起 IC17（2）的 7 脚直流电压变小或变大，偏离 1.65V，直接影响交流电压的检测，导致检测仪报 P1 故障代码或不报代码但压缩机不启动。

判断方法：上电待机状态，用电压法在路测量 IC17（2）的 7 脚电压是否为 1.65V，如果是证明外围电阻正常，如果所测电压异常，排除负反馈电阻的故障前提条件下，即可确定故障为 R157、R141 异常引起，断电后，将其中一个电阻拆下来，再用电阻法测量另一个电阻即可判定损坏元件，更换即可。

④ R119、R125 变小。

故障表现：根据原理图分析，当 R119、R125 阻值减小后会引起 IC17（2）的 7 脚检测到的交流电压信号电压升高，检测仪报故障代码 P1。

判断方法：由于受到在路影响，测试 R119、R125 阻值时，需要在断电状态下将电阻的某个引脚断开后再用电阻法测量。

“这节课我们就讲到这里，下课！”讲完，李师傅离开了培训室。

2.8　直流母线电压检测电路

课间休息 10 分钟后，李师傅来到培训室继续讲课。

2.8.1　直流母线电压检测电路模型

“在变频空调器中，当变频压缩机启动后，随着变频压缩机运行频率的升高，运行负荷逐渐加重，直流母线电压开始逐步降低，CPU 通过直流母线电压检测电路实时监控直流母线电压值。当 CPU 检测到直流母线电压降到一定值时（低于 260V），启动 PFC 功率因数校正电路，使直流母线电压升至最佳值（320 ～ 380V），提升了变频压缩机的功率因数。

“参考图 2-22 电路模型，对其工作原理简述如下。

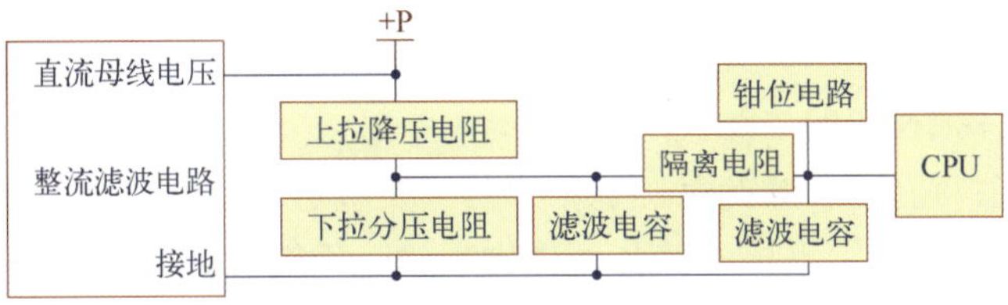

图 2-22　直流母线电压检测电路模型

“直流母线电压 +P（家用 320V，商用 560V）经过上拉降压电阻在下拉分压电阻上分得一个较低的电压→经过滤波电容滤波→隔离电阻→滤波电容再次滤波→经过钳位电路钳位→送至 CPU →经 CPU 内部模数转换，将模拟电压信号转化成数字信号，经过逻辑运算算出直流母线电压的实际值，通过检测仪器显示出来。

“CPU 通过该电路实时监控直流母线电压值，如果发现该电压超出预设上限或下限值，控制整机停机并报相应的故障代码。”李师傅指着大屏幕中的图 2-22 直流母线电压检测电路模型讲解道。

2.8.2 直流母线电压检测电路原理与检修技巧

“图 2-23 是我根据一款格力柜机外机变频板的直流母线电压检测电路实际绘制而成的，请大家根据刚才所讲的直流母线电压检测电路模型中的原理，用对号入座的方式分析一下这张图纸的工作原理，稍后我进行提问。”李师傅说道。

图 2-23　直流母线电压检测电路原理图

10 分钟后，李师傅开始提问。

“小田，你来给大家讲解一下这台格力柜式变频空调外机主板直流母线电压检测电路的工作原理。”李师傅说道。

小田起身走上讲台手指着大屏幕中的图 2-23 开始讲解：

“直流母线电压 +P（320V）经过上拉降压电阻 R197、R198、R199 在下拉分压电阻 R193、R31 上分得 1.98V 的电压→该电压经过滤波电容 C111 滤波→钳位二极管 D28 钳位→送至 U1 的 26 脚→经 U1 内部模数转换，将模拟电压信号转化成数字信号，再经过逻辑运算→得出直流母线电压的实际值（320V），通过检测仪显示出来。

“U1 通过该电路实时监控直流母线电压值，如果发现该电压超出预设上限或低于下限值时，控制整机停机并报相应的故障代码。”

“小田讲得很好，请回到你的座位上。”李师傅赞赏道。

“接下来我们一起探讨一下该电路各元件出现故障后机器的表现。”李师傅继续讲课。

（1）上拉降压电阻 R197、R198、R199 开路或阻值变大

故障表现：通过原理分析，当上拉降压电阻 R197、R198、R199 开路时→ U1 无法检测到直流母线电压→外机开机后报故障代码 PU（电容充电故障）。

当上拉降压电阻阻值变大后，会引起 U1 检测到的直流母线电压值偏低→低于一定值时报故障代码 PL。

排除方法：上电后用检测仪启动室外机，用检测仪查看外机直流母线电压显示值，同时用万用表电压挡检测直流母线电压，与检测仪显示的母线电压值进行对比，如果显示一致，证明该电路基本正常。如果万用表检测该电压正常，检测仪显示为 0V 并报故障代码 PU，证明该电路上拉电阻有开路现象。

如果检测仪显示的直流母线电压值比万用表测试的电压值低很多，证明上拉降压电阻阻值变大。

由于上拉降压电阻 R197、R198、R199 工作在高电压下容易发热，所以一旦判定有异常，建议将 3 个全部更换。

（2）下拉电阻 R193、R31 开路或阻值变大

故障表现：根据原理分析，当下拉电阻 R193、R31 某一个开路或阻值变大时会引起 U1 检测到的直流母线电压偏高。当检测到的直流母线电压值高于一定值时，整机停机，报故障代码 PH。

排除方法：上电开机状态，用万用表直流电压挡测量直流母线电压值，与检测仪显示的直流母线电压值进行比对，如果检测仪显示的值高于万用表检测的电压值，证明直流母线电压检测电路异常。

为了准确判断到底是哪个电阻有问题，可以采用如下方法：

断电后，将上拉降压电阻 R197 从电路板上取下来（脱机法），然后用电阻法分别测量 R197、R198、R199 是否变小。如果变小，将 3 个上拉降压电阻全部更换。

如果正常，继续用电阻法在路测量 R193 是否为 5.6kΩ。如果是，证明 R193、R31 正常；如果偏大，证明下拉电阻也有异常，将 R193、R31 全部更换即可。

“这节课我们就讲到这里，课后大家可以根据刚才所讲的案例模拟测试一下，下课！”讲完，李师傅离开了培训室。

2.9 开关电源电路

上午 8 点，李师傅来到培训室，打开笔记本电脑，大屏幕上显示：开关电源电路模型，李师傅开始讲课。

2.9.1 开关电源电路模型

在变频空调中，为了满足 CPU、变频模块、继电器等各路负载的低压直流供电需求，专门设计了开关电源电路。

参考图 2-24 开关电源电路模型，对其工作原理简述如下。

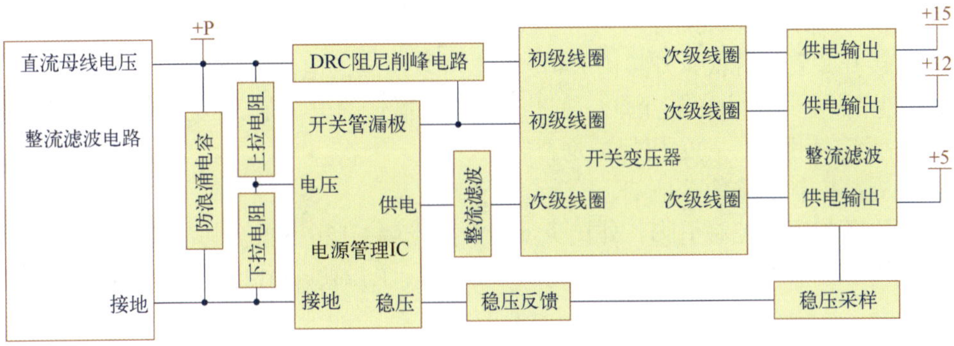

图 2-24　开关电源电路模型

（1）启动

来自整流滤波电路的直流母线电压 +P（家用 320V，商用 560V）经过防浪涌电容滤波后分成两路：一路经上拉电阻降压，下拉电阻采样后，将电压信号送至电源管理 IC 的直流母线的母线电压检测引脚，经过内部的逻辑判断直流母线电压的供电电压是否在正常范围内（家用 165 ~ 380V），如果检测到直流母线电压过高或过低则关断电压输出；另一路经 DRC 阻尼削峰电路滤波后，经开关变压器的初级线圈送至电源管理 IC 的内部开关管的漏极，同时也为电源管理 IC 的振荡电路首次启动提供工作电压。

（2）振荡

电源管理 IC 内部的振荡电路开始工作后，控制内部的开关管不断地导通和截止，开关变压器的初级线圈不断地储能和释能，次级线圈的感应电压经整流滤波后供负载使用，其中有一路次级线圈的感应电压经整流滤波后为电源管理 IC 提供二次供电电压。

（3）稳压

为了保证开关电源输出的各路直流电压的稳定，稳压采样电路将输出的直流电压中的一路或两路进行采样，通过稳压负反馈电路控制电源管理 IC 内部开关管的导通与截止时间频率。

当采样电路检测到输出电压高于设定值时→控制开关管的截止时间延长，频率降低→输出电压降低。

当采样电路检测到输出的电压低于设定值时→稳压负反馈电路不起控，开关管以内部固定频率及时间工作→输出电压升高。

"关于开关电源电路模型原理我们就讲到这里，接下来我们结合一款格力挂式变频板开关电源电路原理图对其工作原理和检修技巧进行探讨。"说着，李师傅将大屏幕中的 PPT 切换至图 2-25。

2.9.2 开关电源电路原理与检修技巧

（1）开关电源电路原理

"图 2-25 是我根据一款格力挂式外机变频板的开关电源电路实际绘制而成的，该开关电源采用三垦 STR-A6061H 电源管理芯片，其内置耐压 700V、固定频率 100kHz 驱动的开关管，其各引脚功能如下。"李师傅讲解道。

① STR-A6061H 引脚功能。

1 脚内接开关管的源极，外接由 R40、R42 并联组成的电流采样电路。

2 脚为直流母线电压采样引脚，通过该引脚采集到的电压值，U121 可以判断直流母线电压是否在设定范围内，过欠压保护是否启动。

3 脚为内部控制电路的接地端。

4 脚为稳压负反馈控制引脚，外接负反馈控制光耦 U126、滤波电容 C126。

5 脚为内部控制电路二次供电，由 T1 次级线圈、R1210、D122、C122、C121 组成。

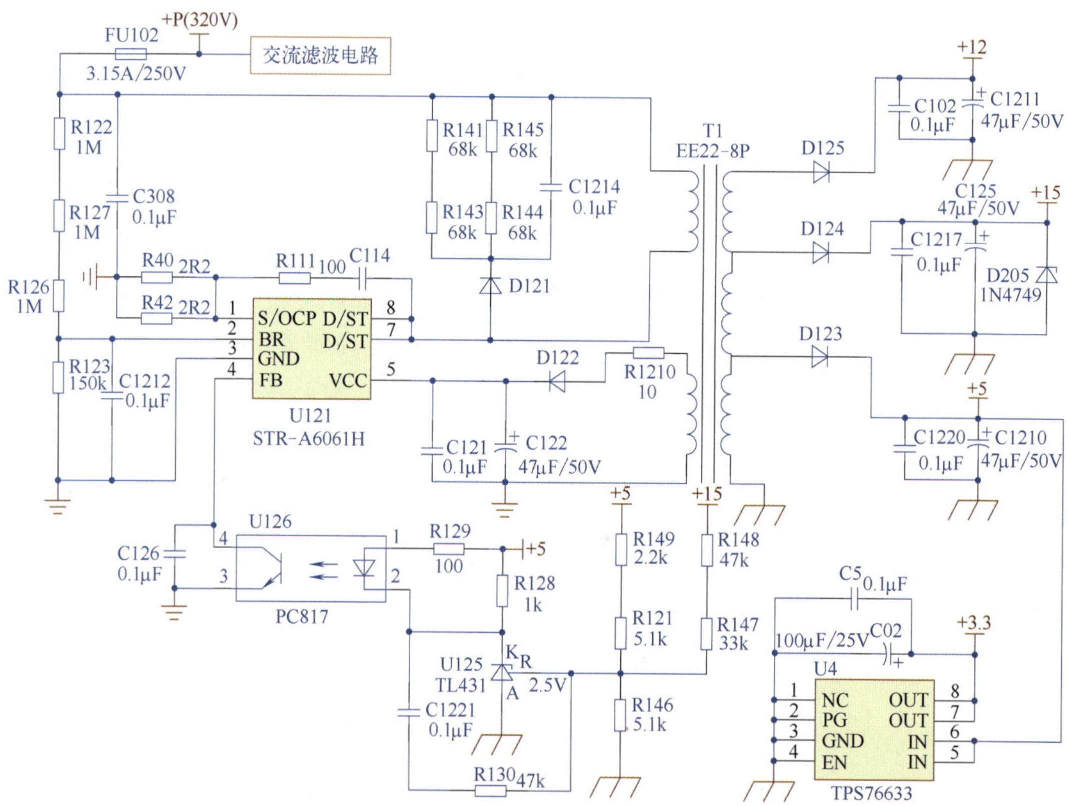

图 2-25　开关电源电路原理图

7、8 脚内部接开关管的漏极，外接 T1 初级线圈和由 D121、C1214、R141、R143、R145、R144 组成的 DRC 阻尼削峰电路。

② 振荡原理。来自交流滤波电路的 320V 直流母线电压经保险管 FU102 后分成 3 路：一路经上拉降压电阻 R122、R127、R126，再经下拉直流母线电压采样电阻 R123 采样后电压送至内部稳压比较器电路，为过欠压保护提供依据；一路外接防浪涌电容 C308；最后一路经 T1 初级线圈和 D121、C1214、R141、R143、R145、R144 组成的 DRC 阻尼削峰电路接到电源管理芯片 U121 的 7、8 脚，为内部开关管和首次启动振荡电路提供工作电压。

U121 内部的开关管不断地导通和截止→开关变压器 T1 的初级线圈不断地储能和释能→次级线圈的感应电压经整流滤波后供负载使用→其中有一路次级线圈的感应电压→经 R1210、D122、C122、C121 整流滤波后为电源管理芯片 U121 提供 11V 二次供电工作电压。

③ 供电输出。T1 次级线圈感应电压经 D125 整流→ C102、C1211 滤波产生稳定的 12V 直流电压，为整机的继电器、电子膨胀阀、反相驱动器等负载提供工作电压。

T1 次级线圈感应电压经 D124 整流→ C125、C1217 滤波产生稳定的 15V 直流电压，为整机的变频模块驱动、PFC 驱动等负载提供工作电压。

T1 次级线圈感应电压经 D123 整流→ C1220、C1210 滤波产生稳定的 5V 直流电压，为 U4（TPS76633）、比较器、放大器等负载提供工作电压。

+5V 直流供电→ U4 的 5、6 脚输入→经过 U4 内部降压处理后由 7、8 脚输出 3.3V 直流供电，经 C02、C5 滤波后供 CPU 等负载使用。

④ 稳压原理。稳压电路主要由电压采样芯片 U125（TL431 内置 2.5V 比较器），光耦 U126 和 +5V、+15V 二合一采样电阻 R149、R121、R148、R147、R146 组成。

当开关电源输出的 +5V、+15V 电压升高时→ U125 的 R 极采样电压也随之升高→当该电压高于 2.5V 时→ U125 内部比较器动作→控制 K-A 极导通。

5V 供电经限流电阻 R129 → U126 的 1-2 脚→ U125 的 K-A 对地形成回路→光耦 U126 内部发光二极管发光→控制光耦 U126 的 4-3 导通→ U121 内部开关管截止→开关电源输出电压降低。

当次级输出电压降低到一定值时→稳压取样芯片 U125 的 R 极识别到采样电压低于 2.5V 时→ U125 内部比较器不动作→控制 K-A 极截止。

5V 供电经限流电阻 R129 → U126 的 1-2 脚→ U125 的 K-A 极对地无法形成回路→光耦 U126 内部发光二极管不发光→控制光耦控制端 4-3 截止→ U121 内部开关管按照 100kHz 频率工作→输出电压升高。

“关于开关电源电路的工作原理我们就讲到这里，接下来我们探讨一下该电路的常见故障及检修技巧。”李师傅继续讲课。

（2）开关电源电路常见故障与检修技巧

① 320V 供电正常，开关电源无电压输出，室内机报 E6 通信故障。分析检修：首先观察 3.15A 保险管 FU102 有无熔断，如果保险管熔断，内部不发黑，应断电 5 分钟后用万用表直流电压挡测试 300V 直流供电已经放电完成后，再换成二极管挡测试保险管 FU102 的负载有无短路。如果有则更换短路元件，如果没有则可能是自然损坏，更换一同容量的保险管后上电试机。

如果实测开关电源输出电压正常，证明是由保险管自然损坏引起的，故障排除。

如果换上后开机保险管再次熔断，证明负载有严重短路，常见原因是 U121 内部开关管击穿短路。

更换 U121 后应检测一下阻尼削峰电路有无元件损坏、开关变压器初级线圈有无匝间短路，避免再次损坏 U121 芯片。

② 320V 供电正常，开关电源输出电压低（15V 只有 1V 左右），室内机报 E6 通信故障。

分析检修：引起该现象的常见原因为稳压环路电阻（R149、R121、R148、R147）开路引起稳压失控→输出电压过高→击穿 15V 输出稳压保护二极管 D205。

断电后，先用 100W 灯泡给直流母线电压放电，然后用电阻法排查稳压电路所有电阻（如果有条件可以找一块好板用在路阻值对比法）、用二极管挡在路测量D205 即可判定坏件，更换即可。

“这节课我们就讲到这里，下课！”讲完，李师傅离开了培训室。

2.10　五线直流电机驱动电路

课间休息 10 分钟后，李师傅来到培训室，打开笔记本电脑，大屏幕显示：五线直流电机驱动电路模型，李师傅开始讲课。

2.10.1　五线直流电机驱动电路模型

“在变频空调宣传中，我们常听到全直流变频这种介绍，其含义为除了变频压缩机是直流变频的之外，室内风扇电机和室外风扇电机也是直流变频的。

“在变频空调中常见的直流变频风扇电机有两种：一种是三线直流电机（2.12 节）；另一种是五线直流电机。后者就是本节我们要探讨的内容。

“通过图 2-26 五线直流电机驱动电路模型我们可以了解到如下信息。”李师傅讲解道。

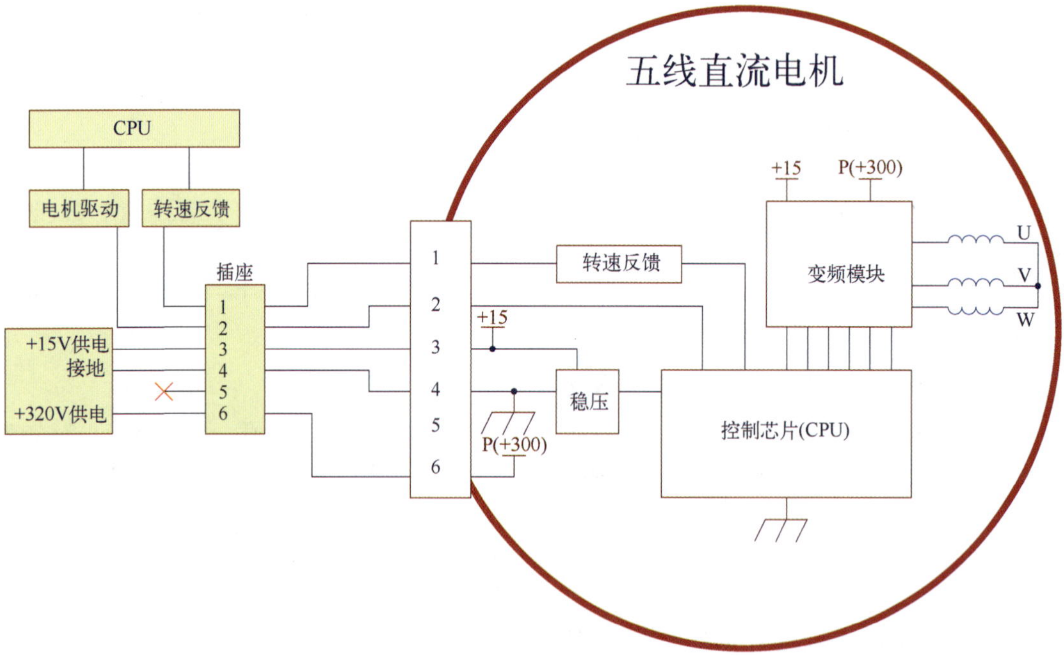

图 2-26　五线直流电机驱动电路模型

（1）五线直流电机内部结构

五线直流电机内部有一块电路板，安装了控制芯片、驱动电路、变频模块，简化了外围电机驱动电路的设计。

（2）五线直流电机驱动原理

“当五线直流电机内部的控制芯片接收到空调主板 CPU 发来的电机运转指令后→驱动功率模块输出三相正弦直流电→驱动直流电机转子开始运行，同时五线直流电机控制芯片将直流电机的转速信号实时反馈给空调主板 CPU。

“如果变频空调的主板 CPU 发出五线直流风机运转指令后，在设定时间内没有收到电机运转反馈信号，则控制整机停机并报电机异常故障代码。”李师傅指着大屏幕中的图 2-26 五线直流电机电路模型讲解道。

“关于五线直流电机电路模型原理我们就讲到这里，接下来我们结合一款美的挂式变频板五线直流风机电路原理图对其工作原理和检修技巧进行探讨。”说着，李师傅将大屏幕中的 PPT 切换至图 2-27。

2.10.2 五线直流电机驱动电路原理与检修技巧

（1）五线直流电机驱动电路原理

“图 2-27 是我根据一款美的挂式外机变频板的五线直流电机电路实际绘制而成的。

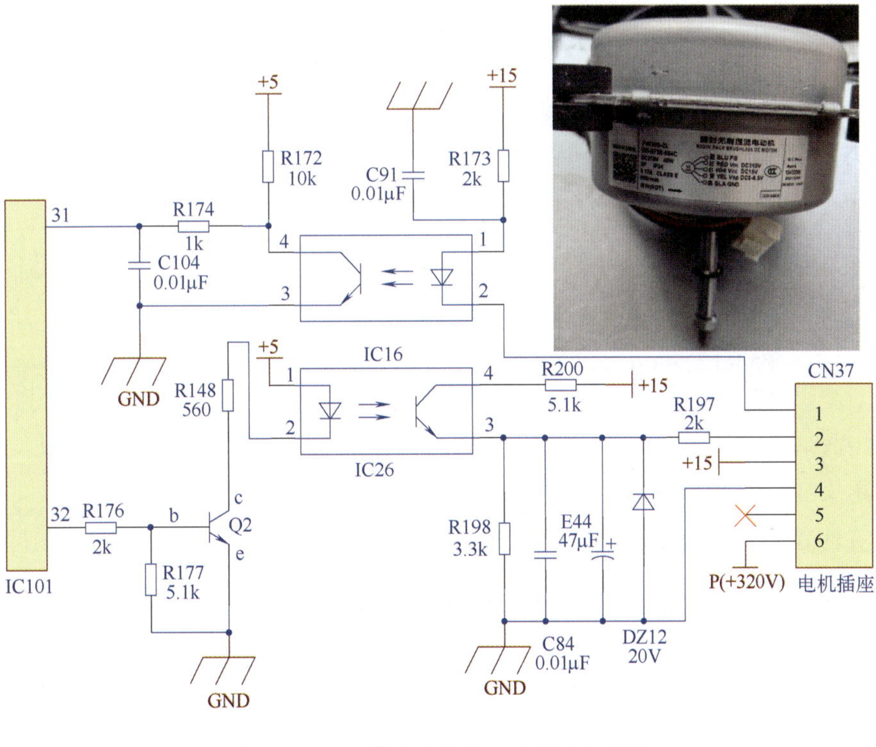

图 2-27　五线直流电机驱动电路原理图

“由于五线直流电机内部有一块电路板安装了控制芯片、变频模块，所以外部驱动电路的设计得到极大简化，只需给它提供 +15V、+320V 两路直流供电和电机转速信号即可让其运转。

“当外机变频板收到开机指令并且达到外风机运行条件时→ IC101 的 32 脚输出脉冲宽度调制 PWM 信号→经电阻 R176、R177 →送至三极管 Q2 的 b 极，驱动逻辑如下：

“当 Q2 的 b-e 极收到 0.7V 高电平时→ Q2 的 c-e 极饱和导通。

“+5V 供电→ IC26 的 1-2 脚→限流电阻 R148 → Q2 的 c-e 对地形成电流回路→ IC26 的 1-2 脚内部发光管发光→ IC26 的 4-3 内部导通。

“+15V 供电→电阻 R200 → IC26 的 4-3 脚→负载电阻 R198、滤波电容 E44、C84 →电阻 R197 → CN37 的 2 脚→送至五线直流风机内部的控制芯片→内部控制芯片依照收到的控制指令电压（0 ～ 6.5V）驱动五线直流电机执行低、中、高、停机指令。

“当 Q2 的 b-e 极收到 0V 低电平时→ Q2 的 c-e 极截止。

“+5V 供电→ IC26 的 1-2 脚→限流电阻 R148 → Q2 的 c-e 极对地无法形成电流回路→ IC26 的 1-2 脚内部发光管不发光→ IC26 的 4-3 内部截止。

“+15V 供电→电阻 R200 →无法通过 IC26 的 4-3 脚→负载电阻 R198、滤波电容 E44、C84 →电阻 R197 → CN37 的 2 脚电压为 0V →五线直流电机内部控制芯片控制电机停止运转。

“这时候有的同学可能要问：五线直流电机的启、停原理我明白了，那么它是如何调速的呢？

“很简单，IC101 只需改变 32 脚输出的 PWM 信号的频率和脉冲宽度即可实现无级调速。”李师傅继续讲课。

“当五线直流电机正常运转后→内部控制芯片将检测到的电机转速转化成数字信号（低电平 0、高电平 1）通过 CN37 的 1 脚发出。

“当 CN37 的 1 脚输出高电平 1 时→ IC16 的 1-2 脚→ R173 → +15V 供电无法对地形成电流回路→ IC16 的 1-2 脚内部发光管不发光→ IC16 的 4-3 脚内部截止。

“+5V 供电→经 R172 → R174、C104 → IC101 的 31 脚收到 5V 高电平（数字信号 1）。

“当 CN37 的 1 脚输出低电平 0 时→ IC16 的 1-2 脚→ R173 → +15V 供电对地形成电流回路→ IC16 的 1-2 脚内部发光管发光→ IC16 的 4-3 脚内部导通。

“+5V 供电→经 R172 → IC16 的 4-3 脚接地→ IC101 的 31 脚收到 0.3V 低电平（数字信号 0）。

“关于五线直流电机驱动电路的工作原理我们就讲到这里，接下来我们探讨一下该电路的常见故障及检修技巧。”李师傅休息片刻，继续讲课。

（2）五线直流风机驱动电路常见故障与检修技巧

① 开机后五线直流电机不运转，检测仪报故障代码 E7，引起五线直流电机不运转的原因及排除方法有以下几点。

a. 电机损坏，包含内部电路板损坏、线圈损坏、轴承损坏等→直接更换一台同型号的五线直流电机即可。

b. 如果更换新电机后仍不运转，证明五线直流电机驱动电路或供电有问题（电机损坏后将驱动主板也烧坏了）参考图 2-27 的检修方法如下。

上电状态，用万用表直流电压挡测试 CN3-7 的 4-6 脚之间 +320V 直流供电是否正常。如果不正常，查 +320V 供电电路，如果 +320V 直流供电正常，则进行下一步。

用万用表直流电压挡测试 CN37 的 4-3 脚之间 +15V 直流供电是否正常。如果不正常，检查 +15V 供电电路，如果 +15V 直流供电正常，则进行下一步。

断电后，用万用表电阻挡将五线直流电机驱动电路的所有电阻器都排查一遍，发现坏件更换即可，如果都正常，进行下一步。

断电状态，用万用表二极管挡检测 Q2、DZ12、IC16、IC26 是否损坏。如有异常更换即可，如果正常，进行下一步。

一般来说，经过上述步骤排查，坏件已经找到，开机后电机应该可以正常运行。如果遇到某个元件存在软故障，电机可能仍不运行，可用电压法和干预法进行测试。

上电开机状态，电机不运转，用万用表直流电压挡测试 CN37 的 2 脚对地之间有无 0 ～ 6.5V 直流电压。如果电压为 0 或很低，进行下一步。

用万用表直流电压挡继续测量 IC26 的 3 脚对地之间有无 0 ～ 6.5V 直流电压。如果电压为 0 或很低，应断电后用电桥测试 E44、C84 有无异常。如果有，更换即可，如果正常，进行下一步。

断电后，用干预法将 IC26 的 3-4 脚短接后，上电观察直流电机是否开始高速运转。如果是，断电后将 IC26 的 3-4 脚短路线拆除，进行下一步测试。

断电后，用干预法将 Q2 的 c-e 极之间用短路线短接后，上电观察直流电机是否开始高速运转。如果不转，证明 IC26 内部损坏，更换即可。如果运转正常，断电后将 Q2 的 c-e 极之间的短路线拆除，进行下一步测试。

断电后，用干预法将 IC101 的 32 脚与 +5V 供电用一个 100Ω 直插电阻线连接后，上电观察直流电机是否开始高速运转。如果电机正常运转，证明 IC101 的 32 脚内部损坏，更换 CPU 即可；如果电机不运转，证明 Q2 损坏，更换 Q2 即可。

② 刚开机时直流电机运行正常，几十秒后停机，报故障代码 E7。根据故障现象判断为五线直流电机转速反馈电路异常引起，可以用电阻法、电压法、干预法找到坏件更换即可。

“大家课后可以参考我们的①号案例对②号案例中所采用的检修方法进行模拟演练。这节课我们就讲到这里，下课！”讲完，李师傅离开了培训室。

2.11 PG 电机驱动电路

下午 2 点，李师傅来到培训室，打开笔记本电脑，大屏幕显示：PG 电机驱动电路模型，李师傅开始讲课。

2.11.1 PG 电机驱动电路模型

“在空调中常见的定频交流电机有两种：一种是抽头电机（2.13 节介绍）；另一种是 PG 电机。PG 电机就是本节我们要探讨的内容。

“通过图 2-28 PG 电机驱动电路模型我们可以了解到如下信息。”李师傅讲道。

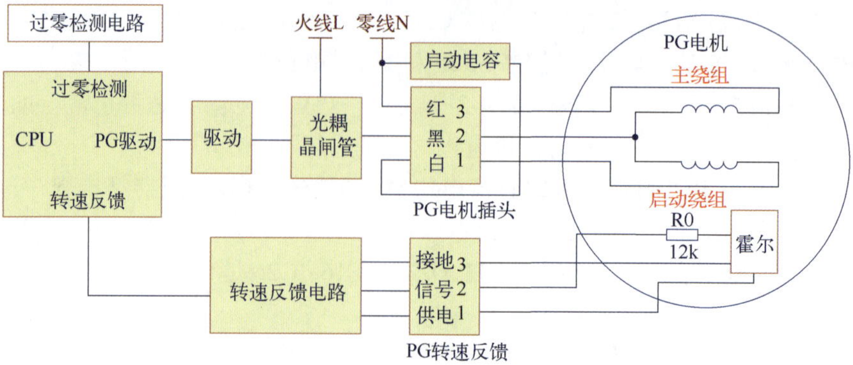

图 2-28　PG 电机驱动电路模型

（1）PG 电机内部结构

PG 电机内部主要由主绕组、启动绕组、转子、电机转速检测电路组成。

（2）PG 电机插座引脚功能

PG 电机外部有两个插头通过引线与内部连接，其各插头及各引脚功能定义如下：

① PG 电机插头。

1 脚为白色引线，内接 PG 电机启动绕组，外部通过电容器与零线连接。

2 脚为黑色引线，内接 PG 电机主绕组、启动绕组的公共端，外部通过调速 IC 光耦晶闸管与火线 L 连接。

3 脚为红色引线，内接 PG 电机主绕组，外部接交流供电零线 N。

② PG 转速反馈插头。

1 脚外接主板供电（+5V），内接转速反馈小板。

2 脚内接转速反馈小板，外接主板转速反馈电路，将 PG 电机转速信息反馈给 CPU。

3 脚外接主板接地，内接 PG 电机转速反馈小板接地端。

（3）PG 电机驱动原理

主板 CPU 依照过零检测电路传来的过零点信号，输出 100Hz 的 PWM 脉宽调制信号，驱动光耦和晶闸管的导通角使之输出 90 ～ 210V 的交流电压。CPU 结合 PG 电机传来的转速反馈信息，实现对 PG 电机的多级调速。

“如果空调主板 CPU 发出 PG 电机运转指令后，在设定时间内没有收到电机运转反馈信号，则控制整机停机并报电机堵转故障代码。”李师傅指着大屏幕上的图 2-28 PG 电机驱动电路模型讲解道。

“关于 PG 电机电路模型原理我们就讲到这里，接下来我们结合一款格力挂式变频板 PG 电机电路原理图对其工作原理和检修技巧进行探讨。”说着，李师傅将大屏幕中的 PPT 切换至图 2-29。

2.11.2 PG 电机驱动电路原理与检修技巧

（1）PG 电机驱动电路原理

“图 2-29 是我根据一款格力挂式内机变频板的 PG 电机实际电路绘制而成的。”李师傅说道。

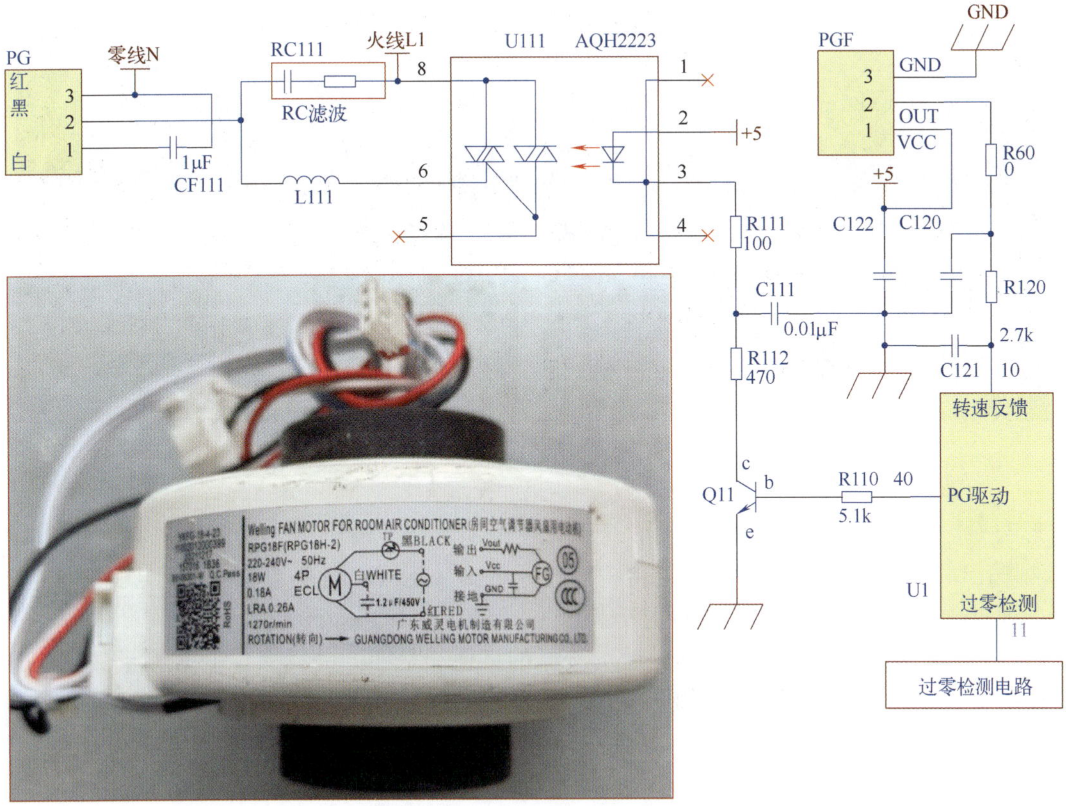

图 2-29　PG 电机驱动电路原理图

① 驱动原理。U1 依照 11 脚过零检测电路送来的 100Hz 过零点信号控制 40 脚输出 100Hz 脉宽调制 PWM 信号，经电阻 R110 送至三极管 Q11 的 b 极，通过 Q11 的 c-e 极来控制光耦晶闸管 U111 的 2-3 脚内部发光管，进而控制光耦晶闸管 U111 内部 8-6 脚的导通角，输出 90 ～ 210V 交流电压，实现 PG 电机的多级（3 ～ 5 级）调速。

为了精确控制 PG 电机的转速，在 PG 电机内部安装了一个由磁环和霍尔元件组成的转速检测小板。只需给这个小板供上 +5V 的供电和接地，当电机转子运转时，这个小板就会产生脉冲信号，通过插头 PGF 的 2 脚→电阻 R60、R120 →经 U1 的 10 脚送到内部逻辑电路，计算出电机的实际转速。

当 U1 发出电机运行指令后，一段时间后无法收到电机转速反馈信号，导致整机停机，报故障代码 H6。

“PG 电机的驱动原理我们就讲完了，大家还有什么问题可以探讨一下。”李师傅问道。

“李师傅，PG 电机的驱动原理我明白了，但是它的多级调速原理我不太明白，能不能详细介绍一下？”小田问道。

“好的，接下来我们就用示波器观察一下 PG 电机的调速原理。”李师傅拿来示波器、内机主板和 PG 电机等实验设备开始测量演示，如图 2-30 所示。

② 调速原理。李师傅使用的是一台双通道便携式示波表，这种示波表既可以作为示波器用，也可以作为万用表用，自带可充电电池。

李师傅拿着示波表开始讲解测量表笔的连接方法和注意事项：

“为了便于分析和理解，我们用这个示波表的两个通道分别同时测量 50Hz 的交流电压

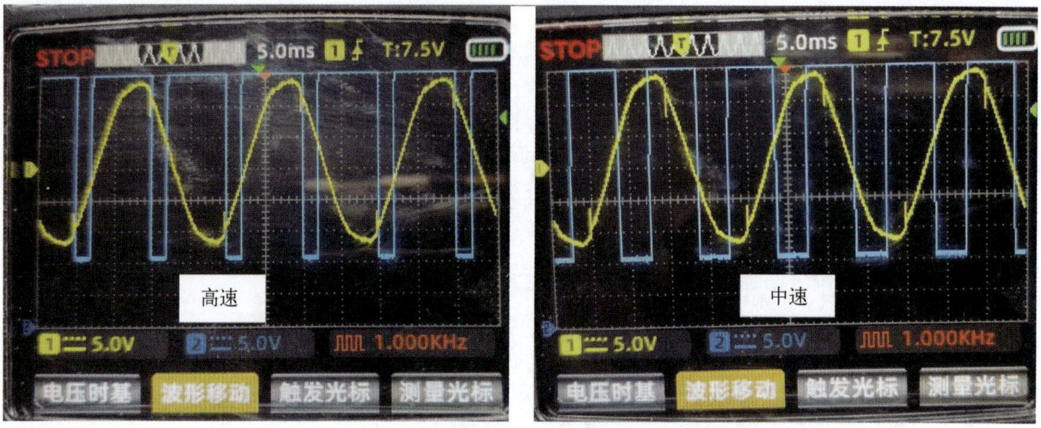

图 2-30　U1 的 40 脚在 PG 电机高速与中速时输出 PWM 波形对比

波形与 U1 的 40 脚输出的 100Hz 波形，用黄色表笔测试交流电压，用蓝色表笔测量 U1 的 40 脚输出的波形，然后让它们叠加在一起进行对比，就可以清楚地看到 PG 电机的调速过程，通过改变 100Hz 的 PWM 脉冲宽度来实现。

“值得注意的是，由于这个双通道示波器的接地端是相同的，所以同时测量交流 50Hz 电压和 U1 的 40 脚输出势必会引起交流地与直流地相连的现象，这样肯定不行！为了解决这个问题，我们可以单独用一个 220V 转 12V 的工频变压器，将黄色示波器的探针和接地端测量这个单独的 12V 交流电压波形即可。”李师傅一边讲解一边演示。

李师傅将蓝色探针通过一根导线焊接在 U1 的 40 脚，将接地小夹子通过一根导线与接地端连接。上电开机，将内机分别设定为高速和中速状态，采集了图 2-30 中两张波形照片，同学们通过观察都明白了 PG 电机的调速原理。

“PG 电机调速原理大家都明白了，接下来我们一起探讨一下该电路的常见故障与检修技巧。”李师傅讲解道。

（2）PG 电机驱动电路常见故障与检修技巧

① 开机 PG 电机不运转，检测仪报故障代码 H6。引起 PG 电机不运转的原因及排除方法有以下几点：

a. 风轮或轴承卡死。用手拨动一下风轮，检测其是否转动灵活。如果不是，进行修复即可；如果是，则进行下一步。

b. 检测风机启动电容 CF111 容量是否失效。如果是，进行更换即可；如果不是，进行下一步。

c. 判断电机线圈是否损坏。将电机插头从主板上拔下，可以采用电阻法检测电机主、副绕组是否开路。如果是，更换电机；如果否，进行下一步。

d. 上电待机状态，用示波器测量 U1 的 11 脚 100Hz 过零检测脉冲是否正常。如果不正常，排查过零检测电路并修复即可；如果正常，进行下一步。

e. 断电状态，用电阻法检测 L111、R111、R112、R110 有无异常。如果有，更换即可；如果正常，进行下一步。

f. 断电状态，用导线短接 Q11 的 c-e 极，上电观察电机是否运转。如果不运转，证明 U111 内部损坏，更换即可；如果运转正常，进行下一步。

g. 断电状态，用导线短接U1的40脚与5V供电，上电观察电机是否运转。如果不运转，更换Q11即可；如果运转正常，应更换U1或主板。

② 上电开机内风机高速运转不受控，一会儿报H6。该现象的主要原因为U1的10脚检测不到PG电机发来的转速信号，可以按如下步骤进行排查：

a. 先更换一台同型号的电机进行测试，如果故障排除，证明原因为电机内部损坏；如果故障依旧，则进行下一步。

b. 断电状态，将PGF插头从主板上拔下，用电阻法检测R60、R120是否正常。如果不正常，更换即可；如果正常，进行下一步。

c. 断电状态，继续用电桥测量电容器C120、C121有无漏电失效。如果有，更换即可；如果正常，进行下一步。

d. 上电开机状态，用万用表直流电压挡测量PGF的2脚对地电压是否为2.5V。如果是，继续测量U1的10脚是否为2.5V。如果是，故障排除；如果仍然报故障代码H6，则更换U1或主板。

③ 上电内风机就高速运行，不受控。该现象常见原因为U111内部6-8脚击穿引起（或Q11的c-e结击穿）更换U6或Q4即可。

④ 上电内风机抖动，转不起来，不受控，开机后也转不起来，一会儿报H6。该现象常见原因为U111内部双向晶闸管单向导通，更换U111即可。

“这节课我们就讲到这里，下课！”讲完，李师傅离开了培训室。

2.12 三线直流电机驱动电路

课间休息10分钟后，李师傅来到培训室，打开笔记本电脑，大屏幕上显示：三线直流电机驱动电路模型，李师傅开始讲课。

2.12.1 三线直流电机驱动电路模型

“在变频空调器中常见的直流变频电机有两种：一种是五线直流电机（2.10节），另一种是三线直流电机。三线直流电机就是本节我们要探讨的内容。

“参考图2-31，对其工作原理简述如下。”李师傅讲道。

（1）驱动原理

当三线直流电机的控制芯片（CPU）接收到空调主板CPU发来的电机运转指令后，内部输出频率及脉宽可调的UH、VH、WH、UL、VL、WL六路信号经隔离缓冲后，送至IPM变频模块，经变频功率模块内部驱动放大后，驱动IPM内部六个IGBT功率管进行相应规则的开关工作，将+P（320V或560V）直流电转换成三相正弦交流电，驱动三线直流电机转子运行做功。

（2）相电流检测

相电流检测又称为转子位置检测，是三线无刷直流变频电机特有电路。三线直流电机控制芯片（CPU）通过采样电阻和相电流检测电路可以精确判断转子位置及控制电机转速，如果该电路出现异常，则三线直流电机无法运转，机器报电机异常故障代码。

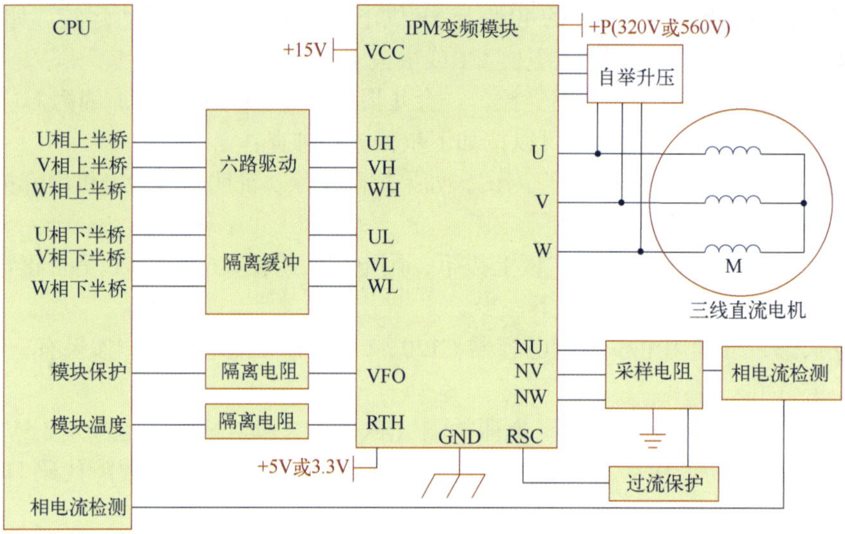

图 2-31　三线直流电机驱动电路模型

（3）过流保护检测

通过采样电阻取一路信号经过流保护电路直接反馈给 IPM 变频模块的 CSC 引脚，这个电路又称为硬件保护电路，当某种原因引起电机过流时，这个电路在保护动作之后再通过 VFO 引脚隔离电阻，控制芯片 CPU。当这个电路出现故障后也会引起电机不运转，报电机过流故障代码。

（4）自举升压电路

IPM 变频功率模块驱动部分的供电电压为 +15V，内部下半桥 UL、VL、WL 的三个 IGBT 的源极通过 NU、NV、NW →采样电阻→接地，其栅极驱动直接用 +15V 供电是完全没问题的。

"IPM 变频功率模块内部上半桥 UH、VH、WH 的三个 IGBT 的源极接到了 U、V、W 输出端，为高低不断变化的（0 ～ 300V）三相正弦交流电，其栅极驱动供电电压如果只有 +15V，那么当其源极电压高于栅极电压时，IGBT 内部反偏截止无法正常工作。为了解决这个问题，工程师从 U、V、W 的输出端各取一路电压，通过电容耦合的方式与 +15V 供电叠加，使变频模块的上半桥驱动供电电压比 U、V、W 输出电压永远高 +15V，这个电路我们就称为自举升压电路"。李师傅指着大屏幕中图 2-31 三线直流电机电路模型讲解道。

"关于三线直流电机电路模型原理我们就讲到这里，接下来我们结合一款格力五代多联机三线直流电机驱动板电路原理图对其工作原理和检修技巧进行探讨。"说着，李师傅将大屏幕上的 PPT 切换至图 2-32。

2.12.2 三线直流电机驱动电路原理与检修技巧

（1）三线直流电机驱动电路原理

"图 2-32 是我根据一款格力五代多联机的三线直流电机驱动板实际绘制而成的。该电路采用安森美 FNA21012A 变频模块，在格力商用和家用变频多联机中具有一定的代表性，我们对其主要部件和驱动原理进行详细探讨。

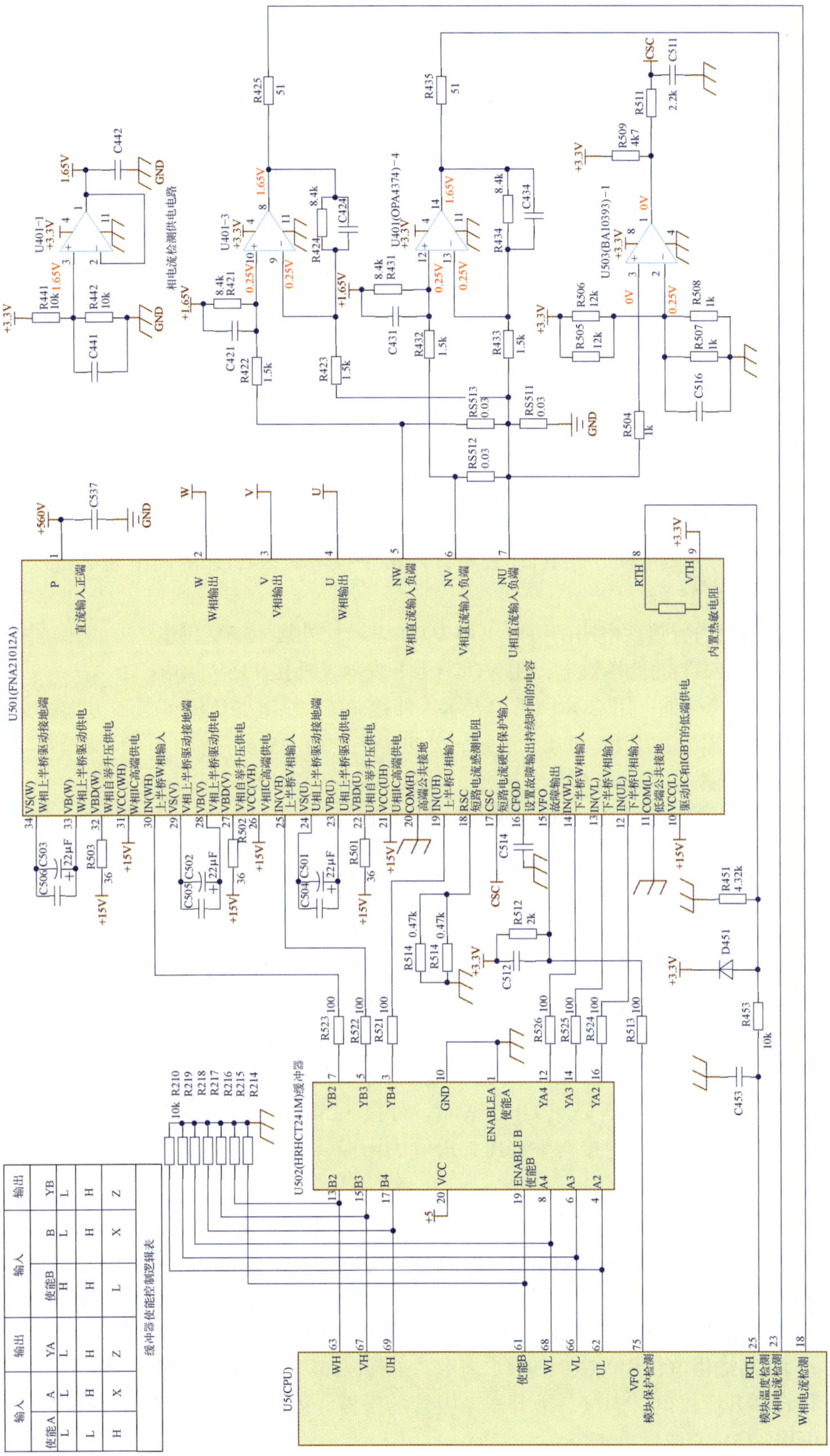

缓冲器使能控制逻辑表

输入		输出	输入		输出
使能A	A	YA	使能B	B	YB
L	L	L	H	L	L
L	H	H	H	H	H
H	X	Z	L	X	Z

图 2-32　三线直流电机驱动电路原理图

① 变频模块U501的引脚功能。U501安森美FNA21012A变频模块，耐压1200V，10A，引脚功能如下：

1脚直流供电输入正极，用P表示，本机供电为560V，外接防浪涌电容C537。

2脚W相输出，用W表示，外接三线直流电机的W相和自举升压电容C506、C503、U501的34脚。

3脚V相输出，用V表示，外接三线直流电机的V相和自举升压电容C505、C502、U501的29脚。

4脚U相输出，用U表示，外接三线直流电机的U相和自举升压电容C504、C501、U501的24脚。

5脚W相的直流输入负端，用NW表示，外接采样电阻RS513和W相相电流检测电路正相输入端电阻R422。

6脚V相的直流输入负端，用NV表示，外接采样电阻RS512和V相相电流检测电路正相输入端电阻R432。

7脚U相的直流输入负端，用NU表示，外接采样电阻RS511和变频模块过流检测电路正相输入端电阻R504。

8脚模块温度检测热敏电阻，用RTH表示，外接下拉电阻R451、隔离电阻R453，经C453滤波后送至U5的25脚。

9脚模块温度检测内置热敏电阻的供电，用VTH表示，外接+3.3V供电。

10脚驱动IC和IGBT的低端供电，用VCC（L）表示，外接+15V供电。

11脚低端公共电源接地，用COM（L）表示，外接+15V供电的负极。

12脚下半桥U相输入，用IN（UL）表示，外接隔离电阻R524。

13脚下半桥V相输入，用IN（VL）表示，外接隔离电阻R525。

14脚下半桥W相输入，用IN（WL）表示，外接隔离电阻R526。

15脚故障输出，用VFO表示，外接上拉电阻R512、隔离电阻R513，送至U5的75脚，该引脚检测电压正常时为高电平3.3V，故障时输出瞬时OV低电平。

16脚设置故障输出时间的电容，用CFOD表示，外接电容C514。

17脚短路电流硬件保护输入，用CSC表示，外接R511和模块过流保护电路。

18脚短路电流感测电阻，用RSC表示，外接电阻R514、R515。

19脚上半桥U相输入，用IN（UH）表示，外接隔离电阻R521。

20脚高端公共电源接地，用COM（H）表示，外接+15V供电的负极。

21脚U相IC高端供电，用VCC（UH）表示，外接+15V直流供电正极。

22脚U相自举升压供电，内接自举升压二极管的阳极，用VBD（U）表示，外接限流电阻R501，再接+15V直流供电正极。

23脚U相上半桥驱动供电，用VB（U）表示，外接自举升压电容C501、C504。

24脚U相上半桥驱动接地端，内接U相输出，用VS（U）表示，外接自举升压电容C501、C504。

25脚上半桥V相输入，用IN（VH）表示，外接隔离电阻R522。

26脚V相IC高端供电，用VCC（VH）表示，外接+15V直流供电正极。

27脚V相自举升压供电，内接自举升压二极管的阳极，用VBD（V）表示，外接限流电阻R502，再接+15V直流供电正极。

28 脚 V 相上半桥驱动供电，用 VB（V）表示，外接自举升压电容 C502、C505。

29 脚 V 相上半桥驱动接地端，内接 V 相输出，用 VS（V）表示，外接自举升压电容 C502、C505。

30 脚上半桥 W 相输入，用 IN（WH）表示，外接隔离电阻 R523。

31 脚 W 相 IC 高端供电，用 VCC（WH）表示，外接 +15V 直流供电正极。

32 脚 W 相自举升压供电，内接自举升压二极管的阳极，用 VBD（W）表示，外接限流电阻 R503，再接 +15V 直流供电正极。

33 脚 W 相上半桥驱动供电，用 VB（W）表示，外接自举升压电容 C503、C506。

34 脚 W 相上半桥驱动接地端，内接 W 相输出，用 VS（W）表示，外接自举升压电容 C503、C506。

② 缓冲器 U502 的工作原理。U502（HRHCT241M）是一个高性能硅门八通道同相逻辑缓冲器，用于内存地址驱动程序、时钟驱动程序和其他驱动控制程序等。该设备通过使能 A 和使能 B 输入电平的高低，实现 A1（YA1）-A4（YA4）和 B1（YB1）-B4（YB4）通道的通断控制，详见图 2-32 中的缓冲器使能控制逻辑表。

本电路中的六路驱动仅采用 A2、A3、A4、B2、B3、B4，控制原理如下。

上电待机状态→由于 U502 的 1 脚使能 A 直接接地→即输入控制电平为 L→所以 A2、A3、A4 三通道处于正常工作状态→即 YA2、YA3、YA4 输出的电平信号受到 A2、A3、A4 的控制。

上电待机状态→U5 的 61 脚输出 0V 低电平 L→送入 U502 的 19 脚使能 B→B2、B3、B4 三通道处于关闭状态→即 YB2、YB3、YB4 输出的电平信号为高阻抗低电平，不受 B2、B3、B4 输入信号的控制。

上电待机状态→当三线直流电机驱动板控制芯片 U5 收到空调主板发来的电机运转指令后控制 61 脚输出 3.3V 高电平 H→送入 U502 的 19 脚使能 B→三通道处于正常工作状态→即 YB2、YB3、YB4 输出的电平信号受到 B2、B3、B4 输入信号的控制。

U502 的 20 脚为 +5V 供电，10 脚接地。

③ 三线直流电机驱动原理。当三线直流电机的控制芯片 U5 接收到空调主板 CPU 发来的电机运转指令后→U5 的 61 脚首先输出 3.3V 高电平打通缓冲器 U502 的上半桥驱动通道→U5 的 69、67、63、62、66、68 脚输出频率及脉宽可调的 UH、VH、WH、UL、VL、WL 六路驱动信号→经隔离缓冲器 U502 的 17、15、13、4、6、8 输入→U502 的 3、5、7、16、14、12 脚输出→经隔离电阻 R521、R522、R523、R524、R525、R526→送入变频模块 U501 的 19、25、30、12、13、14 脚→经变频功率模块 U501 内部驱动放大后→驱动 U501 内部六个 IGBT 功率管进行相应规则的开关工作→将 +P（560V）直流电转换成三相正弦交流电→通过 U501 的 4、3、2 脚输出 U、V、W 三相正弦交流电→驱动三线直流电机转子运行做功。

④ 相电流检测电路。本机相电流检测电路主要由一个内置 4 路运算放大器的专用芯片 U401（OPA4374）及外围阻容元件组成。

本机通过检测 V 相、W 相的相电流来实现对三线直流电机的转子位置检测和六路驱动的控制。

V 相、W 相两相相电流的检测占用了 U401 内部的 12、13、14 脚和 8、9、10 脚两路运算放大器。

U401 的 5、6、7 脚这路运算放大器没有采用。

U401 的 1、2、3 脚这路运算放大器通过 3 脚外接上拉电阻 R441、+3.3V 供电、下拉电阻 R442、接地组成一个 1 ：1 的放大器，即跟随器，1 脚输出 1.65V 直流供电，为本机相电流检测电路的正相输入端提供上拉供电。

参考图 2-32，由于 V 相、W 相的相电流检测电路结构相同，所以我们仅以其中一路 V 相的相电流检测原理为例进行探讨。

RS512 为 V 相相电流采样电阻。

根据电路结构分析，V 相相电流检测电路 U401 的 12 脚正相输入端外接电阻 R432 与 13 脚反相输入端外接电阻 R433 阻值相等。U401 的 12 脚的上拉电阻 R431 与负反馈电阻 R434 相等。所以该电路为差分放大器。

待机时，U501 内部六路 IGBT 处于截止状态→采样电阻 RS512 内部无电流通过→正相和反相输入对地电压等于 0V。

待机时，根据虚断理论和电阻串联分压计算公式得出 U401 的 12 脚电压为 0.25V。根据虚短理论，U401 的 13 脚电压等于 12 脚电压，等于 0.25V。

待机时，根据差分放大器计算公式 $V_{out}=(V_1-V_2)\times(R_2/R_1)+V_{CC}$，由于 V_1、V_2 等于 0V，所以待机时，U401 的 14 脚 $V_{out}=V_{CC}=1.65V$。

当三线直流电机开始运行时，随着电机运行频率的提升，通过采样电阻 RS512 的电流逐渐增大，在 RS512 上产生的电压逐渐升高，通过 U401 的 12、13、14 脚及外围电阻组成的差分放大器放大后，14 脚输出电压逐渐升高，经隔离电阻 R435 送至 U5 的 23 脚，实现 V 相电流的检测过程。

⑤ 过流保护检测电路。本机过流保护检测电路主要由一个内置两路比较器的专用芯片 U503（BA10393）及外围阻容元件组成。

U503 的 5、6、7 脚这路比较器没有采用。

U503 的 1、2、3 脚这路比较器通过正相输入端 3 脚外接电阻 R504，再接采样电阻 RS511 与接地端连接。

U503 的反相输入端 2 脚通过外接分压电阻 R505、R506、R507、R508 得到 0.25V 基准比较电压。

正常待机时，由于采样电阻 RS511 上没有电流通过，所以其两端产生的电压为 0V→U503 的 3 脚电压为 0V→3 脚小于 2 脚电压→1 脚输出电压低电平 0V→R511→送至变频模块 U501 的 17 脚。

当某种原因导致三线直流电机运行总电流超过 8.5A 时→在采样电阻 RS511 上产生 0.255V 电压→U503 的 3 脚电压为 0.252V→3 脚大于 2 脚电压 0.25V→1 脚输出高电平 3.3V→经电阻 R511→送至变频模块 U501 的 17 脚→U501 内部保护电路动作关断内部六路 IGBT 输出→同时将模块保护低电平 0V 信号通过 U501 的 15 脚→电阻 R513→送至 U5 的 75 脚→U5 控制电机停机并报电机过流故障代码（H5、H6、H9）通过通信电路反馈给空调主板数码管显示出来。

⑥ 自举升压电路。为了保障 U501 内部 U、V、W 的上半桥 IGBT 的栅极 - 源极的 +15V 正向偏压，工程师设计了自举升压电路。

图 2-32 中 U、V、W 三相上半桥的自举升压电路结构是相同的，所以我们仅对其中一路 V 相上半桥自举升压电路进行介绍。

当三线直流风机正常工作时，U501 的 3 脚 V 相有正弦交变电压输出，该电压分成两路：

一路直接通过插头引线送至三线直流电机的 V 相绕组；另一路经 U501 的内部 29 脚输出→自举升压电容 C502、C505 耦合→ U501 的 28 脚输入→接内部升压二极管的阴极，+15V 直流供电→经 R502 → U501 的 27 脚输入→接内部升压二极管的阳极。

这样一来，V 相上半桥 IGBT 的栅极驱动电压比源极 V 相输出电压永远高 +15V，保障了 V 相上半桥内部 IGBT 的正常开关工作。

“关于三线直流电机驱动电路的工作原理我们就讲到这里，接下来我们探讨一下该电路的常见故障及检修技巧。”李师傅继续讲课。

（2）三线直流电机驱动电路常见故障与检修技巧

① 开机后三线直流电机不运转，空调主板报故障代码 H5（H6、H9）。故障代码 H5 的含义为变频电机过流保护。引起变频电机过流保护的原因及排除方法通常有以下几点：

a. 电机扇叶或轴承卡死。断电状态下拨动电机扇叶是否运行灵活。如果电机扇叶转动不灵活并且扇叶也没有卡住，证明电机内部轴承坏，更换电机即可；如果电机扇叶转动灵活，进行下一步。

b. 检测电机三相绕组是否正常。正常时三相绕组应该两两相等，各绕组对地阻值大于 2MΩ。如果不正常，更换电机即可。如果正常，进行下一步。

c. 是否同时出现过其他故障？如电机失步 H9、IPM 模块保护 H6 等，如果是，风机损坏，更换电机，如果否，证明风机驱动板有故障，进行下一步。

d. 断电状态，用电阻法将三线直流电机驱动板的六路驱动电路、相电流检测电路、过流保护电路相关电阻全部排查一遍，发现坏件更换即可。如果没有发现问题，进行下一步。

e. 断电状态，用打阻法检测 U501 变频模块内部六路 IGBT 是否正常。如果否，更换 U501；如果是，进行下一步。

f. 断电状态，用电桥电容挡在路检测自举升压电容容量及损耗（D 值）是否正常。如果不正常，更换故障元件即可；如果正常，进行下一步。

g. 上电待机状态，用电压法检测相电流检测电路、过流检测电路、VFO 模块保护检测电路、+15V、+560V、+5V、+3.3V 供电电压是否正常。如果否，查明原因修复即可；如果是，进行下一步。

h. 上电开机状态，用电压法检测 U5 的 61 脚有无 3.3V 高电平输出。如果没有，断电后将 U502 的 19 脚与焊盘脱开，再次上电开机测量 U5 的 61 脚有无高电平 3.3V 输出。如果有，证明 U502 损坏，更换即可。如果仍然没有，U5 的 61 脚内部损坏，更换 U5 即可。

② 刚开机时直流电机运行正常，几十秒钟后停机，空调主板报故障代码 H8（H7）。故障代码 H8 的含义为电机驱动 IPM 过温保护。引起变频电机驱动 IPM 过温保护的原因通常有以下几点：

a. 断电状态下，观察 IPM 变频模块 U501 下边是否涂抹导热硅脂，固定螺钉是否拧紧。如果否，进行处理即可；如果是，进行下一步。

b. 上电状态，用电压法在路测量 U501 的 8 脚对地电压在常温 25℃时应为 0.26V，内置传感器阻值为 50kΩ。如果电压偏差较大，排除下拉电阻 R451、钳位二极管 D451、隔离电阻 R453、滤波电容 C453 后，即可判定为 U501 内部损坏，更换 U501 或采用一个 50kΩ 的外置传感器代替内置传感器即可。

“这节课我们就讲到这里，下课！”讲完，李师傅离开了培训室。

2.13 抽头电机控制电路

上午 8 点，李师傅来到培训室，打开笔记本电脑，大屏幕上显示：抽头电机控制电路模型，李师傅开始讲课。

2.13.1 抽头电机控制电路模型

“在空调中常见的定频交流风机有两种：一种是 PG 电机（2.11 节）；另一种是抽头电机。抽头电机就是本节我们要探讨的内容。

“通过图 2-33 的抽头电机控制电路模型我们可以了解到如下信息。”李师傅讲道。

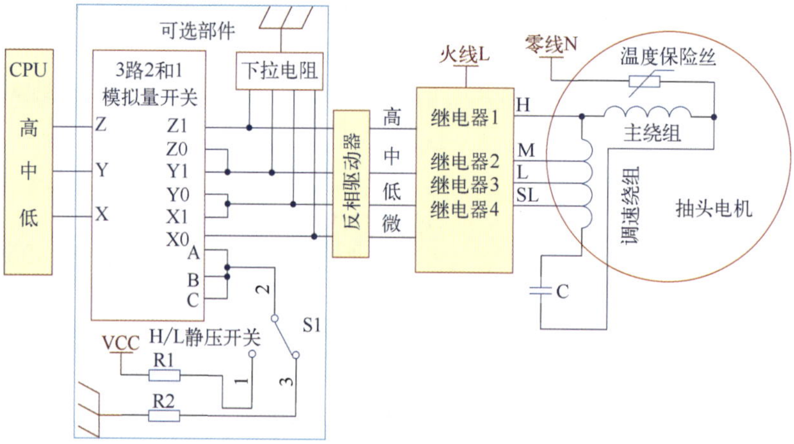

图 2-33 抽头电机控制电路模型

（1）抽头电机内部结构

抽头电机内部主要由主绕组、调速绕组、转子、定子、温度保险丝组成。

（2）抽头电机控制原理

对于控制一挡、二挡、三挡抽头，电机无需可选部件，CPU 直接通过相应引脚驱动反相驱动器控制继电器实现。

对于带高低静压切换的四挡抽头电机的调速控制，可通过增加一个三路二合一模拟开关芯片来实现。

S1 为高低静压切换开关，当前默认为低静压。当 CPU 高引脚输出高电平时→从模拟开关 IC 的引脚 Z 输入→ Z0 引脚输出→经反相驱动器驱动继电器 2 导通→抽头电机中挡抽头得电开始做功。

在低静压模式下，当 CPU 中引脚输出高电平时→从模拟量开关 IC 的引脚 Y 输入→ Y0 引脚输出→经反相驱动器驱动继电器 3 导通→抽头电机低挡抽头得电开始做功。

在低静压模式下，当 CPU 低引脚输出高电平时→从模拟量开关 IC 的引脚 X 输入→ X0 引脚输出→经反相驱动器驱动继电器 4 导通→抽头电机微挡抽头得电开始做功。

当电机静压切换开关切换至高静压→ S1 的 2-1 脚导通。当 CPU 高引脚输出高电平时，从模拟量开关 IC 的引脚 Z 输入→ Z1 引脚输出→经反相驱动器驱动继电器 1 导通→抽头电机高挡抽头得电开始做功。

在高静压模式下，当 CPU 中引脚输出高电平→从模拟量开关 IC 的引脚 Y 输入→ Y1 引脚输出→经反相驱动器驱动继电器 2 导通→抽头电机中挡抽头得电开始做功。

在高静压模式下，当 CPU 低引脚输出高电平→从模拟量开关 IC 的引脚 X 输入→ X1 引脚输出→经反相驱动器驱动继电器 3 导通→抽头电机中挡抽头得电开始做功。

“关于抽头电机控制电路模型原理我们就讲到这里，接下来我们结合一款格力四代多联机内机主板的抽头电机电路原理图对其工作原理和检修技巧进行探讨。”说着，李师傅将大屏幕中的 PPT 切换至图 2-34。

2.13.2 抽头电机控制电路原理与检修技巧

（1）抽头电机控制电路原理

“图 2-34 是我根据一款格力四代多联机内机主板的抽头电机实际电路绘制而成的。

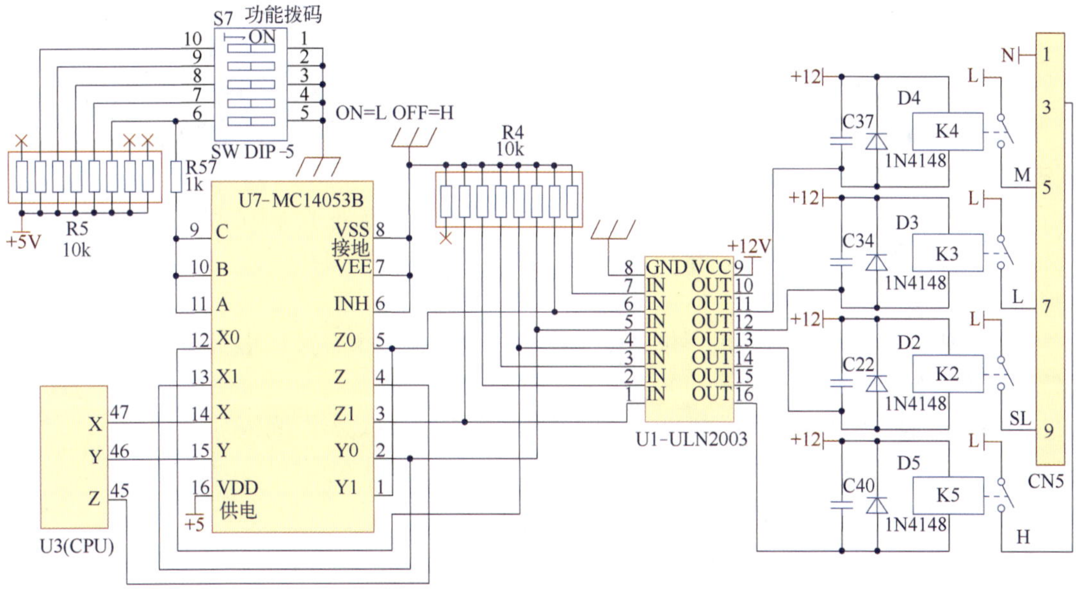

图 2-34 抽头电机控制电路原理图

“请大家根据刚才所讲的抽头电机控制电路模型中的原理分析，用对号入座的方式分析一下这个电路的工作原理，稍后我进行提问。”

10 分钟后，李师傅开始提问。

“小田，你来给大家讲解一下这台格力四代多联机内机主板抽头电机典型控制电路的工作原理！”李师傅说道。

小田起身走上讲台，手指大屏幕中的图 2-34 开始讲解：

“这台格力的四代多联机内机主板抽头电机控制电路采用四路继电器，可以实现电机高低静压的切换控制。

“通过拨码开关 S7 的 5-6 号引脚内部拨码开关实现。

“当拨码开关拨到ON位置时→内部开关导通→U7的9、10、11脚通过电阻R57→S7的6-5脚接地，这种设置为低静压。

“在低静压模式下，当U3的45脚输出高电平时→从U7的4脚输入→5脚输出→经反相驱动器U1的6-11脚→驱动继电器K4导通→经CN5的5脚接到抽头电机M（中挡）抽头得电开始做功。

“ 在低静压模式下，当U3的46脚输出高电平时→从U7的15脚输入→2脚输出→经反相驱动器U1的5-12脚→驱动继电器K3导通→经CN5的7脚接到抽头电机L（低挡）抽头得电开始做功。

“在低静压模式下，当U3的47脚输出高电平时→从U7的14脚输入→12脚输出→经反相驱动器U1的4-13脚→驱动继电器K2导通→经CN5的9脚接到抽头电机SL（微挡）抽头得电开始做功。

“当电机静压切换S7开关的5-6脚内部拨杆拨至OFF(1)位置时内部开关断开→U7的9、10、11脚通过电阻R57→排阻R5中的一路接到+5V供电，这种设置为高静压。

“在高静压模式下，当U3的45脚输出高电平时→从U7的4脚输入→3脚输出→经反相驱动器U1的1-16脚→驱动继电器K5导通→经CN5的3脚接到抽头电机H（高挡）抽头得电开始做功。

“ 在高静压模式下，当U3的46脚输出高电平时→从U7的15脚输入→1脚输出→经反相驱动器U1的6-11脚→驱动继电器K4导通→经CN5的5脚接到抽头电机M（中挡）抽头得电开始做功。

“在高静压模式下，当U3的47脚输出高电平时→从U7的14脚输入→13脚输出→经反相驱动器U1的5-12脚→驱动继电器K3导通→经CN5的7脚接到抽头电机L（低挡）抽头得电开始做功。”

“李师傅称赞小田讲解得很到位，然后让小田回到座位上，又让小张和小王上台试讲，都比较满意。

“抽头电机的控制原理大家都明白了，接下来我们一起探讨一下该电路的常见故障与检修技巧。”李师傅讲解道。

（2）抽头电机控制电路常见故障与检修技巧

① 开启送风模式时，电机不运转。引起抽头电机不运转的原因及排除方法有以下几点：

a. 风轮或轴承卡死。用手拨动一下风轮，检测是否转动灵活。如果否，进行修复即可；如果是，进行下一步。

b. 检测电机启动电容C容量是否失效。如果是，进行更换即可；如果不是，进行下一步。

c. 判断电机线圈是否损坏，将电机插头从主板上拔下，可以采用电阻法检测电机主、副绕组是否开路。如果是，更换电机；如果否，进行下一步。

d. 断电状态，将电机静压切换开关拨到ON位置，低静压模式下上电开送风高挡观察电机是否运转。如果运转正常，故障排除，如果仍不运转，进行下一步。

e. 低静压模式下上电开机送风高挡状态，用电压法检测CN5的1-5脚之间有无220V交流电压输出。如果有，证明电机损坏，更换即可；如果没有，进行下一步。

f. 低静压模式下上电开机送风高挡状态，用电压法检测继电器K4线圈两端有无11.5V直流电压。如果有，证明K4触点损坏更换K4即可；如果没有，进行下一步。

g. 低静压模式下上电开机送风高挡状态，用电压法检测 U1 的 6 脚有无 5V 直流电压。如果有，证明 U1 内部损坏或 U1 的 11 脚至 K4 线圈之间铜箔断裂，断电后用电阻法排除铜箔断裂问题后更换 U1 即可；如果没有，进行下一步。

h. 低静压模式下上电开机送风高挡状态，用电压法检测 U3 的 45 脚有无 5V 直流电压输出。如果有，继续测量 U7 的 4 脚有高电平输入，5 脚无高电平输出，证明 U7 内部损坏，更换 U7 即可；如果检测 U7 的 5 脚有高电平输出，U1 的 6 脚无高电平输入，证明连接铜箔断裂，断电后用一根导线跨接修复即可。

高低静压模式下，各路挡位的测量均可参考上述步骤进行判断。

② 一上电，电机就开始运转不受控制。该现象主要由某一路继电器触点粘连或反相驱动器内部某一路短路引起，可以按如下步骤进行排查：

a. 上电状态，将电机插头拔下，用电压法检测 CN5 的 1 脚分别对 3、5、7、9 脚之间，哪一路有 220V 交流供电输出，就证明该路继电器触点粘连或驱动有问题。

b. 假设 CN5 的 1-9 脚之间实测有 220V 供电输出，继续用电压法测量继电器 K2 的线圈两端有无 11.5V 直流电压。如果没有，证明 K2 损坏，更换即可。如果有 11.5V 直流电压，进行下一步。

c. 上电状态，继续测量 U1 的 4 脚有无 5V 高电平输入。如果没有，证明 U1 内部损坏，更换 U1 即可。如果 U1 的 4 脚有 5V 高电平输入，进行下一步。

d. 上电状态，继续测量 U3 的 47 脚有无 5V 高电平输出。如果没有，证明 U7 内部损坏，更换 U7 即可。如果 U3 的 47 脚有 5V 高电平输出，证明 U3 内部损坏，更换 U3 即可。

“这节课我们就讲到这里，下课！”讲完，李师傅离开了培训室。

2.14 直流变频压缩机驱动电路

课间休息 10 分钟后，李师傅来到培训室，打开笔记本电脑，大屏幕上显示：直流变频压缩机驱动电路模型，李师傅开始讲课。

2.14.1 直流变频压缩机驱动电路模型

“直流变频压缩机驱动电路与三线直流电机驱动电路理论上工作原理相同，因为它们都是控制一个无刷直流电机做功。不同点在于三线直流电机结构简单，只由一个电机和风扇组成，通常功率较小，而直流变频压缩机不仅有一个直流无刷电机装置，还连接一个压缩机机头，功率从小到大有多种，并且工作在不断变化的系统环境下。

对于家用小功率直流变频压缩机，其驱动电路与三线直流风机驱动电路相同，本节不再重复，本节重点探讨在商用多联机中采用的直流变频压缩机驱动电路原理及检修技巧。

“参考图 2-35，对其工作原理简述如下。”李师傅讲道。

（1）供电方式

在探讨驱动原理之前，我们先介绍一下家用和商用直流变频压缩机驱动板供电方式的特点。

① 家用直流变频压缩机驱动板 +P 供电。家用 +P 通常采用 320V 直流供电，由单相

220V 交流供电整流滤波而成。为了保障压缩机在高频运行时 +P 电压的稳定，在前级增加了有源 PFC 功率因数校正电路。

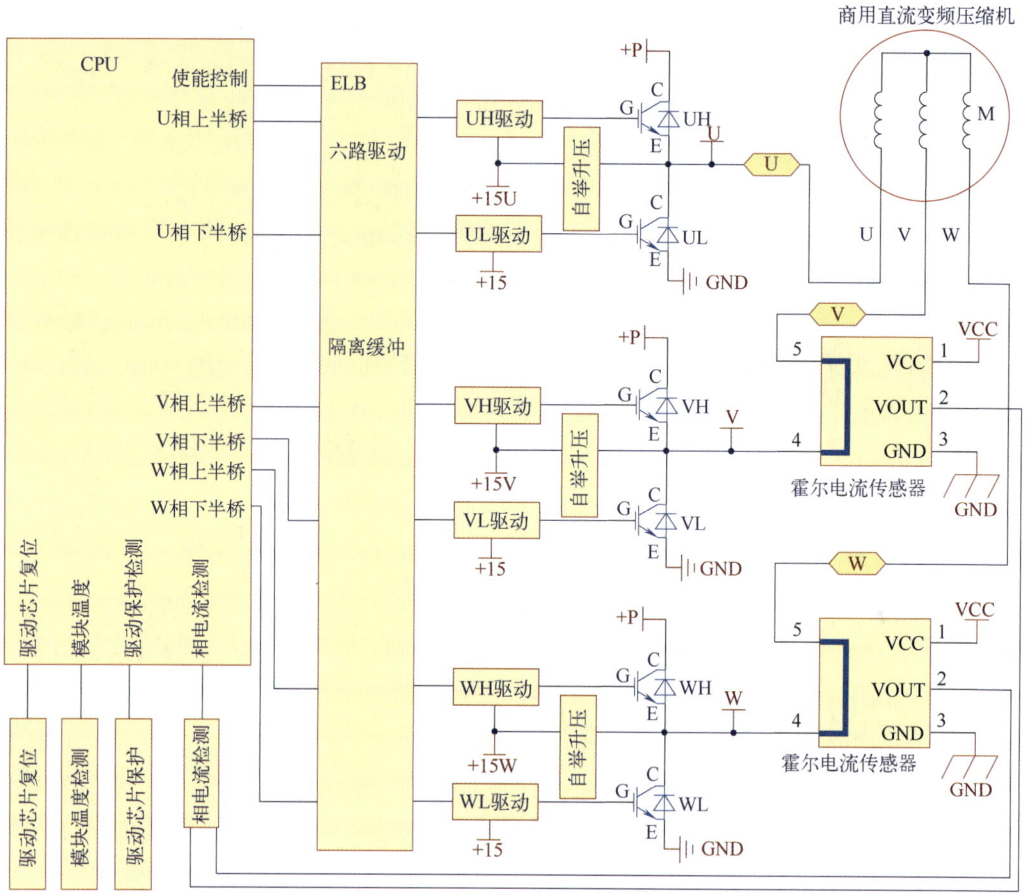

图 2-35　商用直流变频压缩机驱动电路模型

② 商用直流变频压缩机驱动板 +P 供电。商用 +P 通常采用 560V 直流供电，由三相 380V 的交流供电整流滤波而成。由于功率较大，电压相对稳定，一般采用无源 PFC 功率因数校正电路。

③ 两种 +15 供电方式。无论是在家用还是商用变频压缩机的驱动板中常见两种 +15 供电方式。

一种是只有一路 +15 为变频模块或 IGBT 驱动芯片的上、下半桥供电，上半桥通过外置或内置的三个二极管进行隔离，分别给 U、V、W 的上半桥驱动及自举升压电路供电。下半桥 +15 直接给变频模块或 IGBT 驱动供电。

另一种是采用 4 路（+15、+15U、+15V、+15W）独立的供电分配如下：

+15 →给 U、V、W 变频模块或 IGBT 驱动的下半桥驱动芯片供电。

+15U →给 U 相上半桥驱动和自举升压供电。

+15V →给 V 相上半桥驱动和自举升压供电。

+15W →给 W 相上半桥驱动和自举升压供电。

（2）驱动原理

当直流变频压缩机驱动板的控制芯片（CPU）接收到空调主板 CPU 发来的运转指令后，内部输出频率及脉宽可调的 UH、VH、WH、UL、VL、WL 六路信号→隔离缓冲，经六路驱动隔离芯片内部驱动放大后，驱动 IPM 内部六个 IGBT 功率管进行相应规则的开关工作。将 +P（560V）直流电转换成三相正弦交流电，直流变频压缩机运行做功。

（3）相电流检测

相电流检测又称为压缩机转子位置检测，是无刷直流变频压缩机特有的电路。直流变频压缩机控制芯片（CPU）通过霍尔电流传感器和相电流检测电路可以精确判断压缩机转子位置，控制压缩机转速。如果该电路出现异常，则压缩机无法运转，机器报压缩机启动异常故障代码。

（4）其他电路

"为了保障压缩机的正常运行，直流变频压缩机驱动电路中还设计了模块温度检测电路、驱动芯片保护电路、驱动芯片复位电路、IGBT 模块过流检测电路等。"李师傅指着大屏幕中图 2-35 直流变频压缩机驱动电路模型讲解道。

"直流变频压缩机驱动电路模型原理我们就讲到这里，接下来我们结合一款格力六代多联机压缩机驱动板电路原理图对其工作原理和检修技巧进行探讨。"说着，李师傅将大屏幕中的 PPT 切换至图 2-36。

图 2-36　格力六代多联机压缩机驱动板

2.14.2 直流变频压缩机驱动电路原理与检修技巧

（1）格力六代压缩机驱动板电路原理

"图 2-37 是我根据图 2-36 这块格力六代多联机的压缩机驱动板实际绘制而成的。该电路采用英飞凌 FP50R12KT4G 模块，在商用变频多联机中具有一定的代表性，我们对其主要部件和驱动原理进行详细探讨。

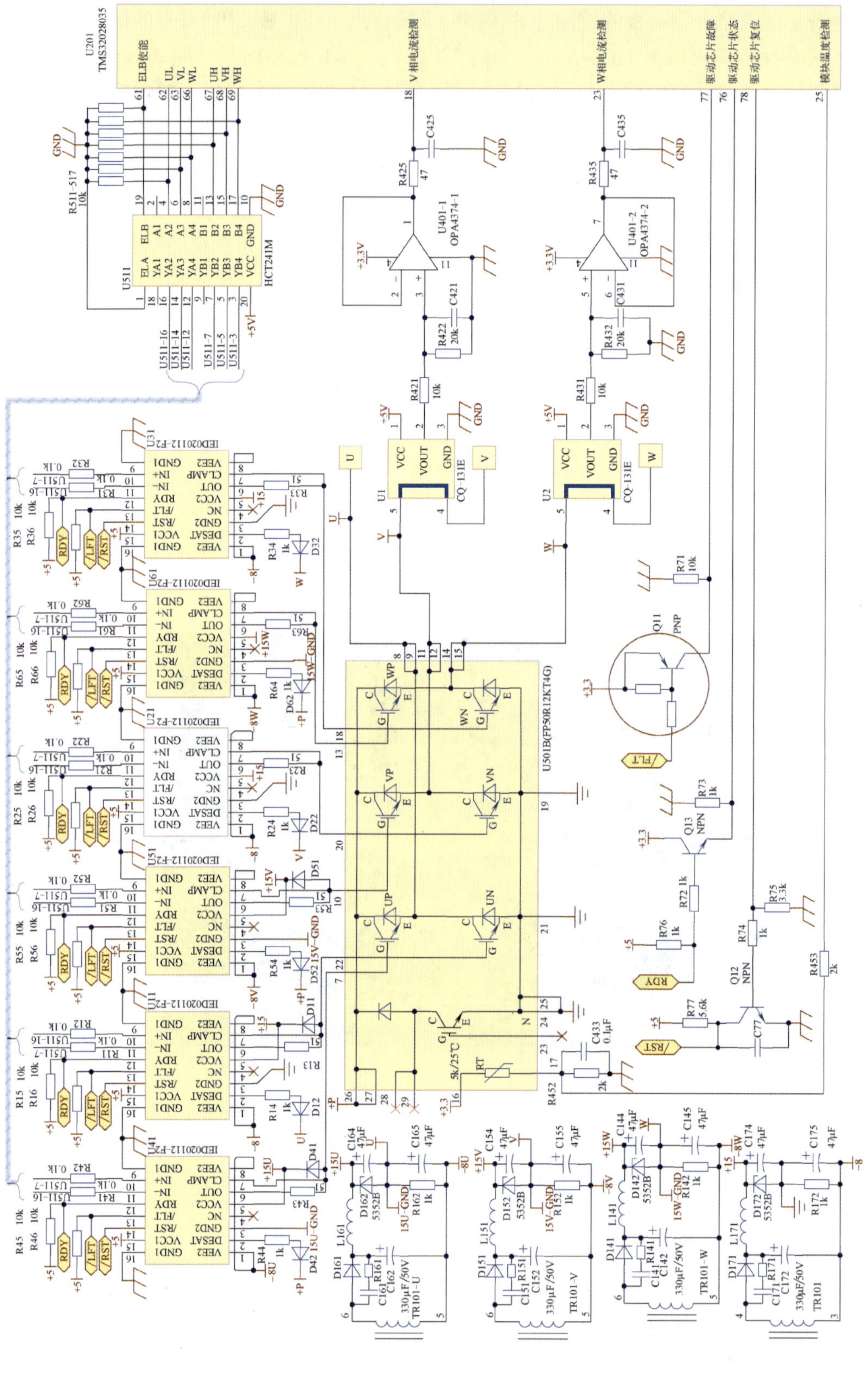

图 2-37 格力六代压缩机驱动板电路原理图

① 变频模块 U501 的引脚功能。U501 英飞凌 FP50R12KT4G 模块，耐压 1200V、50A，其内部集成了三相整流和六路 IGBT，图 2-37 中仅绘出了 IGBT 部分，参考图 2-38 和图 2-37 对其各引脚功能进行介绍。

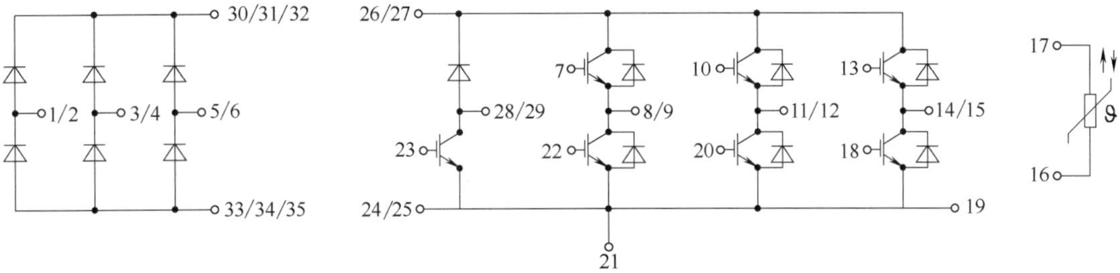

图 2-38　英飞凌 FP50RKT4G 内部结构接线图（选取自厂家技术手册）

1、2 脚，三相 380V 交流电 L1 供电输入，外接 A 相。

3、4 脚，三相 380V 交流电 L2 供电输入，外接 B 相。

5、6 脚，三相 380V 交流电 L3 供电输入，外接 C 相。

7 脚，U 相上半桥 IGBT 栅极驱动输入，通过 R43 连接驱动芯片 U41 的 6 脚。

8、9 脚，U 相变频电压输出，外接直流变频压缩机和 U 相自举升压电容 C164。

10 脚，V 相上半桥 IGBT 栅极驱动输入，通过 R53 连接驱动芯片 U51 的 6 脚。

11、12 脚，V 相变频电压输出，外接直流变频压缩机和 V 相自举升压电容 C154。

13 脚，W 相上半桥 IGBT 栅极驱动输入，通过 R63 连接驱动芯片 U61 的 6 脚。

14、15 脚，W 相变频电压输出，外接直流变频压缩机和 W 相自举升压电容 C144。

16 脚，内接 5kΩ 模块温度传感器，外接 3.3V 直流供电。

17 脚，内接 5kΩ（25℃）模块温度传感器，外接分压电阻 R452、隔离电阻 R453 送至 U21 的 25 脚，当 U21 检测到模块温度高于 110℃（400Ω/2.75V）时控制压缩机降频，当高于 120℃（300Ω/2.87V）时停机报警。

18 脚，W 相下半桥 IGBT 栅极驱动输入，通过 R33 连接驱动芯片 U31 的 6 脚。

19、21、24、25 脚，内部连接在一起，外部接地。

20 脚，V 相下半桥 IGBT 栅极驱动输入，通过 R23 连接驱动芯片 U21 的 6 脚。

22 脚，U 相下半桥 IGBT 栅极驱动输入，通过 R13 连接驱动芯片 U11 的 6 脚。

23 脚，内接 IGBT 栅极驱动输入，外部悬空，未采用。

26、27 脚，内部接六路 IGBT 的集电极和二极管的阴极，外接供电 +P（560 直流供电）的正极。

28、29 脚，内接 IGBT 的集电极和二极管的阳极，外部悬空，未采用。

② 缓冲器 U511 的工作原理。U511（HCT241M）是一个高性能硅门八通道同相逻辑缓冲器。用于内存地址驱动程序、时钟驱动程序和其他驱动控制程序等。该设备通过使能 A 和使能 B 输入电平的高低实现 A1（YA1）-A4（YA4）和 B1（YB1）-B4（YB4）通道的通断控制，控制逻辑参考表 2-1。

本电路中的六路驱动仅采用其中的 A2、A3、A4、B2、B3、B4，控制原理如下所述。

上电待机状态→由于 U511 的 1 脚使能 A 直接接地，即输入控制电平为 L，所以 A2、A3、A4 三通道处于正常工作状态，即 YA2、YA3、YA4 输出的电平信号受 A2、A3、A4 的控制。

表 2-1 缓冲器使能控制逻辑

输出		输出	输入		输出
使能 A	A	YA	使能 B	B	YB
L	L	L	H	L	L
L	H	H	H	H	H
H	X	Z	L	X	Z

上电待机状态→ U201 的 61 脚输出 0V 低电平 L →送入 U511 的 19 脚使能 B → B2、B3、B4 三通道处于关闭状态，即 YB2、YB3、YB4 输出的电平信号为高阻抗低电平，不受 B2、B3、B4 输入信号的控制。

上电待机状态，当芯片 U201 收到空调主板发来的运转指令后，控制 61 脚输出 3.3V 高电平 H →送入 U511 的 19 脚使能 B →三通道处于正常工作状态，即 YB2、YB3、YB4 输出的电平信号受到 B2、B3、B4 输入信号的控制。

U511 的 20 脚为 +5V 供电，10 脚接地。

③ 直流变频压缩机驱动原理。当控制芯片 U201 接收到空调主板 CPU 发来的运转指令后→ U201 的 61 脚首先输出 3.3V 高电平，打通缓冲器 U511 的上半桥驱动通道→ U201 的 67、68、69、62、63、66 脚输出频率及脉宽可调的 UH、VH、WH、UL、VL、WL 六路驱动信号→经隔离缓冲器 U511 的 13、15、17、4、6、8 输入→ U511 的 7、5、3、14、16、12 脚输出→经隔离电阻 R42、R12、R52、R22、R62、R32 →送入 IGBT 驱动隔离芯片 U41、U11、U51、U21、U61、U31 的 10 脚→经内部隔离、放大后→从 U41、U11、U51、U21、U61、U31 的 6 脚输出→送入 U501B 的 7、22、10、20、13、18 脚→驱动 U501B 内部六个 IGBT 功率管进行相应规则的开关工作→将 +P（560V）直流电转换成三相正弦交流电→通过 U501B 的 8、9、11、12、14、15 脚输出 U、V、W 三相正弦交流电→驱动直流变频压缩机做功。

④ 相电流检测电路。本机相电流检测电路主要由一个内置四路运算放大器的专用芯片 U401（OPA4374）及外围阻容元件组成。

本机通过检测 V 相、W 相的相电流来实现对直流变频压缩机的转子位置检测和六路驱动控制。

V 相、W 相两相相电流的检测占用了 U401 内部的 1、2、3 脚和 5、6、7 脚两路运算放大器，根据电路分析，这是两个跟随器，即 1 ： 1 放大器电路。

参考图 2-37，由于 V 相、W 相的相电流检测电路结构相同，所以我们仅以其中一路 V 相的相电流检测原理为例进行探讨。

U1 为 V 相霍尔电流传感器，待机状态，用万用表测量 U1 的 2 脚对地电压为 2.5V →经 R421、R422 分压后得到 1.66V 电压经 C421 滤波送至 U401 的 3 脚→经 U401 内部 1 ： 1 放大后由 1 脚输出→经隔离电阻 R425、滤波电容 C425 →送至 U201 的 18 脚。

当直流变频压缩机开始运行时，随着压缩机运行频率的提升→通过电流传感器 U1 的电流逐渐增大→在 U1 的 3 脚上产生的电压逐渐升高→经 R421、R422 分压后 U401 的 3 脚电压升高→经 U401 内部 1 ： 1 放大后由 1 脚输出电压升高→经隔离电阻 R425、滤波电容 C425 →送至 U201 的 18 脚内部→经过 U201 内部逻辑运算出 V 相实际电流→实现 V 相电流的检测过程。

⑤ 自举升压电路。为了保障 U501B 内部 U、V、W 的上半桥 IGBT 的栅极 - 发射极的正向偏压，工程师设计了自举升压电路。

图 2-37 中 U、V、W 三相上半桥的自举升压电路结构是相同的，所以我们仅对其中一路 V 相上半桥自举升压电路进行介绍。

当直流变频压缩机正常工作时→ U501B 的 11、12 脚 V 相有正弦交变电压输出→该电压分成两路：一路直接通过插头引线送至直流变频压缩机的 V 相绕组；另一路经自举升压电容 C154 耦合，与 +15V 叠加后送至驱动芯片 U51 的 5 脚。

这样一来，V 相上半桥 IGBT 的栅极驱动电压比源极 V 相输出电压始终高 15V，保障了 V 相上半桥内部 IGBT 的正常开关工作。

⑥ 驱动芯片复位控制。U201 的 78 脚输出瞬时高电平，经 R75、R74、Q12、R77、C77 组成的低电平复位电路，送达 IGBT 驱动芯片 U41、U11、U51、U21、U61、U31 的 14 脚完成复位工作。

⑦ 驱动芯片状态检测。IGBT 六路驱动芯片的 12 脚检测内部状态正常时输出高电平，异常时输出低电平。

IGBT 驱动芯片 U41、U11、U51、U21、U61、U31 的 12 脚将芯片状态通过由 R76、R72、Q13、R73 组成的检测电路送至 U201 的 76 脚。

⑧ 驱动芯片故障检测。当六路驱动芯片都正常时，U41、U11、U51、U21、U61、U31 的 13 脚输出高电平，经过由 Q11、R71 组成的反相检测电路将正常（低电平）送至 U201 的 77 脚。

当某一路驱动芯片故障时，U41、U11、U51、U21、U61、U31 的某路 13 脚输出低电平，经过由 Q11、R71 组成的反相检测电路将故障（高电平）送至 U201 的 77 脚。

⑨ 模块过流检测电路。图 2-39 模块过流检测电路是根据图 2-36 实际电路绘制而成的。对其工作原理简述如下：

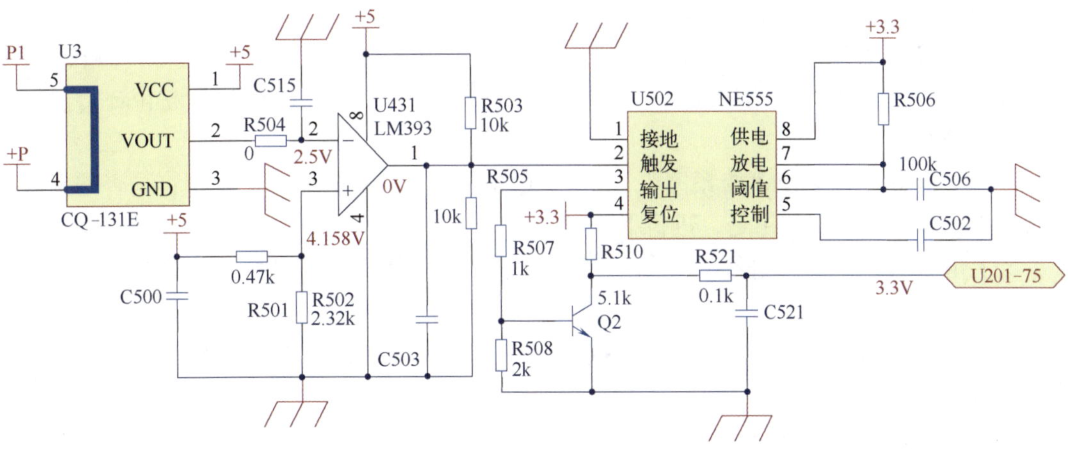

图 2-39　格力六代压缩机驱动板模块过流检测电路

当机器上电后，来自整流滤波电路的 560V 直流供电 P1 经过霍尔电流传感器 U3 的 5 脚输入，4 脚输出，+P 为 IGBT 模块 U501B 和开关电源电路供电。

在待机状态，流过 U3 的 5-4 脚电流很小，所以 U3 的 2 脚输出电压为 2.5V，几乎检测不到，经 0Ω 电阻 R504 送至比较器 U431 的反相输入端 2 脚。U431 的 3 脚电压为一个固定参考值 4.158V，由 +5 供电、上拉电阻 R501、下拉电阻 R502 分压所得。

待机时，U431 的 2 脚电压小于 3 脚电压，根据比较器特性，U431 的 1 脚输出低电平 0V → U502 的 2 脚电压为 0V → U502 的 3 脚输出 0V →经电阻 R507 加至 Q2 的基极→ Q2 处于截止状态→ +3.3 供电经电阻 R510 →电阻 R521 →送至 U201 的 75 脚，可以正常开机。

在开机或待机状态由于某种原因 U431 的 2 脚电压小于 3 脚电压时→ U431 的 1 脚输出高电平 2.5V → U502 的 2 脚电压为 2.5V → U502 的 3 脚输出高电平 3.3V →经电阻 R507 加至 Q2 的基极→ Q2 处于饱和导通状态→ +3.3 供电经电阻 R510 → Q2 的集电极 - 发射极接地→ 0.3V 低电平→电阻 R521 →送至 U201 的 75 脚，机器闩锁，报故障代码 J1（J2）。

“关于直流变频压缩机驱动电路的工作原理我们就讲到这里，接下来我们探讨一下该电路的常见故障及检修技巧。”李师傅继续讲课。

（2）直流变频压缩机驱动电路常见故障与检修技巧

① 上电开机后压缩机不启动，空调主板报故障代码 FH。故障代码 FH 的含义为变频压缩机 1 电流传感器故障，确定为压缩机 1 驱动板问题，将压缩机 1 驱动板拆并置于上工作台检测。参考图 2-37，检测步骤如下：

a. 上电待机状态，用电压法检测 U1、U2 的 2 脚对地电压是否均为 2.5V。如果不是，偏差较大的电流传感器损坏，更换即可。如果是，进行下一步。

b. 上电待机状态，用电压法继续检测 U401 的 3、5 脚电压是否为 1.66V。如果不是，偏差较大的即为故障点，断电后用电阻法排查故障电阻，用电桥法测试电容找到坏件更换即可，如果元件更换后电压偏差仍然较大，证明运算放大器本身损坏，更换 U401 即可。如果所测 3、5 脚电压正常，进行下一步。

c. 上电待机状态，用电压法测量 U401 的 1、7 脚电压是否均为 1.66V。如果不是，偏差较大的即为故障点，排除外围元件问题后，更换 U401 即可。如果是，进行下一步。

d. 上电待机状态，用电压法检测 U201 的 18、23 脚是否为 1.66V。如果不是，偏差较大的即为故障点，排除外围元件问题后，更换 U201 即可。

② 刚开机时直流变频压缩机运行正常，一段时间后停机，空调主板报故障代码 P8(P7)。故障代码 P8（P7）的含义为压缩机驱动板 IPM 过温保护。引起压缩机驱动板 IPM 过温保护的原因通常有以下几点：

a. 断电状态，观察 IPM 变频模块 U501 下边是否涂抹导热硅脂，固定螺钉是否拧紧。如果否，进行处理即可；如果是，进行下一步。

b. 上电待机状态，用电压法在路测量 U501 的 8 脚对地电压在常温 25℃时应为 0.94V，内置传感器 25℃时为 5kΩ。如果电压偏差较大，排除下拉电阻 R452、钳位二极管 D451、滤波电容 C433 后，即可判定为 U501 内部损坏，更换 U501 或采用一个 5kΩ 的外置传感器代替内置传感器即可。

“这节课我们就讲到这里，下课！”讲完，李师傅离开了培训室。

2.15 四通换向阀控制电路

下午 2 点，李师傅来到培训室，打开笔记本电脑，开始讲课。

2.15.1 四通换向阀控制电路模型

“在热泵空调系统中，为了实现制冷和制热的功能切换，专门设计了四通换向阀控制电路。参考图 2-40 对其工作原理简述如下。

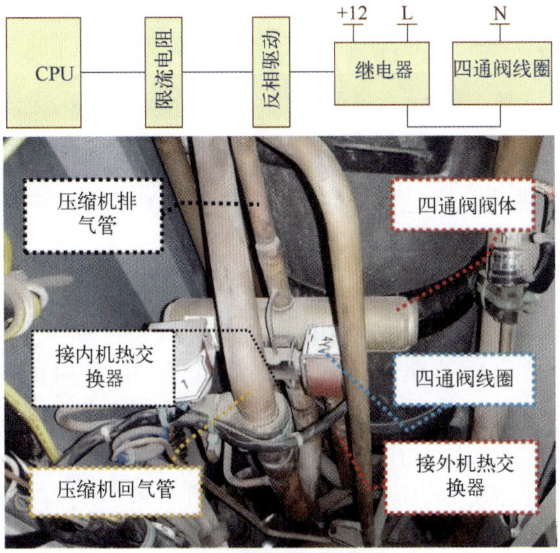

图 2-40 四通换向阀控制电路模型

“当用户内机设定为制冷模式时，四通阀控制电路不起控，压缩机启动后高温高压的气态制冷剂经四通阀阀体后被推向室外机热交换器进行风冷散热后变成中温高压的液态制冷剂，通过单向阀，经连接管路送到各室内机单元，经电子膨胀阀节流降压后送到内机热交换器蒸发制冷后变成低温低压的气态制冷剂，通过连接管、四通阀、储液罐被压缩机吸入进行再次压缩做功。

“当用户内机设定为制热模式时，四通阀控制电路起控，CPU 四通阀控制引脚输出高电平，经限流电阻后送至反相驱动输入端，经反相驱动后输出端输出低电平，此时继电器控制线圈两端产生 11.5V 左右电压，继电器触点吸合，火线 L 经继电器触点加至四通阀线圈，四通阀线圈得电，在磁力和气压差推动下四通阀内部滑阀移动换向，压缩机启动后高温高压的气态制冷剂经四通阀阀体后，经连接管路送到各室内机单元进行制热，经内机单向阀后通过连接管，再通过制热专用电子膨胀阀、室外机热交换器、四通阀、储液罐被压缩机吸入进行再次压缩做功。”李师傅指着大屏幕中的图 2-40 四通换向阀电路模型讲解道。

“四通阀控制电路结构简单，接下来我们结合一款格力家用多联机的四通阀控制电路原理图对其原理和检修技巧进行详细探讨！”说着，李师傅将大屏幕上的 PPT 切换至图 2-41。

2.15.2 四通换向阀控制电路原理与检修技巧

“图 2-41 是我根据一款格力 4 代家用多联机外机变频板的四通阀控制电路绘制而成的，请大家根据刚才所讲四通阀控制电路模型中的原理分析，用对号入座的方式分析一下这个图纸的工作原理，稍后我进行提问。”说完，李师傅拿起教科书进行默读。

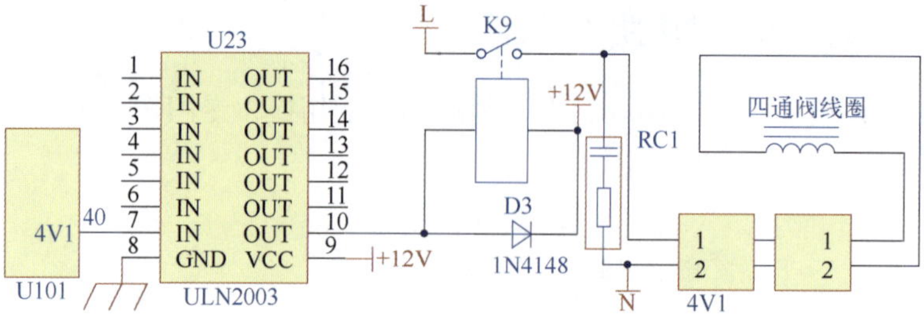

图 2-41　格力 4 代家用多联机四通换向阀控制电路原理图

10 分钟后，李师傅开始提问。

“小田，你来给大家讲解一下这台格力 4 代家用多联机四通阀控制电路的工作原理。”李师傅说道。

小田起身走上讲台，手指大屏幕中的图 2-41 开始讲解：

“当 U101 收到内机发来的制热模式开机指令后控制 40 脚输出高电平送达反相驱动器 U23 的 7 脚，经 U23 内部反相处理后 10 脚输出低电平，在继电器 K9 线圈两端产生 11.5V 电压，继电器 K9 吸合，火线 L 经 K9 触点、插头 4V1 的 1 脚、四通阀线圈、插头 4V1 的 2 脚、零线 N 形成电流回路，产生磁场，在系统压力推动下实现四通阀换向动作。”

“小田讲得很好，请回到你的座位上。”李师傅赞赏道，之后小张和小王都上台进行了讲解。

“大家对四通阀的控制原理都明白了，接下来我们一起探讨一下该电路各元件出现故障后机器的表现。”李师傅继续讲课。

（1）四通阀线圈上电即吸合不能进行制冷复位

引起这种故障现象的原因通常为继电器 K9 触点粘连，排除方法如下：

① 首先将四通阀的线圈从电路板上拔下来进行测试，故障是否排除。如果故障依旧→证明为四通阀阀体或系统问题→更换四通阀或修复系统即可。如果故障排除，进行下一步。

② 上电待机状态，用电压法检测插头 4V1 的 1-2 两端有无 220V 交流电压。如果没有，故障排除；如果有，则进行下一步。

③ 上电待机状态，用电压法检测继电器 K9 的线圈两端有无 11.5V 直流电压。如果没有，证明继电器 K9 损坏，更换 K9 即可。如果有则进行下一步。

④ 上电待机状态，用电压法检测 U23 的 7 脚有无 3.3V 高电平输入。如果没有，证明 U23 内部损坏，更换 U23 即可。如果有则进行下一步。

⑤ 上电待机状态，用电压法检测 U101 的 40 脚有无 3.3V 直流电压输出。如果没有，证明 U101 的 40 脚内部损坏，更换 U101 即可。

（2）开启制热模式后，四通阀线圈不得电无法进行制热切换

这种故障现象通常由四通阀控制电路引起，排除方法如下：

① 首先将四通阀的线圈从电路板上拔下来，用电阻法测试其阻值是否正常（正常阻值在 1 ～ 3kΩ 之间）。如果测试线圈阻值不正常，证明线圈损坏→更换即可。如果测试线圈阻值正常，进行下一步。

② 上电开机制热状态，用电压法检测插头 4V1 的 1-2 两端有无 220V 交流电压。如果有，证明四通阀控制电路正常，问题可能是由阀体或系统引起的，更换阀体或修复系统即可。如

果没有，进行下一步。

③ 上电开机制热状态，用电压法检测继电器 K9 的线圈两端有无 11.5V 直流电压。如果有，证明继电器 K9 损坏，更换 K9 即可。如果没有，进行下一步。

④ 上电开机制热状态，用电压法检测 U23 的 7 脚有无 3.3V 高电平输入。如果有，证明 U23 内部损坏，更换 U23 即可。如果没有，进行下一步。

⑤ 上电开机制热状态，用电压法检测 U101 的 40 脚有无 3.3V 直流电压输出。如果有，证明 U101 的 40 脚至 U23 的 7 脚之间铜箔开路，找到故障点排除即可。如果没有，证明 U101 的 40 脚内部损坏，更换 U101 即可。

“这节课我们就讲到这里，课后大家可以根据刚才所讲的案例模拟测试一下，下课！”讲完，李师傅离开了培训室。

2.16 温度传感器电路

课间休息 10 分钟后，李师傅来到培训室，打开笔记本电脑，大屏幕上显示：温度传感器电路模型，李师傅开始讲课。

2.16.1 温度传感器电路模型

“温度传感器又称感温包，其内部结构是将一个负温度系数热敏电阻进行塑封或铜封，然后引出两根引线。

“在空调系统中，为了实现对环境温度、热交换器温度、压缩机排气温度的监测，使空调压缩机工作在最佳状态，所以设置了多个传感器进行温度数据的采集，采集原理如下。

“5V 或 3.3V 供电→经主板插座 1 脚→通过传感器→插座的 2 脚→滤波电容→下拉分压电阻→隔离电阻→滤波电容→送至 CPU 内部，经逻辑运算后计算出传感器部位实际温度值→为系统控制提供参考依据。

“如果 CPU 检测到传感器开路或短路→上电开机报传感器异常故障代码。”李师傅指着大屏幕中的图 2-42 温度传感器电路模型讲解道。

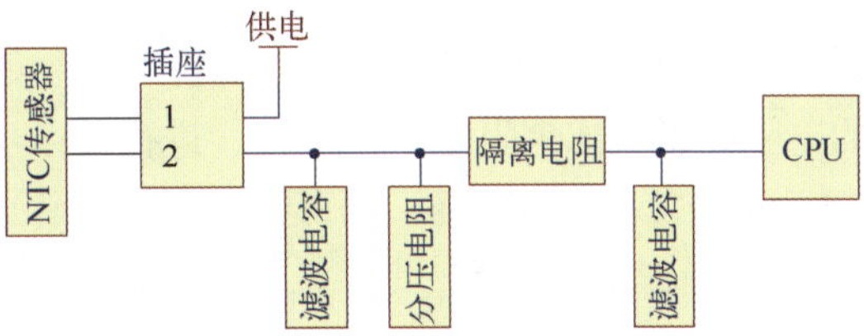

图 2-42 温度传感器电路模型

“温度传感器电路结构简单，接下来我们结合一款格力多联机内机温度传感器电路原理图对其原理和检修技巧进行详细探讨。”说着，李师傅将大屏幕中的 PPT 切换至图 2-43。

2.16.2 温度传感器电路原理与检修技巧

“图 2-43 是我根据一款格力 4 代多联机内机主板绘制而成的，具有一定的代表性，主要包含一路环境温度传感器和三路热交换器温度传感器，我们对其工作原理和检修技巧进行详细介绍。”李师傅说道。

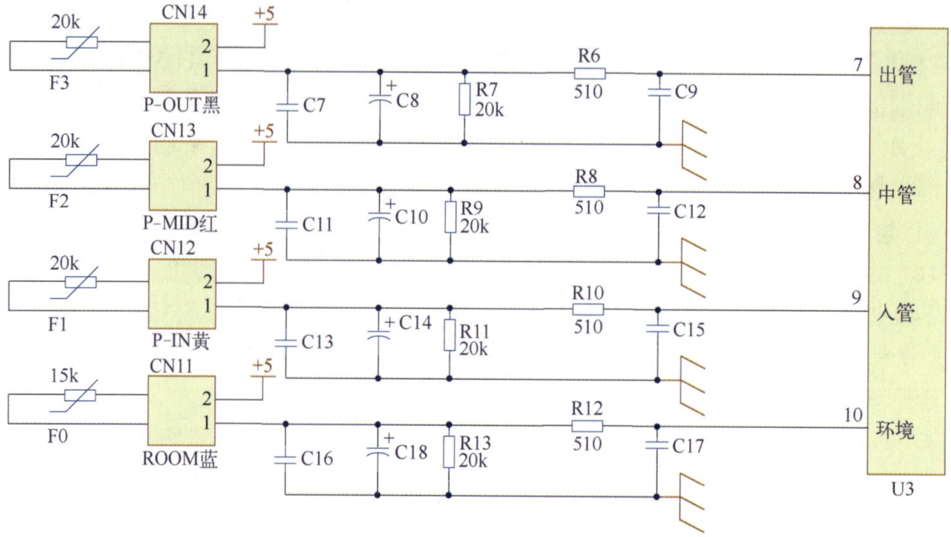

图 2-43 格力 4 代多联机内机传感器电路原理图

（1）室内环境温度传感器

室内环境温度传感器通常安装在室内机的回风口处。由 U3 的 10 脚及外围电路组成室内机环境温度检测电路。该电路的主要作用是将房间温度与用户设定温度进行比较，控制室内电子膨胀阀的开度，检测原理如下：

5V 供电→插座 CN11 →环境传感器→ C16、C18 滤波→ R12 限流→ R13 精密电阻分压→送入 U3 的 10 脚内部进行逻辑运算后得出环境温度。

环境温度传感器开路、短路会引起上电内机显示 0℃或 99℃，开机后报故障代码 F0，检测方法如下：

① 代换法：直接用一个 15kΩ 塑封传感器代换原机环境传感器，观察故障是否排除。如果是，证明原机传感器损坏，更换即可；如果否，进行下一步。

② 电阻法：断电状态，将环境温度传感器从主板插座 CN11 上拔下来，用电阻法在路检测 R13、R12 的阻值与标称阻值是否一致。如果偏差较大，证明电阻异常，更换同型号阻值的电阻即可。如果阻值基本正常，进行下一步。

③ 电桥法：断电状态，用电桥的电容挡检测 C16、C18、C17 容量及损耗是否正常。如果不正常，更换同型号、同容量的电容器即可；如果正常，证明外部元件均正常，更换 U3 或主板即可。

（2）室内热交换器入管传感器

室内热交换器入管传感器，又称为室内盘管进口温度传感器，安装在室内机电子膨胀阀的出口处。U3 的 9 脚及外围电路组成内机热交换器入管温度检测电路，该电路主要作用是检测内机热交换器入管温度，根据温度变化调整电子膨胀阀的开度。检测原理如下：

5V 供电→插座 CN12 →入管传感器→ C13、C14 滤波→ R10 限流→ R11 精密电阻分压→送入 U3 的 9 脚内部进行逻辑运算后得出入管温度。

该传感器开路或短路会引起开机报 F1，检测方法如下：

① 代换法：直接用一个 20kΩ 铜封传感器代换原机输入管传感器，观察故障是否排除。

如果是，证明原机传感器损坏，更换即可。如果否，进行下一步。

② 电阻法：断电状态，将入管温度传感器从主板插座 CN12 上拔下来，用电阻法在路检测 R11、R10 阻值与标称阻值是否一致。如果偏差较大，证明电阻异常，更换同型号的电阻即可。如果阻值基本正常，进行下一步。

③ 电桥法：断电状态，用电桥的电容挡检测 C13、C14、C15 容量及损耗是否正常。如果不正常，更换同型号、同容量的电容器即可，如果正常，证明外部元件均正常，更换 U3 或主板即可。

（3）室内热交换器中管传感器

室内热交换器中管传感器安装在室内机热交换器的中间侧面弯管位置。U3 的 8 脚及外围电路组成内机热交换器中管温度检测电路，该电路主要作用是检测内机热交换器中部管路温度，根据温度变化判断系统饱和温度，实现防冷风、防冻结、防过载保护。检测原理如下：

5V 供电→插座 CN13 →中管传感器→ C11、C10 滤波→ R8 限流→ R9 精密电阻分压→送入 U3 的 8 脚内部，进行逻辑运算后得出中管温度。

室内热交换器中管传感器开路或短路会引起开机报 F2，检测方法如下：

① 代换法：直接用一个 20kΩ 铜封传感器代换原机中管传感器，观察故障是否排除。如果是，证明原机传感器损坏，更换即可。如果否，进行下一步。

② 电阻法：断电状态，将中管温度传感器从主板插座 CN13 上拔下来，用电阻法在路检测 R9、R8 阻值与标称阻值是否一致。如果偏差较大，证明电阻异常，更换同型号阻值的电阻即可。如果阻值基本正常，进行下一步。

③ 电桥法：断电状态，用电桥的电容挡检测 C10、C11、C12 容量及损耗是否正常。如果不正常，更换同型号容量的电容器即可，如果正常，证明外部元件均正常，更换 U3 或主板即可。

（4）室内热交换器出管传感器

室内机热交换器出管传感器，又称为气管传感器，安装在热交换器底部。U3 的 7 脚及外围电路组成内机热交换器出管温度检测电路。

该电路主要作用是制冷时，检测内机热交换器出管温度，与入管温度相减计算出蒸发器出口过热度，使其接近的目标值为 5℃，如果差值较大，对电子膨胀阀的开度进行调整，使其接近目标值。

制热时，为了根据各室内机的不同负荷分配合适的制冷剂流量，通过室外机高压传感器检测到的压力换算成等效饱和温度与室内入管传感器检测到的温度，控制室内电子膨胀阀的开度，使室外机热交换器出口的过冷度接近目标值。检测原理如下：

5V 供电→插座 CN14 →出管传感器→ C7、C8 滤波→ R6 限流→ R7 精密电阻分压→ U3 的 7 脚内部进行逻辑运算后得出气管温度。

室内机热交换器出管传感器开路或短路会引起开机报 F3，检测方法如下：

① 代换法：直接用一个 20kΩ 铜封传感器代换原机气管传感器，观察故障是否排除。如果是，证明原机传感器损坏，更换即可。如果否，进行下一步。

② 电阻法：断电状态，将中管温度传感器从主板插座 CN14 上拔下来，用电阻法在路检测 R6、R7 的阻值与标称阻值是否一致。如果偏差较大，证明电阻异常，更换同型号阻值

的电阻即可。如果阻值基本正常，进行下一步。

③ 电桥法：断电状态，用电桥的电容挡检测 C17、C8、C9 容量及损耗是否正常。如果不正常，更换同型号容量的电容器即可，如果正常，证明外部元件均正常，更换 U3 或主板即可。

“最后我们做一个总结：当温度传感器开路或短路时，上电开机后会报故障代码，根据故障代码我们可以快速锁定故障范围。

“假如传感器阻值偏移（偏大或偏小），会引起各种特殊故障，譬如制冷（热）效果差等，所以我们建议对怀疑的传感器采用代换法或对比法进行检测，这是最为有效的方法。如果有条件用电脑监控软件或检测仪器，观察机器运行时传感器的阻值变化，也可以快速锁定故障部位，如图 2-44 所示。

内机地址	1	2	3	4	5	6
设定温度	30	30	30	30	30	30
EXV步数	0	0	0	0	0	0
入管温度	25	25	25	25	24	24
出管温度	24	25	25	25	25	24
环境温度	25	25.5	25.5	25.5	26	25

图 2-44 监控软件数据截图

“这节课我们就讲到这里，课后大家利用测试平台进行故障模拟演练，下课！”讲完，李师傅离开了培训室。

2.17 压力传感器电路

上午 8 点，李师傅来到培训室，打开笔记本电脑，大屏幕上显示：压力传感器电路模型，李师傅开始讲课。

2.17.1 压力传感器电路模型

“在空调系统中，为了实时监控高压和低压压力保证压缩机工作在最佳状态，专门设计了压力传感器电路，如图 2-45 所示。

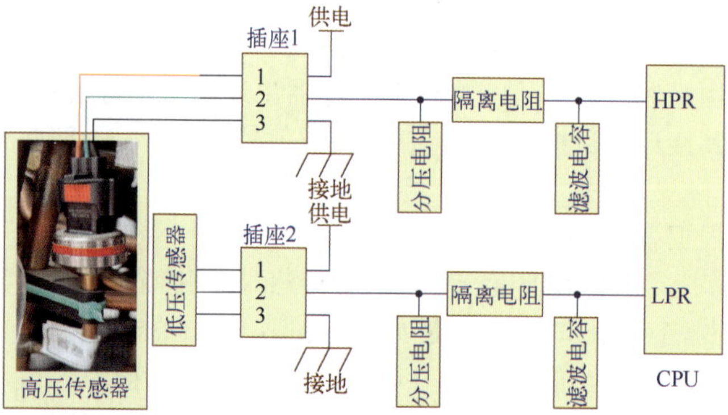

图 2-45 压力传感器电路模型

“在压力传感器电路中，一般黑色线为地线，白色或绿色线为电压输出，橙色线或红色线为电压输入，输入电压为 DC 5V ± 0.1V（厂家：森萨塔）或 DC 5V ± 0.25V（厂家：鹭宫），输出电压为 DC 0.5 ～ 4.5V。

“通过图 2-46 可知，高压传感器检测电路与低压传感器检测电路结构相同。我们以高压传感器检测电路为例进行介绍。

“5V 供电→经主板插座 1 的 1 脚→通过高压传感器引线→给高压传感器内部供电→接地端从插座 1 的 3 脚→通过高压传感器引线→使高压传感器内部接地→高压传感器有了供电后即可将系统压力转换成模拟电压信号→经插座 1 的 2 脚送出→下拉分压电阻→隔离电阻→滤波电容→送至 CPU 内部，经逻辑运算后计算出高压压力和对应饱和温度值，为系统控制提供参考依据。

“上电待机状态，CPU 检测到压力传感器开路或短路，则开机时显示压力传感器故障代码，机器不启动。

“在开机运行中，CPU 连续一段时间检测到系统压力值超出范围，机组停止运行，显示压力过高或过低故障代码，故障恢复后机组自动恢复运行。”李师傅指着大屏幕中的图 2-45 压力传感器电路模型讲解道。

“接下来我们结合一款格力多联机压力传感器电路原理图对其工作原理和检修技巧进行详细探讨。”说着，李师傅将大屏幕中的 PPT 切换至图 2-46。

2.17.2 压力传感器电路原理与检修技巧

“图 2-46 是我根据一款格力 4 代多联机外机主板绘制而成的，具有一定的代表性，我们对其工作原理和检修技巧进行详细介绍。”李师傅讲道。

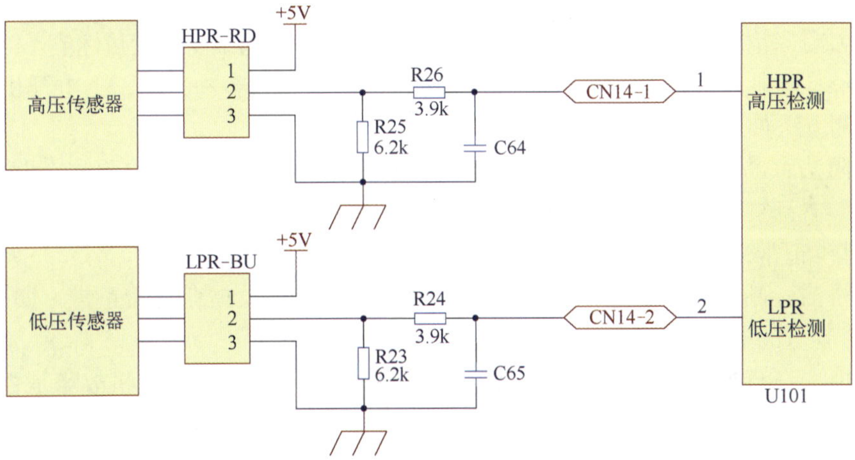

图 2-46 格力 4 代多联机压力传感器电路原理图

（1）高压传感器

高压传感器安装在压缩机的排气管上，通过膜片将系统压力信号传递给检测元件。当系统压力发生变化时，检测元件的阻值也发生变化。

U101 的 1 脚及外围电路组成高压压力检测电路。该电路的主要作用是监控压缩机的排气压力，控制压缩机的运行频率，使制冷剂在冷凝器中的饱和温度接近目标值。

在实际维修中，如果高压传感器开路或短路，那么比较容易判断，上电开机后会报代码 Fc，检测方法如下：

① 电阻法：断电状态，将高压传感器从主板插座上拔下来，用电阻法在路检测 R25、R26 阻值与标称阻值是否一致。如果偏差较大，证明电阻异常，更换同型号的电阻即可。如

果阻值基本正常，进行下一步。

② 电桥法：断电状态，用电桥的电容挡检测 C64 容量及损耗是否正常。如果不正常，更换同型号的电容器即可，如果正常，进行下一步。

③ 代换法：直接用一个同型号的高压传感器代换后检测上电开机故障是否排除。如果是，证明原机高压传感器损坏，更换即可。如果否，排除 CN14-1 插针接触不良问题和连接铜箔断路问题后，更换 U101 即可。

如果在实际维修中怀疑高压传感器内部元件出现性能故障，引起检测到的压力与实际压力偏差较大，进而引起压缩机低频运行效果差时，我们可以用如下方法进行检测：

① 对比法：将电脑监控软件显示的高压压力值与压力表实测的高压压力值进行对比，或在待机状态下观察电脑监控软件显示的系统高压压力与低压压力值是否一致即可判断。

② 电压法：根据格力高压传感器温度、压力、电压对照表查询的电压值与实测 HPR 的 2-3 脚电压值进行对比，如果一致，证明高压传感器正常；如果偏差较大（排除外围元件问题），证明高压传感器内部损坏，更换即可。

（2）低压传感器

低压传感器安装在压缩机的回气管上，通过膜片将系统压力信号传递给检测元件，当系统压力发生变化时，检测元件的阻值也发生变化。

U101 的 2 脚及外围电路组成高压压力检测电路。该电路的主要作用是监控压缩机的回气压力，控制压缩机的运行频率，使制冷剂在蒸发器中的饱和温度接近目标值。

在实际维修中，如果低压传感器开路或短路，那么比较容易判断，上电开机后会报代码 Fd，检测方法如下：

① 电阻法：断电状态，将低压传感器从主板插座上拔下来，用电阻法在路检测 R23、R24 的阻值与标称阻值是否一致。如果偏差较大，证明电阻异常，更换同型号的电阻即可。如果阻值基本正常，进行下一步。

② 电桥法：断电状态，用电桥的电容挡检测 C65 容量及损耗是否正常。如果不正常，更换同型号容量的电容器即可，如果正常进行下一步。

③ 代换法：直接用一个同型号的低压传感器代换后，检测上电开机故障是否排除。如果是，证明原机高压传感器损坏，更换即可。如果否，排除 CN14-2 插针接触不良问题和连接铜箔短线问题后，更换 U101 即可。

如果在实际维修中怀疑低压传感器内部元件出现性能故障，引起检测到的压力与实际压力偏差较大，进而引起压缩机低频运行效果差的情况时，我们可以用如下方法进行检测：

① 对比法：将电脑监控软件显示的低压压力值与压力表实测低压压力值进行对比，或在待机状态下观察电脑监控软件显示的系统高压压力值与低压压力值是否一致即可判断。

② 电压法：根据格力低压传感器温度、压力、电压对照表查询的电压值与实测 LPR 的 2-3 脚电压值进行对比，如果一致，证明低压传感器正常；如果偏差较大（排除外围元件问题），证明低压传感器内部损坏，更换即可。

“这节课我们就讲到这里，课后大家利用测试平台进行故障模拟演练一下，下课！”讲完，李师傅离开了培训室。

2.18 排水泵控制电路

课间休息 10 分钟后，李师傅来到培训室，打开笔记本电脑，大屏幕上显示：排水泵控制电路模型，李师傅开始讲课。

2.18.1 排水泵控制电路模型

“在空调器进行制冷运行时，室内机蒸发器翅片上会产生冷凝水，冷凝水聚集到接水盘上。常见的空调器室内机排水方式有两种。

“一种是下排水→在接水盘的一侧最低处引出一个排水口，通过外接排水管，利用重力，排水管向下倾斜一定角度出墙后加弯头垂直排出。

“一种是上排水→利用内置排水泵将接水盘中的水向上提升一定高度（通常 50cm 左右），然后用弯头下翻 50cm，接到排水管中，排水管向下倾斜一定角度出墙后加弯头垂直排出。

参考图 2-47 对其工作原理简述如下。

“当 CPU 收到用户发来的制冷运行指令后，通过内部程序设计达到排水泵启动条件时，CPU 控制排水泵控制引脚输出高电平，经反相驱动，继电器线圈产生 11V 压降，继电器触点吸合，火线 L 经继电器触点插座 1 的 3 脚送入排水泵线圈，经插座 1 的 1 脚与零线 N 形成电流回路，排水泵开始运行。

“当某种原因导致排水管堵塞时，排水泵无法及时将接水盘中的水排出→当水位达到一定高度时，浮子开关动作，将水满信号通过插座 2 的 1 脚、限流电阻、隔离元件传递给 CPU 的检测引脚，当 CPU 连续 5 分钟检测到水满保护信号时，控制机器停机并报相应的故障代码。”

李师傅指着大屏幕中的图 2-47 排水泵控制电路模型讲解。

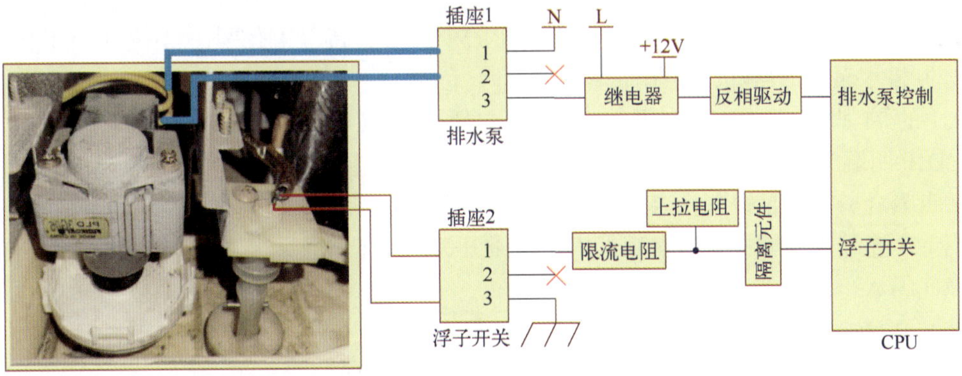

图 2-47 排水泵控制电路模型

“接下来我们结合一款大金 VRV 多联机内机排水泵控制电路原理图对其工作原理和检修技巧进行详细探讨。”说着，李师傅将大屏幕中的 PPT 切换至图 2-48。

2.18.2 排水泵控制电路原理与检修技巧

“图 2-48 是我根据一款大金 VRV 多联机内机主板绘制而成的，具有一定的代表性，我们对其工作原理和检修技巧进行详细介绍。”李师傅说道。

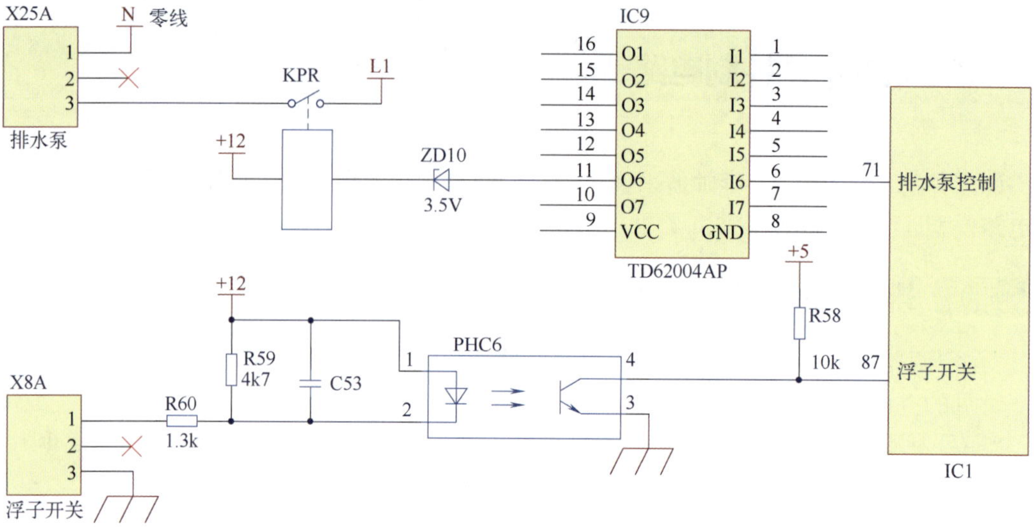

图 2-48 大金 VRV 多联机内机排水泵控制电路原理图

（1）控制原理

排水泵为可选部件，内机采用上排水提升泵时采用该电路，无提升泵时本电路屏蔽，将 X8A 短接即可。

在室内机接水盘没有水的情况下，浮子因重力的影响自然下落，开关处于导通状态。此时 12V 直流供电通过 PH6 的 1-2 脚→ R60 → X8A 的 1 脚→浮子开关→ X8A 的 3 脚→接地形成电流回路。PHC6 的 1-2 脚产生 1.1V 压降→内部发光管发光→ PH6 的 4-3 脚饱和导通→ IC1 的 87 脚收到低电平信号→排水泵处于正常逻辑控制状态。

当某种原因导致排水管堵塞时，排水泵无法及时将接水盘中的水排出。当水位达到一定高度时，浮子开关断开，PHC6 的 1-2 脚无法产生 1.1V 压降，内部发光管不发光，PH6 的 4-3 脚处于截止状态，IC1 的 87 脚收到电阻 R58 送来的高电平信号，无论任何工作状态，CPU 控制排水泵立即启动，控制原理如下：

IC1 的 71 脚输出 5V 高电平→送达反向驱动器 IC9 的 6 脚→ IC9 的 11 脚输出低电平→ ZD10 两端电压差大于 3.5V，直接导通→水泵控制继电器 KPR 的线圈上产生 11V 压降，内部触点吸合→排水泵得电投入工作。

当 IC1 连续 5 分钟检测到水满保护（浮子开关断开 5 分钟未复位）时，控制机器停机并报故障代码 A3。

（2）故障检修

当机器报排水水位控制系统故障 A3 时，可以从以下几方面排查。

① 浮子开关内部损坏。断电状态，将浮子开关插头从主板 X8A 上拔下来，用电阻法检测 1-3 脚为无穷大，打开内机水泵检修口观察接水盘中的水位没有达到浮子开关动作高度，证明浮子开关损坏，更换即可。

② 浮子开关检测电路异常。断电状态，将浮子开关插头从主板 X8A 上拔下来，用电阻法检测 1-3 脚阻值为 0Ω，完全导通，证明浮子开关正常，用电阻法检测 R59、R60、R58 排除故障元件后，用电桥法测试 C53 容量及损耗正常，上电状态用电压法检测 PHC6 的 1-2 脚为 1.1V 的压降，用电压法检测 IC1 的 87 脚有两种状态：如果为高电平，证明 PHC6 损坏，

更换即可；如果为低电平，证明 IC1 损坏，更换 IC1 或主板即可。

③ 排水管堵塞。上电开机状态，打开水泵检修口，观察接水盘的水位已经达到浮子开关动作高度，排水泵运转正常但水却无法排出，证明排水管堵塞，疏通排水管即可。

④ 排水泵控制系统异常。上电开机状态，打开水泵检修口，观察接水盘的水位已经达到浮子开关动作高度，发现排水泵不运转，证明排水泵或控制系统异常，排查步骤如下。

首先将排水泵插头 X25A 从内机主板上拔下来，用电压法检测 X25A 插座的 1-3 脚有无 220V 交流电压输出。如果有，证明排水泵损坏，更换即可。如果没有，进行下一步。

继续用电压法测量继电器 KPR 的线圈有无 11V 直流压降。如果有，证明继电器损坏，更换即可。如果没有进行下一步。

继续用电压法测量 ZD10 的两端有无 11V 直流压降。如果有，证明 ZD10 损坏，更换即可。如果没有进行下一步。

继续用电压法测量 IC9 的 6 脚有无 5V 高电平输入。如果有，证明 IC9 内部损坏，更换即可。如果没有进行下一步。

继续用电压法测量 IC1 的 71 脚有无 5V 高电平输出。如果有，证明 IC1 的 71 脚至 IC9 的 6 脚之间铜箔断线，修复即可。如果没有，证明 IC1 内部损坏，更换 IC1 或内机主板即可。

“这节课我们就讲到这里，课后大家利用测试平台进行故障模拟演练，下课！”讲完，李师傅离开了培训室。

2.19 水流开关检测电路

下午 2 点，李师傅来到培训室，打开笔记本电脑，大屏幕上显示：水流开关检测电路模型，李师傅开始讲课。

2.19.1 水流开关检测电路模型

“水流开关是水系统中央空调中非常重要的一个检测部件，一般安装在循环泵的出水侧管道上。常见的水流开关有两种：一种是靶式水流开关，主要由可移动的靶片、复位弹簧、微动开关、微调机构、壳体等部分组成，如图 2-49 所示；另一种是压差式水流开关，主要由压力感应部件（膜盒腔、弹簧）、微动开关、连接接口（进水口、出水口）、壳体等部分组成。

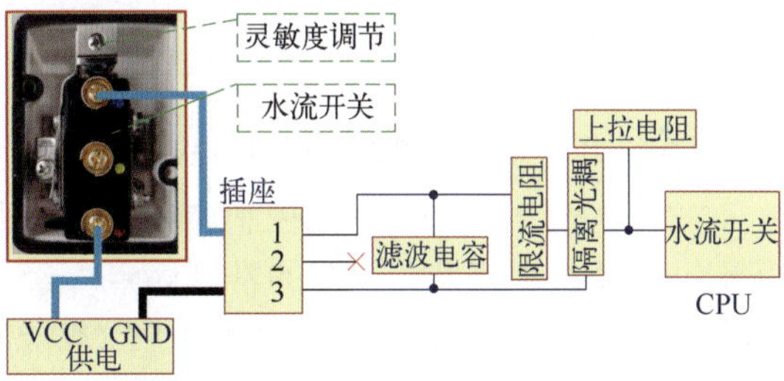

图 2-49 水流开关检测电路模型

“通过图 2-49 中的水流开关实物图我们可以看到它上边有三个接线端子：带红点的接线端子内部接水流开关的公共端；带黄色的接线端子内部接水流开关的常闭触点，循环泵停机时，与公共端导通，循环泵运行时，与公共端断开；带蓝色的接线端子内部接水流开关的常开触点，循环泵停机时，与公共端断开，循环泵运行时，与公共端接通。

“在机器停机时，CPU 不检测水流开关状态。

“当用户开机后→ CPU 先控制循环水泵启动→水流开关动作常开触点接通→ VCC 低压直流供电经过水流开关的常开触点→经插座的 1 脚→滤波电容→限流电阻→送至隔离光耦的 1 脚（隔离光耦的 2 脚通过插座的 3 脚接地）→隔离光耦的 1-2 脚产生 1.1V 压降，内部发光管发光→隔离光耦的 3-4 脚导通接地→ CPU 接收到低电平水流信号→控制压缩机投入工作。

“如果开机后 CPU 收不到水流开关传来的低电平信号，控制整机停机并报水流开关故障。”

李师傅指着大屏幕中的图 2-49 水流开关检测电路模型讲解道。

“接下来我们结合一款格力水冷模块机水流开关电路原理图对其工作原理和检修技巧进行详细探讨。”说着，李师傅将大屏幕中的 PPT 切换至图 2-50。

2.19.2 水流开关检测电路原理与检修技巧

“图 2-50 是我根据一款格力水冷模块机水流开关电路绘制而成的，具有一定的代表性，请大家根据刚才所讲水流开关检测电路模型中的原理，用对号入座的方式分析一下这个电路的工作原理，稍后我进行提问。”

10 分钟后，李师傅开始提问。

（1）控制原理

“小张，你来给大家讲解一下这台格力水冷模块机水流开关检测电路的工作原理。”李师傅说道。

小张起身走上讲台，手指大屏幕中的图 2-50 开始讲解。

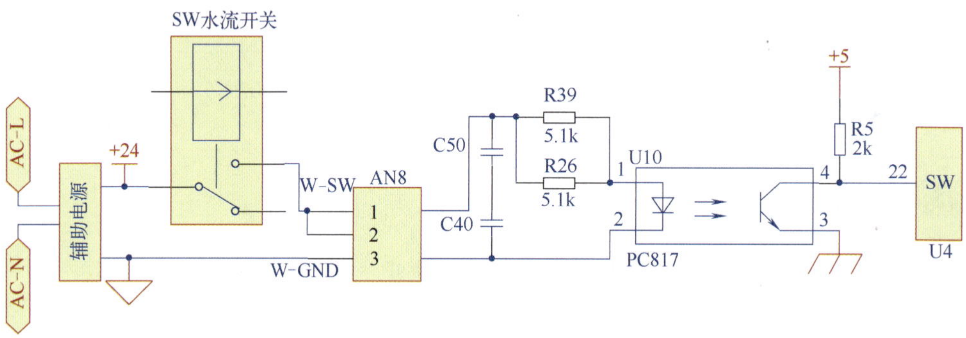

图 2-50　格力水冷模块机水流开关检测电路原理图

“在机器停机时，U4 不检测 SW 水流开关状态。

“当用户开机后→ U4 先控制循环水泵启动→ SW 水流开关动作，常开触点接通→ +24V 直流供电经过水流开关 SW 的常开触点→经 AN8 的 1 脚→滤波电容 C50、C40 →限流电阻 R39、R26 →送至隔离光耦 U10 的 1 脚（隔离光耦的 2 脚通过 AN8 的 3 脚接地）→隔离光耦 U10 的 1-2 脚产生 1.1V 压降，内部发光管发光→隔离光耦 U10 的 3-4 脚导通接地→ U4 接收到 0.3V 低电平水流信号→控制压缩机投入工作。

“如果开机后 U4 收不到水流开关 SW 传来的 0.3V 低电平信号，就控制整机停机并报水流开关故障。”

“小张讲得很好，请回到你的座位上。”李师傅赞赏道。

“接下来我们一起探讨一下机器报水流开关故障的检修方法。”李师傅继续讲课。

（2）故障检修

机器报水流开关故障时（如图 2-51 所示），可以从以下几方面排查。

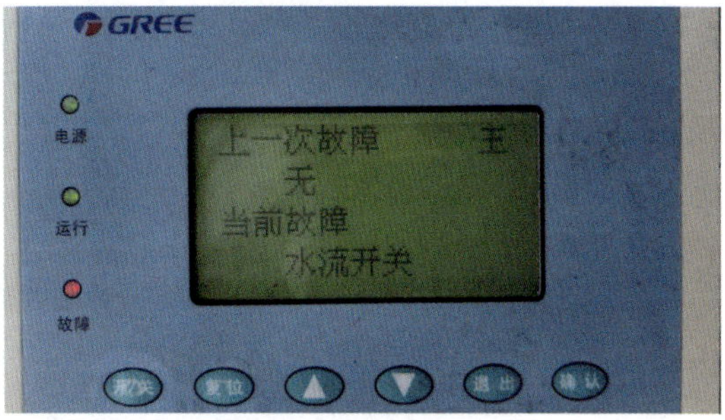

图 2-51　水流开关故障

① 系统缺水或有空气未排出。这种情况多出现于机器新安装后未进行调试或放置一段时间后再次补水时。排除方法如下：

a. 循环水泵开启状态，观察系统压力是否达到 0.3MPa。如果没有，证明系统缺水，将系统水压补至 0.3MPa 即可。

b. 循环水泵开启状态，观察系统压力表指针是否严重抖动。如果是，证明系统存在空气，进行排气即可。

② 循环水泵不运转。如果开机后观察到循环水泵不运转，排除方法如下：

a. 断电状态用万用表和兆欧表检测循环水泵的三相绕组阻值是否一致，绕组对外壳是否漏电，轴承是否卡死。如果发现异常，更换循环水泵即可。

b. 如果循环水泵正常，上电开机状态检测供电及控制电路，找到坏件排除即可。

③ 水流开关损坏。在确认循环水泵、水压、空气排放均无异常的情况下，用干预法将水流开关引线临时短接，上电开机故障排除，证明水流开关损坏，更换同型号的水流开关即可。

在更换新的水流开关后或在新装机器运行前，我们需要对水流开关进行调试，步骤如下：

a. 机组运行前，将需要开启的阀门打开到全开状态，水流开关的流量调节螺钉调到最大，待机组稳定后，记录机组的进出水温度差。

b. 关小循环水泵的出水口阀门开度，待水温变化值调为前述温度差的 1/3，假设机组稳定后，进出水温度差为 6℃，则调整阀门开度后，进出水温度差为 8℃。

c. 将水流开关流量调节螺钉朝流量小的方向调节，直到水流开关动作报警保护，立即将螺钉固定，此为水流开关较合适的动作点，至此水流开关的调试完毕。

④ 水流开关检测电路异常。在确认循环水泵、水压、空气排放均无异常的情况下，用干预法将水流开关引线临时短接，上电开机故障依旧，证明水流开关检测电路异常。排查方法如下：

a. 断电状态将水流开关短接，上电待机状态用电压法检测 AN8 的 1-3 脚有无 24V 直流供电。如果没有，证明辅助电源坏，更换辅助电源。如果有，进行下一步。

b. 继续用电压法检测 U10 的 1-2 脚有无 1.1V 压降。如果没有，证明前级 R39、R26 或连接铜箔断路，断电后用电阻法查明原因，修复即可。如果有，进行下一步。

c. 上电待机水流开关短接状态，继续用电压法检测 U4 的 22 脚是否为 0.3V 低电平。如果没有，证明 U10 损坏，更换即可。如果有，证明 U4 内部损坏，更换 U4 或主板即可。

“这节课我们就讲到这里，课后大家利用测试平台进行故障模拟演练，下课！”讲完，李师傅离开了培训室。

2.20　程序烧写电路

课间休息 10 分钟后，李师傅来到培训室，打开笔记本电脑，开始讲课。

“在实践维修当中，我们会常常遇到由于外部电路损坏而引起 CPU 相关引脚电路内部损坏的情况。遇到这种情况，我们就只能更换 CPU 或主板进行维修了。在更换 CPU 时一定要注意按如下步骤进行，否则可能无功而返。

“首先我们一定要查看有无需要代换的 CPU 备份程序。如果有，那么可以买一块同型号的空白 CPU 进行程序烧写后代换即可。如果没有相关的备份程序，那么我们可以尝试在线或脱机（将坏 CPU 从主板上拆下来）用编程器和专用座进行数据备份。如果数据备份成功，我们再去购买空白 CPU 进行烧写安装，如果备份失败，就只能更换主板了。

“接下来给大家介绍一下在线和脱机烧写 CPU 程序的常用工具，如图 2-52 所示”。

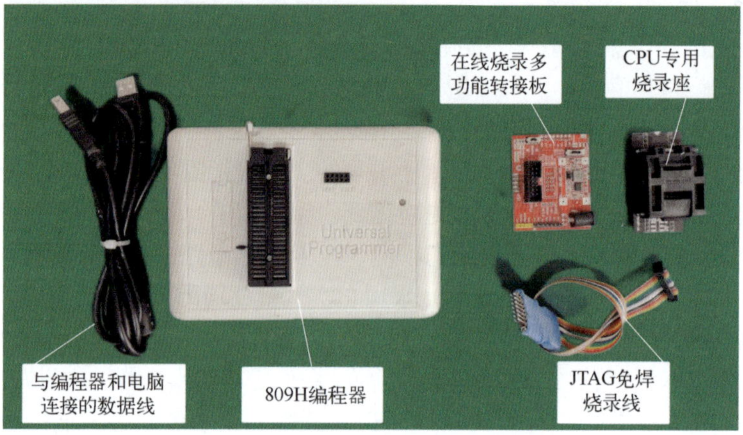

图 2-52　程序烧写工具

2.20.1 程序烧写工具

“在变频空调主板 CPU 的程序烧写时，常用的工具有 809H 编程器、数据线、多功能转接板、专用烧录座、JTAG 免焊烧录线等。

“上述工具配合 809H 原厂驱动程序可以实现 TMS28035 的 80 脚 CPU、IRMCK311（341）64 脚 CPU 的脱机和在线烧写。如果需要读写 V850、RX24T 等瑞萨 CPU 程序，也可以使用这些硬件工具与瑞萨原厂编程软件（Renesas_Flash_Programmer）配合使用。

“接下来我们就用这些工具给大家分别演示一下 CPU 程序的脱机与在线备份和烧写过程及注意事项。”说完，李师傅带领大家来到维修操作台，开始进行演示。

2.20.2 程序烧写演示

（1）脱机程序备份与烧写

“首先我给大家演示一下脱机状态下对 CPU 程序的备份和烧写过程及注意事项。我们从大家首次买回设备开始演示。”李师傅说道。

① 清点设备清单。当我们首次买回设备后打开包装，清点一下设备是否齐全、是否损坏。如果有问题，第一时间拍照发给商家协商处理。如果检查后设备没有问题，我们就可以进行下一步了。

② 安装驱动程序。从爱修网下载好驱动程序后，在电脑上直接安装，安装成功后用数

据线连接到编程器上，连接成功后出现如图 2-53 所示界面。

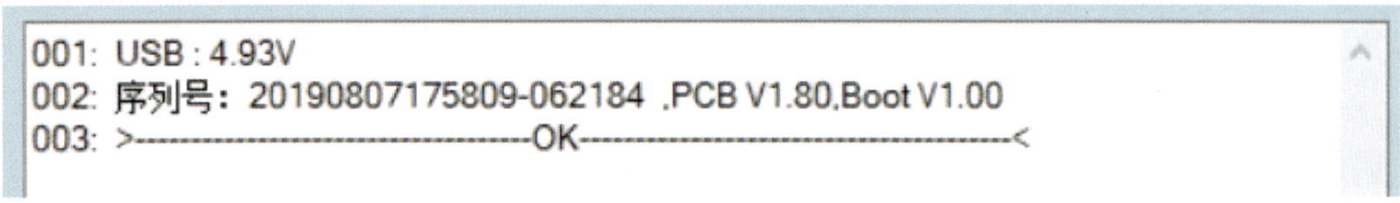

图 2-53　安装软件连接编程器

安装好驱动程序后，在编程器上装上专用烧录座，就可以对拆下来的 CPU 中的程序进行数据备份和新 CPU 烧写。

③ 拆机 CPU 程序备份与烧写。我们以 TMS28035 的 80 脚 CPU 程序备份为例进行介绍：

a. 将 CPU 放入专用烧写座并插入编程器，如图 2-54 所示。放置芯片时一定要注意将芯片的 1 脚与烧录座的 1 脚对应，否则无法读取程序。

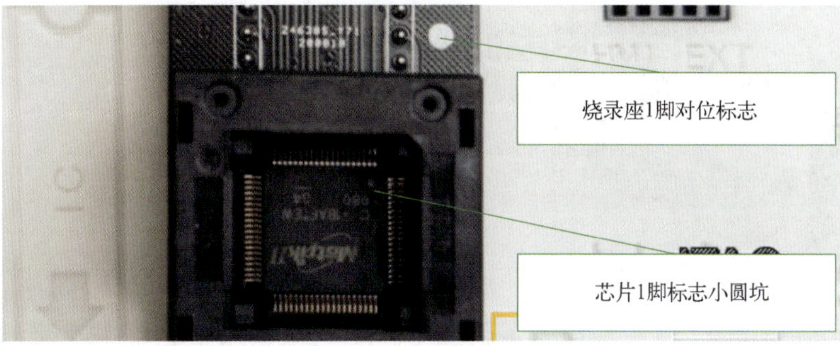

图 2-54　放置芯片

b. 大多数 CPU 在编程时为了防止读取，增加了密码保护，如图 2-55 所示，读取失败，需要输入密码后才能读取。如果有密码，输入密码即可，如果没有密码，就只能放弃了。

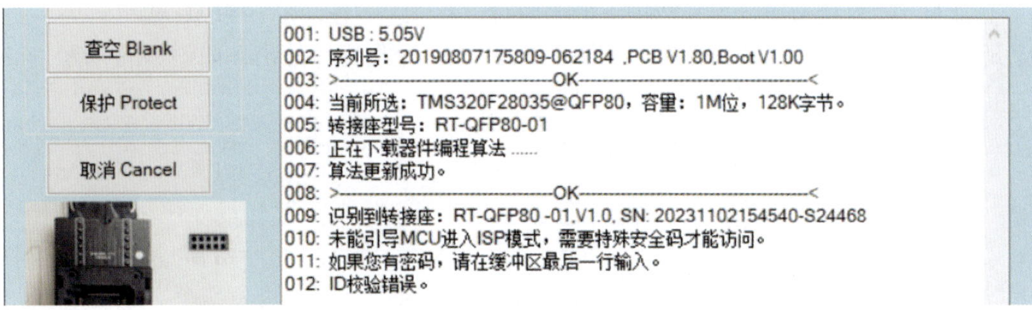

图 2-55　读取失败

c. 对于没有加密或简单加密的芯片，809H 编程器可以直接读取内部程序，并将其保存到电脑中，保存格式可选 BIN、HEX 等，如图 2-56 所示。

d. 将新购空白 CPU 放入编程器专用烧写座中，打开保存好的备份程序，点击写入，稍等片刻写入完成，并进行校验，如图 2-57 所示，即可焊接使用。

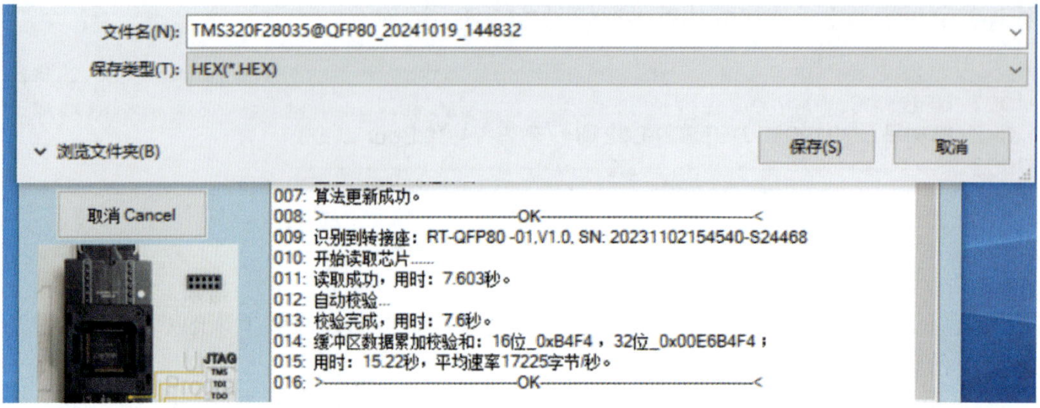

图 2-56　读取成功

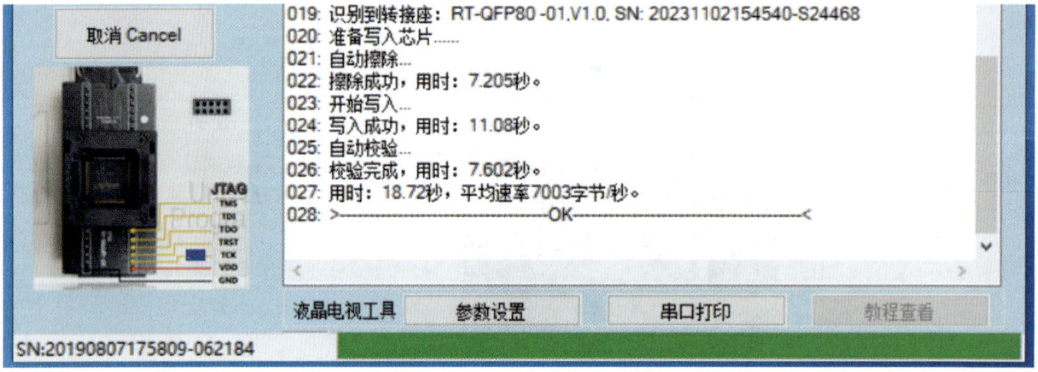

图 2-57　写入成功

（2）在线程序备份与烧写

在实际维修中，有时候我们需要备份一个 CPU 的程序，便于后期维修时使用。如果采用脱机法太麻烦了，我们经常用到在线读写的方法。

① 通过 JTAG 接口进行芯片数据备份或烧写。有很多主板都带有 JTAG 接口，为了便于大家理解，我们根据一款格力变频方板将其 JTAG 程序烧写电路绘出，如图 2-58 所示。

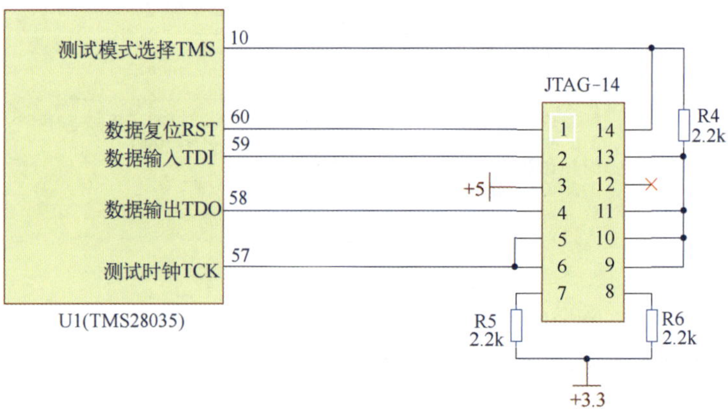

图 2-58　JTAG 程序烧写电路

如果用 809H 进行在路读取或烧写 U1 这种芯片，方法如下：

a. 电脑连接好编程器，将专用烧录座插到编程器上（烧录座内无须放置芯片）；

b. 将在线烧录多功能转接板插到编程器上，用一根 14 针的 JTAG 专用烧录线连接到转接板和变频板，如图 2-59 所示。

图 2-59　程序在线读取

注意，由于变频板采用热地，如果连接编程器时直接给变频板供 220V 交流电，会引起编程器和电脑的烧毁。多功能转接小板需要单独的 5V 供电，通过 JTAG 给变频板供电，当正确连接时主板指示灯常亮。

如果编程器显示供电电压低于 4.95V，建议采用 9 ～ 12V 外置适配器进行供电，否则有可能显示读取或写入失败。

② 通过跳线进行芯片数据备份或烧写。如果主板上没有 JTAG 接口，可以根据芯片型号查出芯片的程序烧写引脚，找到 TMS、RST、TDI、TDO、TCK 引脚，用跳线的方式与编程器小板上的 JTAG 对应引脚连接即可。

“这节课我们就讲到这里，下课！”讲完，李师傅离开了培训室。

2.21　相序检测电路

上午 8 点，李师傅来到培训室，打开笔记本电脑，大屏幕上显示：相序检测电路，李师傅开始讲课。

在三相 380V 交流供电的商用空调中，为了避免缺相、逆相等问题造成电路或压缩机的损坏，专门设计了相序检测电路。

常见的相序检测电路有三种：轨道安装式相序保护器、平面安装式相序保护器、主板一体式相序检测电路。

2.21.1 轨道安装式相序保护器

图 2-60 轨道安装式相序保护器是从一台格力 4 代多联机外机电控箱拍摄的，对其工作原理简述如下。

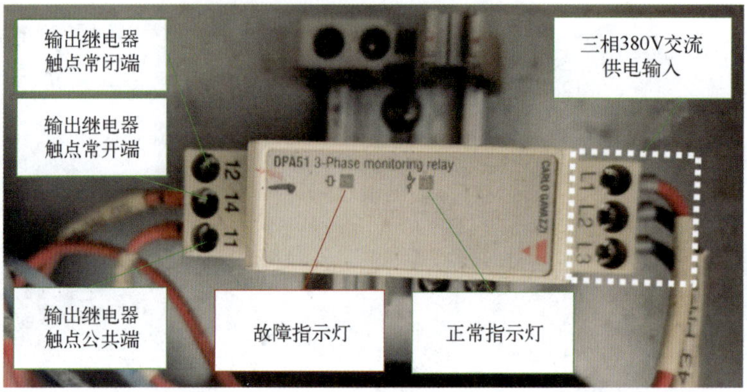

图 2-60　轨道安装式相序保护器

L1（红线）、L2（黑线）、L3（蓝线）为三相 380V 交流供电输入，直接接到接线柱上。

当三相 380V 交流供电输入电压及相序正常时→正常指示灯（黄灯）点亮→内部输出继电器吸合继电器输出端子 11-14 导通→受控负载可以正常工作。

当三相 380V 交流供电输入电压异常缺相或相序异常时→故障指示灯（绿灯）点亮→内部输出继电器不吸合继电器输出端子 11-14 截止→受控负载无法正常工作。

如果在实际维修中排除三相供电及相序问题后，相序保护器内部输出继电器仍然无法正常工作，证明相序保护器内部损坏，更换即可。

2.21.2 平面安装式相序保护器

图 2-61 平面安装式相序保护器在一些商用空调和机房空调中常见，对其工作原理简述如下。

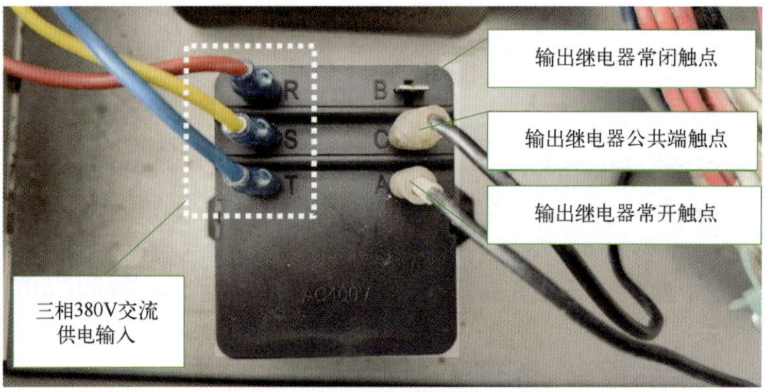

图 2-61　平面安装式相序保护器

L1（红线）、L2（黄线）、L3（蓝线）为三相 380V 交流供电输入，直接接到接线柱上。

当三相 380V 交流供电输入电压及相序正常时→相序保护器内部输出继电器吸合继电器

输出端子 C-A 导通→受控负载可以正常工作。

当三相 380V 交流供电输入电压异常缺相或相序异常时→内部输出继电器不吸合继电器输出端子 C-A 截止→受控负载无法正常工作。

如果在实际维修中排除三相供电及相序问题后，相序保护器内部输出继电器仍然无法正常工作→证明相序保护器内部损坏，更换即可。

2.21.3 主板一体式相序检测电路

“在新型商用空调器中，将相序检测电路与外机主板设计在一起，我们称之为主板一体式相序检测电路，如图 2-62 所示。

图 2-62 主板一体式相序检测电路

“图 2-62 是一台格力商用定频天花机外机主板，为了便于该电路的原理分析，我将其相序检测电路原理图绘出，如图 2-63 所示。

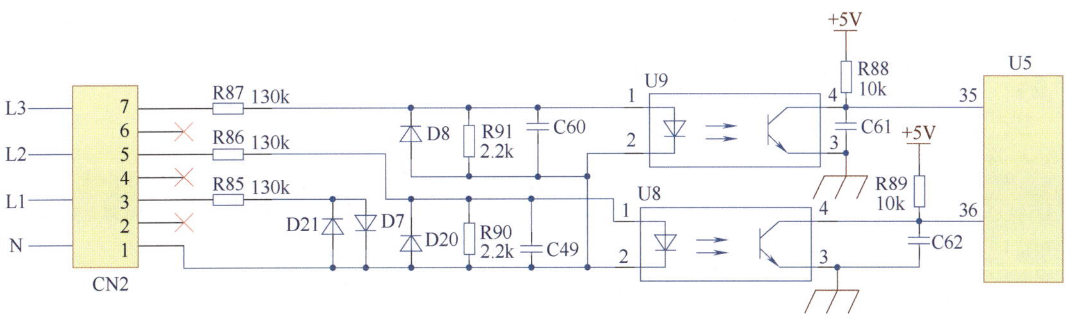

图 2-63 格力定频天花机相序检测电路原理图

“该电路利用三相四线交流电产生原理，经功率电阻 R85、R86、R87 降压后驱动光耦 U8、U9 的 1-2 脚导通→3-4 脚产生相同频率的异步脉冲送到 U5 的 35、36 脚→经内部处理后，判断三相交流供电是否正常。如果正常，可以正常开机启动压缩机。如果检测不正常，整机不开机报相序异常故障代码 DJ。

“当机器出现故障代码 DJ 时，可以用如下方法检修。”李师傅讲解道。

① 首先用电压法检测三相四线交流供电是否正常（L1-N、L2-N、L3-N 之间都是 220V AC，L1-L2、L1-L3、L2-L3 之间都是 380V AC 为正常）。如果不正常，查明原因修复即可。如果正常进行下一步。

② 断电后，将外机接线端子 L1、L2、L3 三根相线中的任意两根进行位置交换，然后上电开机，看故障是否排除。如果排除，证明是供电相序问题引起的。如果故障依旧，证明故障为主板相序检测电路引起，断电后将相序恢复原位进行下一步。

③ 断电状态，将三相四线供电插头从 CN2 上拔下，用电阻法检测 R85、R86、R87、R88、R89、R90、R91 阻值是否变大或开路。如果是，更换即可；如果否，进行下一步。

④ 断电状态，将三相四线供电插头从 CN2 上拔下，用打阻法检测 D7、D8、D20、D21 正向压降是否正常（正常时应为 0.5 ～ 0.6V 之间）。如果偏差较大，证明二极管损坏，更换即可。如果基本正常，进行下一步。

⑤ 断电状态，将三相四线供电插头从 CN2 上拔下，用电桥电容挡测试 C60、C49、C61、C62 的损耗（D 值小于 0.2）是否正常。如果不正常更换即可。如果正常进行下一步。

⑥ 断电状态，将三相四线供电插头从 CN2 上拔下，用干预法给 U9、U8 的 1-2 脚（1 接正、2 接负）分别供上 1.1V 直流电压，同时用数字万用表二极管挡测试 4-3 脚（红表笔接 4、黑表笔接 3）压降是否正常（正常时应为 0.1V 左右），如果测试结果不导通或压降偏大，证明该光耦内部损坏，更换即可。如果测试均正常，证明 U5 内部损坏，更换 U5 或主板即可。

“这节课我们就讲到这里，下课！”讲完，李师傅离开了培训室。

2.22 过零检测电路

课间休息 10 分钟后，李师傅来到培训室，打开笔记本电脑，大屏幕上显示：过零检测电路，李师傅开始讲课。

过零检测电路是一种检测交流电正弦波信号过零点的电子电路，如图 2-64 所示，大多用于带光耦晶闸管的 PG 电机驱动电路，为 CPU 控制电机转速提供参考依据。

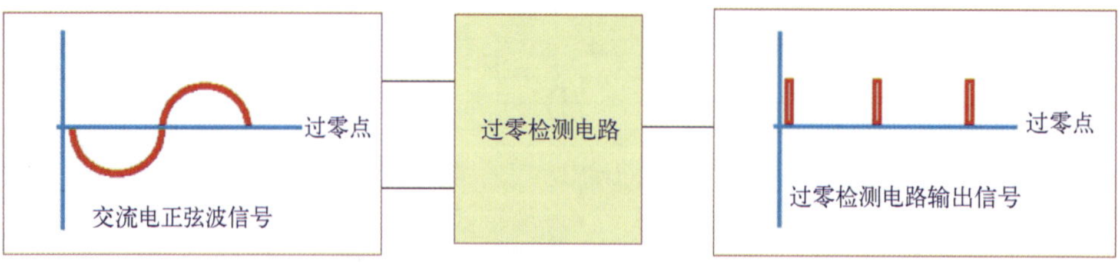

图 2-64 过零检测电路输入与输出波形

在变频空调中常见的过零检测电路有三种：工频变压器降压式、电阻降压耦合式、脉动直流降压耦合式，接下来我们结合相关电路原理图进行原理和检修技巧的介绍。

2.22.1 工频变压器降压式过零检测电路

图 2-65 是根据一款格力凉之静内机主板绘制而成的，为了便于与其他过零检测电路区分，根据该电路特点将其定义为工频变压器降压式过零检测电路，接下来我们就对其工作原理和常见故障检修方法进行探讨。

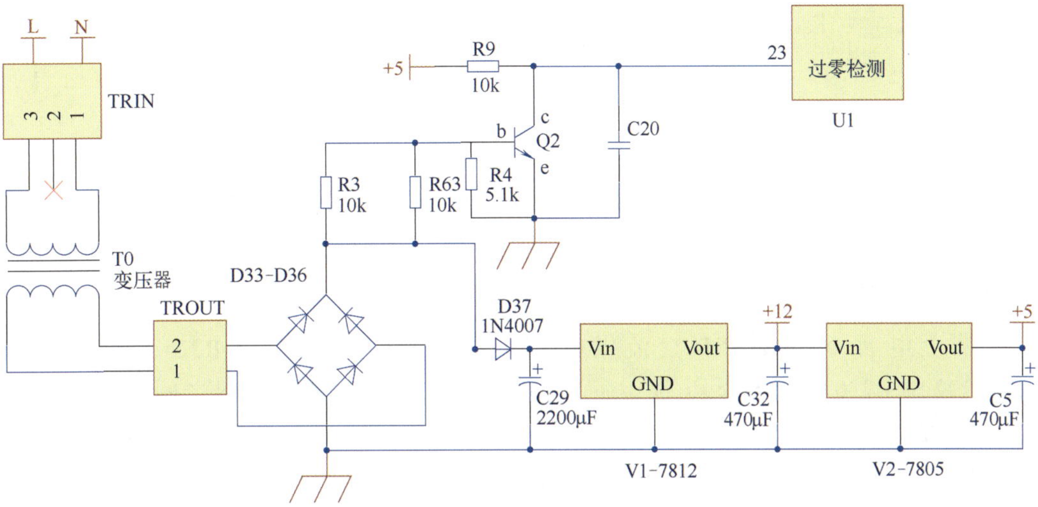

图 2-65　工频变压器降压式过零检测电路

（1）工作原理

机器上电后→220V 50Hz 交流供电（L、N）经变压器 T0 的初级线圈插头 TRIN 的 1、3 脚送入→经工频变压器隔离降压后，次级线圈经插头 TROUT 的 1、2 脚输出 12V 左右的 50Hz 交流电→经由 D33、D34、D35、D36 组成的桥式整流电路整流后，输出 16V 左右的 100Hz 脉动直流电→分成两路输出。

一路经隔离二极管 D37→滤波电容 C29 滤波→ V1-7812 稳压后输出 +12V 直流供电，供给继电器、摆风电机等负载使用。+12V 直流供电→经 V2-7805 稳压后输出 +5V 直流供电，供给 U1 等负载使用。

另一路经 R3、R63 与 R4 分压后送入 Q2 的 b 极，经 Q2 倒相后由其 c 极输出 100Hz 过零检测脉冲信号，送至 U1 的 23 脚，为 U1 控制 PG 电机运转提供参考依据。

（2）故障检修

过零检测电路异常会引起内风机不运转，有的机器会报故障代码 U8。

在实际维修中常见为 D33、D34、D35、D36、D37 五个二极管中的一个或多个性能变差引起，用示波器测量（D37 的正极）100Hz 脉动直流波形和过零检测输出波形（Q2 的 c 极）即可直观判断。

如果没有示波器，也可用代换法（代换五个二极管）、电阻法（测试该电路所有电阻）、打阻法（测试 Q2）、电桥法（测试电容 C20）找到坏件，修复即可。

2.22.2 电阻降压耦合式过零检测电路

图 2-66 也是根据一款格力凉之静外机主板绘制而成的。为了便于与其他过零检测电路区分，根据该电路特点将其定义为电阻降压耦合式过零检测电路，接下来我们就对其工作原理和常见故障检修方法进行探讨。

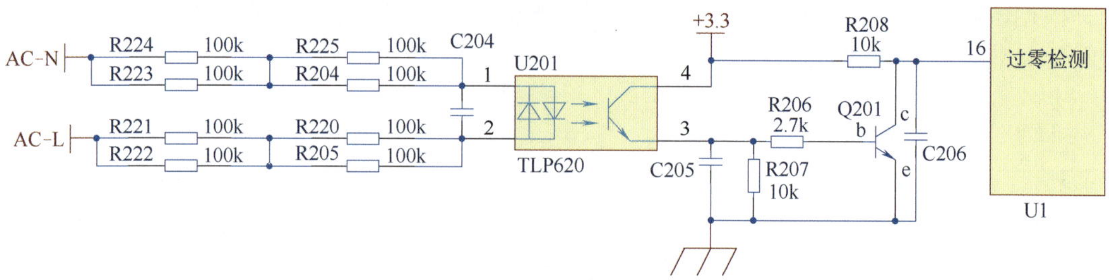

图 2-66 电阻降压耦合式过零检测电路

（1）工作原理

机器上电后→220V 50Hz 交流供电（L、N）→经电阻 R223、R224、R225、R204、R221、R222、R220、R205 降压后，在双向驱动光耦 U201 的 1-2 脚之间产生 1.16V 交流电压→驱动 U201 的 1-2 脚内部发光二极管以 100Hz 的频率发光→ U201 的 4-3 脚也以 100Hz 频率进行开关工作→ +3.3V 供电经 U210 的 4-3 脚→再经 C205 滤波→经 R206 限流后→加至 Q201 的 b 极→ Q201 以 100Hz 的频率进行开关工作，当过零点到达时 Q201 截止→ Q201 的 c 极输出高电平脉冲→送至 U1 的 16 脚，为 U1 控制 PFC 提供参考依据。

（2）故障检修

当该电路出现故障后引起 PFC 不工作，压缩机高频运行时报 PFC 过流保护。该电路是本机的特有电路，在检修时一定要注意，对于新款机器 PFC 驱动程序进行了升级，大多取消了过零检测电路。

在实践维修中，对于该电路的检测判断建议采用掌上示波器检测 Q210 的 c 极的波形即可判断。如果没有示波器也可以采用如下方法进行。

① 断电状态→用电阻法检测该电路所有电阻的阻值是否变大。如果是，更换即可，否则进行下一步。

② 断电状态→用电桥法检测 C204、C205、C206 损耗是否正常（正常小于 0.2）。如果不正常，更换即可。如果正常，进行下一步。

③ 断电状态→在 U201 的 1-2 脚（1 接正极 2 接负极）直接加上 1.1V 直流电压→用万用表二极管挡（红接 4 黑接 3）测试 U201 的 4-3 脚压降是否正常（正常为 0.1V 左右），如果正常→将 U201 的 1-2 脚供电表笔反转（1 接负极 2 接正极），继续用万用表二极管挡（红接 4 黑接 3）测试 U201 的 4-3 脚压降是否正常（正常为 0.1V 左右），如果否，证明 U201 内部损坏更换即可。如果正常进行下一步。

④ 断电状态→用干预法将 U201 的 1-2 脚用导线短接→上电→用电压法检测 Q201

的 c 极对地电压是否为 3.3V 高电平，如果实测为 0.3V 低电平，证明 Q201 或 U1 内部损坏，更换 Q201 后，如果仍然是低电平，则需更换 U1。如果实测是高电平，则进行下一步。

⑤ 断电状态→将 U201 的 1-2 脚短路线移动至 3-4 脚上电→用电压法检测 Q201 的 c 极对地电压是否为 0.3V 低电平。如果否，证明 Q201 损坏，更换即可。如果是则故障排除。

2.22.3 脉动直流降压耦合式过零检测电路

图 2-67 是根据一款格力谦者内机主板绘制而成的。为了便于与其他过零检测电路区分，根据该电路特点将其定义为脉动直流降压耦合式过零检测电路，接下来我们就对其工作原理和检修方法进行探讨。

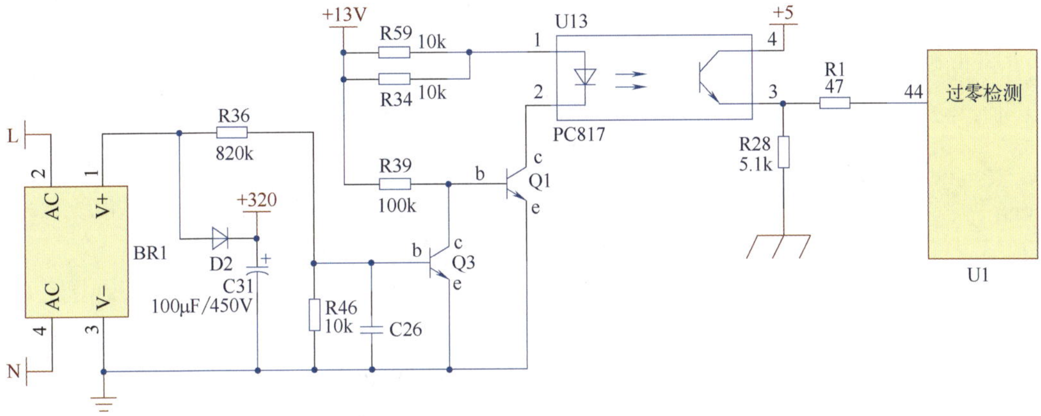

图 2-67　脉动直流降压耦合式过零检测电路

（1）工作原理

机器上电后→ 220V 50Hz 交流供电（L、N）→经整流模块 BR1 内部全波整流后输出 300V 左右的 100Hz 脉动直流电，分成两路：一路经隔离二极管 D2 → C31 滤波产生 +320V 直流电压，为开关电源电路供电；另一路经电阻 R36 降压、R46 分压、C26 滤波后，加至 Q3 的 b 极，Q3 以 100Hz 的频率进行开关工作，每当 100Hz 脉动信号的零点电压到达时 Q3 就截止→当 Q3 截止时 Q1 导通→ U13 的 1-2 脚产生 1.1V 压降而导通→ U13 的 4-3 脚导通→ +5 供电经 U13 的 4-3 脚→ R1 →将 100Hz 过零信号送至 U1 的 44 脚，为 U1 控制 PG 电机运转提供参考依据。

（2）故障检修

在实际维修中，当该电路出现故障后会引起内电机不启动，报故障代码 H6。对于该电路，建议采用掌上示波器检测 U1 的 44 脚波形即可判断。如果没有示波器，也可以用电阻法、电压法、代换法、干预法、电桥法等，将该电路所有元件全部排查一遍，找到坏件修复即可。

“这节课我们就讲到这里，下课！”讲完，李师傅离开了培训室。

2.23 数码管驱动电路

下午2点，李师傅来到培训室，打开笔记本电脑，大屏幕显示：数码管驱动电路模型，李师傅开始讲课。

2.23.1 数码管驱动电路模型

在变频空调中，常见的数码管主要用于内机温度显示和外机主板故障及调试设定显示。数码管按驱动方式的不同可分为静态驱动和动态驱动两种。

（1）静态驱动

数码管的每一个码段都由CPU对应的一个引脚进行驱动，这种电路驱动方式我们称为静态驱动。静态驱动的优点是编程简单、显示亮度稳定，缺点是CPU占用引脚多，譬如空调内机显示板采用两个数码管，如果用静态驱动就需要占用7×2=14个引脚，CPU采购成本增高且更不便于布线，所以在电路实际应用中不被采用。

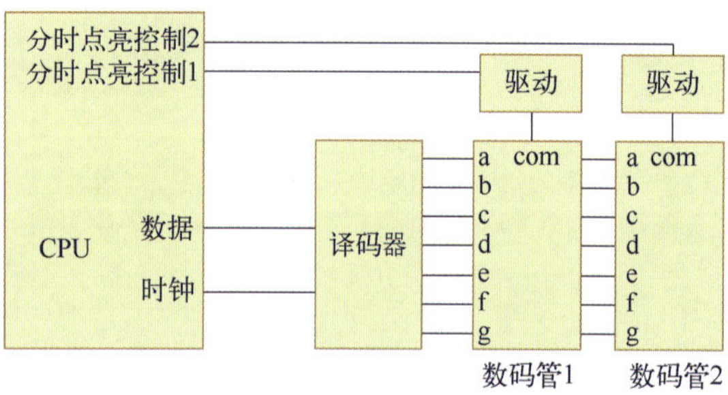

图2-68 数码管驱动电路模型

如果采用动态驱动，只需要占用CPU的4个引脚就可以实现，如图2-68所示。

（2）动态驱动

CPU通过数据线将需要显示的字符码送入译码器按顺序排好队，通过时钟控制一并发出，两个数码管的同名端都连接在一起，CPU通过分时点亮控制两个数码管交替高速点亮，受到人眼视觉暂留和发光管的余晖效应的影响，所以我们没有闪烁感，这种电路驱动方式我们称为动态驱动。

“动态驱动既实现了数码管显示目的，又仅占用了很少的CPU引脚端口，所以在电路设计中得到广泛应用。”李师傅指着大屏幕讲解道。

“接下来我们以一款美的内机数码管驱动电路为例，对其工作原理和检修技巧进行探讨！”说着，李师傅将PPT切换至图2-69。

2.23.2 数码管驱动电路原理与检修技巧

（1）工作原理

“图2-69是我根据一款美的内机主板和显示板绘制而成的，接下来我们就结合这张图片以数码管显示30℃为例详细探讨其动态驱动工作原理。

“为了实现显示30℃的目的，IC9需要将a、b、c、d、g显示3和a、b、c、d、e、f显示0这两组数据交替输出，经电阻R205送入译码器IC201的1、2脚，在内部排好队对号入座，在时钟控制下一并发出。

“当IC9发送a、b、c、d、g显示3这组数据时，27脚输出低电平（26脚高电平）→Q204

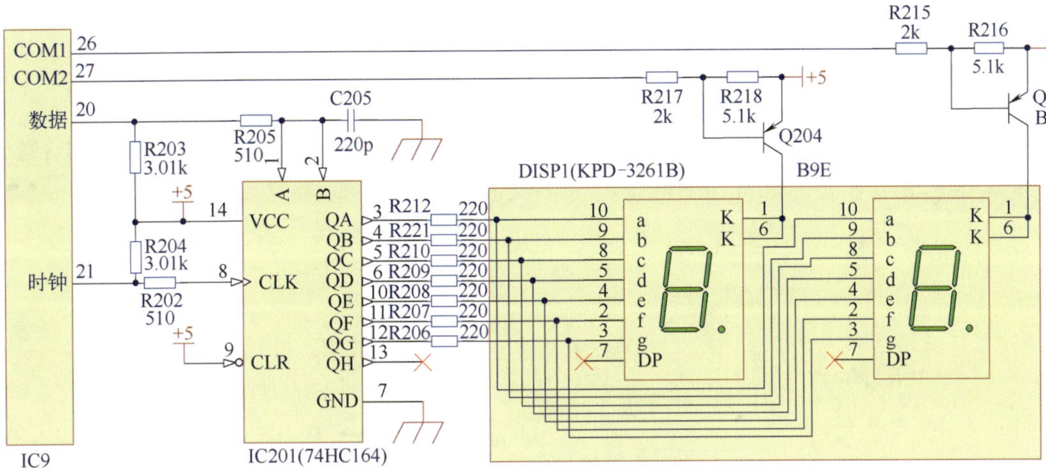

图 2-69 数码管驱动电路原理图

饱和导通→+5 供电经 Q204 的发射极 - 集电极给左边数码管的 1、6 脚供电→3 点亮，此时右边数码管的 1、6 脚由于没有供电不点亮。

“当 IC9 发送 a、b、c、d、e、f 显示 0 这组数据时，26 脚输出低电平（27 脚高电平）→ Q203 饱和导通→+5 供电经 Q203 的发射极 - 集电极给右边数码管的 1、6 脚供电→0 点亮，此时左边数码管的 1、6 脚由于没有供电不点亮，这样便实现了分时点亮动态驱动的目的。”李师傅解释道。

（2）故障检修

在实际维修中，当数码管驱动电路出现问题后，会引发如下故障。

① 一个数码管显示正常，一个不亮。引起该现象的原因有以下两种：

a. 不亮的数码管分时点亮控制电路异常。用电阻法检测该电路的两个电阻、用打阻法检测该电路控制三极管，找到坏件更换即可。

b. 不亮的数码管内部损坏，更换数码管即可。

② 两个数码管显示都缺画。如果两个数码管都能点亮，上电瞬间观察两个数码管同一部位缺画，证明该路字符驱动电阻损坏或译码器对应引脚内部损坏或数码管内部引脚损坏。检修方法如下：

断电状态，先用电阻法检测对应笔画的隔离电阻，如果电阻正常，下一步用代换法代换 U201 和数码管即可。

“这节课我们就讲到这里，下课！”讲完，李师傅离开了培训室。

2.24 比较器与运算放大器电路

课间休息 10 分钟后，李师傅来到培训室，打开笔记本电脑，大屏幕上显示：比较器与运算放大器电路，李师傅开始讲课。

在变频空调中常见的运算放大器有 LM2904、OPA4374、LM358 等，常见的比较器有 LM2903、LM339、BA10393 等。运算放大器可以作比较器使用，但是比较器不能作运算放大器使用。本节我们详细介绍比较器和运算放大器的工作原理、公式推导和检修技巧。

2.24.1 比较器

（1）比较器电路模型

这种由一个正相输入端、一个反相输入端、一个输出端所组成的电路我们称之为比较器。参考图 2-70，比较器具有如下特点：

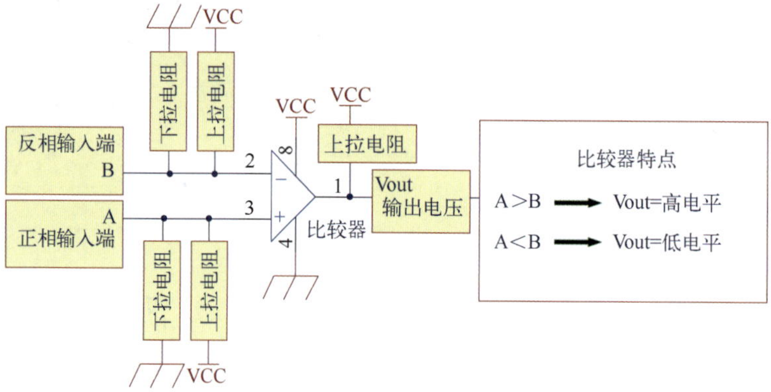

图 2-70　比较器电路模型

① 正相输入端和反相输入端所输入的信号为模拟电压或电流信号，输出端输出的为高或低（0 或 1）数字信号（信号电压幅度由供电决定）。

② 当正相输入端 A 的电压大于反相输入端 B 电压时→比较器输出高电平（1），当正相输入的电压 A 小于反相输入电压 B 时→比较器输出低电平（0）。

③ 运算放大器可以作比较器（没有负反馈电阻）使用，比较器不能作运算放大器使用。

④ 比较器的正相输入端与反相输入端符合“虚断”理论，在计算输入引脚电压时可作为参考依据。

“接下来我们以一款格力变频挂式方板中的硬件保护电路为例，详细探讨一下比较器的应用及故障检修技巧。”说着，李师傅将大屏幕中的 PPT 切换至图 2-71。

（2）比较器典型电路原理与检修技巧

“图 2-71 是根据一款格力变频方板硬件保护电路绘制而成的，它采用的就是由 U206 的 5、6、7 脚及外围电路组成的比较器电路，具有一定的代表性，其工作原理如下：

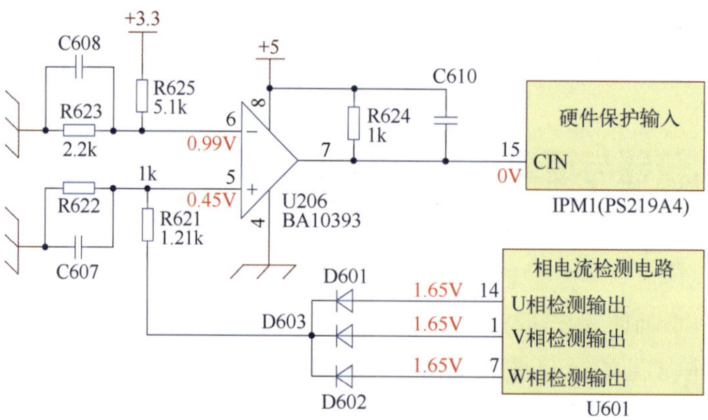

图 2-71　比较器典型应用电路原理图

在上电待机时→ U601 的 1、7、14 脚相电流检测电路待机输出电压均为 1.65V →经隔离二极管 D601、D602、D603 隔离后输出电压为 1V 左右→经 R621、R622 分压后得到 0.45V 左右的电压送到 U206 的 5 脚正相输入端；

在上电待机时→ +3.3V 供电经 R625、R623 分压后得到 0.99V 电压送到 U206 的 6 脚反相输入端为该比较器电路提供比较电压；

上电待机状态，U206 的 5 脚正相输入端电压 0.45V ＜ 6 脚反相输入端电压 0.99V，所以 U206 的 7 脚输出 0V 低电平。

上电开机状态，随着压缩机的运行和频率的不断升高，相电流也在逐渐升高→通常 1.5P 变频挂机整机电流在 8A 左右，假设相电流检测为 8A，U601 的 1、7、14 脚相电流检测输出电压为 2.15V，经二极管 D601、D602、D603 隔离后输出电压为 1.5V，经 R621、R622 分压后得到 0.6787V 左右的电压送到 U206 的 5 脚正相输入端，该电压仍然低于 U206 的 6 脚电压 0.99V，所以 U206 的 1 脚输出低电平 0V，硬件保护电路不动作。

当某种原因导致压缩机相电流瞬间达到 18A 时，U601 的 1、7、14 脚相电流检测输出电压为 2.877V，经二极管 D601、D602、D603 隔离后输出电压为 2.227V，经 R621、R622 分压后得到 1.008V 左右的电压送到 U206 的 5 脚正相输入端，该电压高于 U206 的 6 脚电压 0.99V，所以 U206 的 1 脚输出高电平 5V →送入 IPM1 的 15 脚，硬件保护电路动作，IPM 关闭内部 IGBT，同时将保护信号通过 FO 引脚送达 CPU。

当该电路出现故障后，会引起开机压缩机不启动报故障代码 H5 或外机主板故障黄灯闪 4 次的故障现象。我们参考图 2-71，用电压法即可快速判定故障元件，修复即可。

“关于比较器的原理和检修，我们就讲到这里，接下来我们继续探讨运算放大器。”李师傅继续讲课。

2.24.2 运算放大器

在空调电路板维修中常见的运算放大器有同相放大器、反相放大器、差分放大器等，总结来说，运算放大器具有如下特点：

① 有负反馈（控制放大倍数）。在输出端与反相输入端有一个负反馈电阻，主要用于控制放大倍数。

② 虚短（为了便于分析计算运放器）。反相输入和正相输入电压相等，就好像内部短路了一样，但事实上并没有短路，所以称之为虚拟短路，简称虚短。

③ 虚断（为了便于分析计算运放器）。正相输入和反相输入电流可以小到忽略不计的地步，就像断开了一样，但事实上并没有断开，所以称之为虚拟断路，简称虚断。

（1）同相放大器

① 同相放大器电路模型。参考图 2-72，同相放大器输入 Vin 信号电压的相位与输出 Vout 信号电压的相位是相同的，所以称为同相放大器。

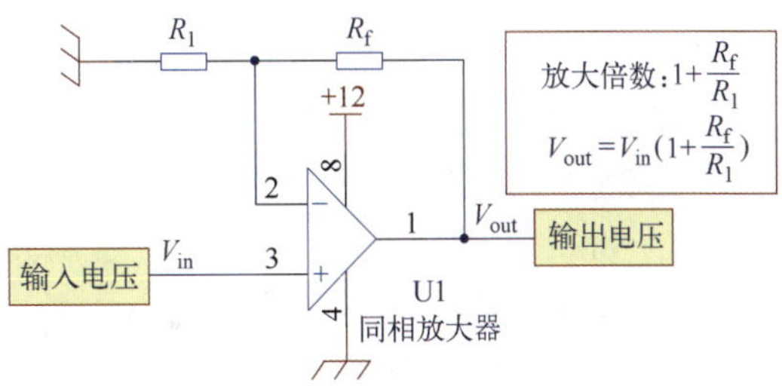

图 2-72　同相放大器电路模型

公式推导演算过程如下：

根据放大器的特性，正反向输入虚短，所以正反向输入电压相等，即 $V_{in3}=V_{in2}$；

根据放大器的特性，输入端于内部虚断，电流几乎为零，等同于开路状态，所以可以忽略不计，即放大器的 1、2 脚与放大器内部可以看作开路（虚断）。

这时我们就可以把 R_1 和 R_f 看成是两个串联的电阻，因此可以根据欧姆定律计算出该放大器的输出电压 V_{out}，具体公式推导过程如下：

根据欧姆定律 $I=\dfrac{U}{R}$ 和虚短、虚断理论，得出如下方程式：

$$\frac{V_{in}}{R_1}=\frac{V_{out}}{R_1+R_f}$$

方程式两边都乘以 R_1+R_f 得出如下方程式：

$$V_{in}\frac{R_1+R_f}{R_1}=V_{out}$$

将上述方程式左右交换位置，并进行优化后得出：

$$V_{out}=V_{in}\left(1+\frac{R_f}{R_1}\right)$$

式中，$1+\dfrac{R_f}{R_1}$ 就是该放大器的放大倍数。

接下来我们结合同相放大器典型电路原理图对其工作原理和检修技巧进行探讨。

② 同相放大器典型电路原理与检修。图 2-73 是根据一款海信挂式外机变频板模块电流保护检测电路绘制而成的，它采用的就是由 D4 的 1、2、3 脚及外围电路组成的一路同相放大器电路，具有一定的代表性，其工作原理如下。

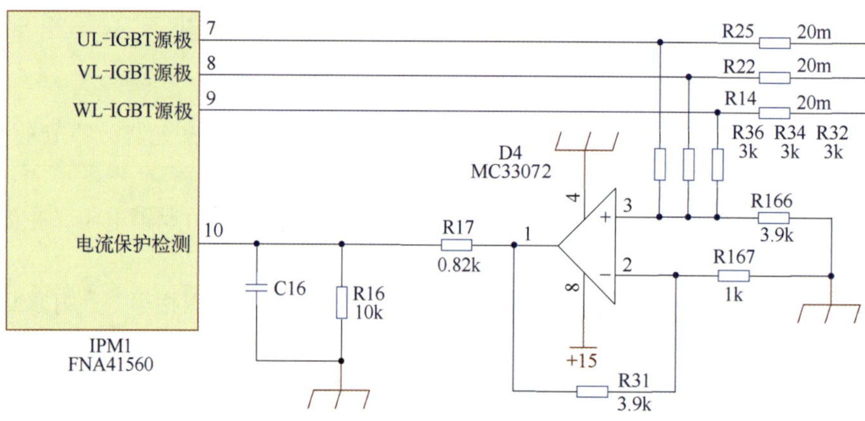

图 2-73　同相放大器典型电路原理图

IPM1 的 10 脚为变频模块三相输出电流检测硬件保护，正常待机时，该脚电压为 0V。当开机状态随着压缩机运行频率的逐渐升高→ U、V、W 三相电流也逐渐增大→在采样电阻 R25、R22、R14 上产生的电压也逐渐升高→经 R36、R34、R32 和下拉电阻 R166 分压后送至 D4 的 3 脚→该电压经 D4 的 1、2、3 脚及外围电阻组成的同相放大器 4.9 倍放大后→由 1 脚输出，经 R17、R16 分压后送至 IPM1 的 10 脚。

当某种原因导致压缩机相电流高于 10A 时→在采样电阻上产生的电压为 0.2V →该电压经上拉 3kΩ 电阻和下拉 3.9kΩ 电阻分压后在 D4 的 3 脚得到 0.113V 电压→经 4.9 倍放

大后在 D4 的 1 脚产生约 0.55V 电压→经 R17、R16 分压后得到 0.5V 电压送至 IPM1 的 10 脚→ IPM1 的内部过流保护动作关断下半桥 IGBT。

在实践维修中，当该电路出现问题后会引起压缩机不启动或一启动就停机的故障现象，我们可以采用电阻法和电压法排查，找到坏件修复即可。

（2）反相放大器

参考图 2-74 反相放大器电路模型，反向相放大器 V_{in} 输入信号的电压与 Vout 输出信号的电压相位相反，所以称为反相放大器。换句话说，输入一个负压信号，输出一个正压信号，输入的负压信号越低，输出的正压信号越高，所以称为反相放大器。

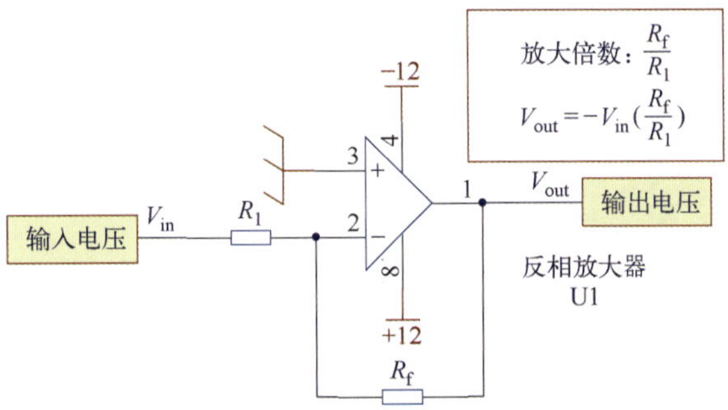

图 2-74　反相放大器电路模型

公式推理及演算过程如下：

根据放大器的特性→正反相输入虚短，所以正反相输入电压相等即 V_{in3}=V_{in2}=0V；

根据放大器的特性→输入端于内部虚断，电流几乎为零，等同于开路状态，所以可以忽略不计，即放大器的 1、2 脚与放大器内部可以看作开路（虚断）。

这时我们就可以把 R_1 和 R_f 看成是两个串联的电阻，因此流过 R_1 和 R_f 的电流相等。

根据欧姆定律 $I=\frac{U}{R}$ 和虚短、虚断理论，得出如下方程式：

$$\frac{V_{in}-0}{R_1}=\frac{0-V_{out}}{R_f}$$

方程式两边都乘以 R_f 得出如下方程式：

$$V_{in}\frac{R_f}{R_1}=-V_{out}$$

将上述方程式左右交换位置，并进行优化后得出：

$$V_{out}=-V_{in}\frac{R_f}{R_1}$$

式中，$\frac{R_f}{R_1}$ 就是该放大器的放大倍数。

参考图 2-74，已知 V_{in}=−0.5V，R_1=1kΩ，R_f=10kΩ，根据计算公式可以算出该反相放大器输出电压 V_{out} 为

$$V_{out}=-V_{in}\frac{R_f}{R_1}=0.5\times\frac{10}{1}=5V$$

在实际维修中如果实测电压符合计算逻辑，证明该反相放大器电路正常，如果不符合计算逻辑，排除外围元件及供电问题后更换 U1 即可。

（3）差分放大器

① 差分放大器的电路模型。参考图 2-75，这种将两个输入信号的差值进行放大的电子电路我们称之为差分放大器，差分放大器的特点是 $R_1=R_2$、$R_f=R_s$，差分放大器的放大倍数为 $\frac{R_f}{R_1}$ 所得值，差分放大器的输出电压计算公式为 $V_{out}=(V_1-V_2)\frac{R_f}{R_1}+V_{CC}$。

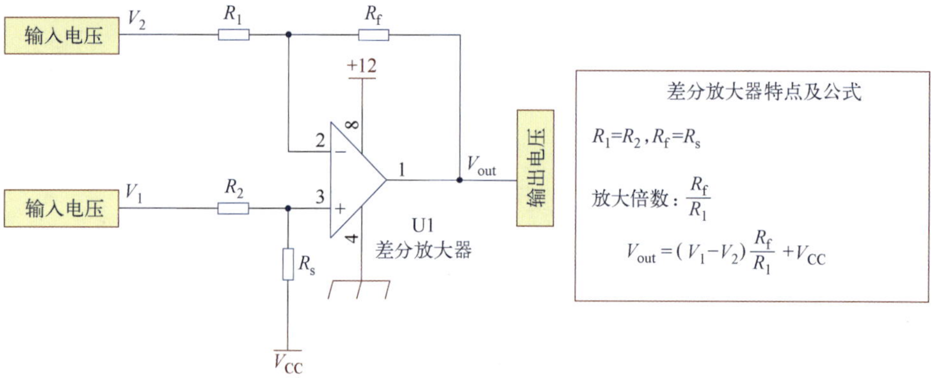

图 2-75　差分放大器电路模型

分析该公式推导过程相对来说较为复杂，需要用到欧姆定律、电阻串联公式、虚短和虚断理论及叠加定理。

对于欧姆定律、电阻串联公式、虚短和虚断理论前边已经讲过了，现在重点讲解一下叠加定理。

叠加定理是线性电路的一个基本定理。

叠加定理指出：在多个独立电源（电压源或电流源）共同作用的线性电路中，任一支路的电压（或电流）等于各个独立电源单独作用时在该支路产生的电压（或电流）的代数和。

利用叠加定理在线性电路中进行电压（电流）计算的操作步骤：

a. 电源置零：当分析某一独立电源单独作用时，需将其余不作用的电源置零（接地）。

b. 分别计算：每个独立电源单独作用时在相应支路产生的电压（或电流）。

c. 叠加求解：将各个独立电源单独作用时产生的电压（或电流）进行代数叠加，求得所有电源共同作用时该支路的总电压（或总电流）。

接下来我们就根据上述依据对差分放大器的计算公式进行如下推导。

参考图 2-75，设 U1 的 2 脚电压为 $V-$，U1 的 3 脚电压为 $V+$。

根据叠加定理和电阻串联计算公式得出如下表达式：

$$V-=V_2\frac{R_f}{R_1+R_f}+V_{out}\frac{R_1}{R_1+R_f}$$

$$V+=V_1\frac{R_s}{R_2+R_s}+V_{CC}\frac{R_2}{R_2+R_s}$$

根据虚短理论，$V+=V-$，将上述表达式代入，得出如下方程式：

$$V_2\frac{R_f}{R_1+R_f}+V_{out}\frac{R_1}{R_1+R_f}=V_1\frac{R_s}{R_2+R_s}+V_{CC}\frac{R_2}{R_2+R_s}$$

根据差分放大器条件，$R_1=R_2$，$R_f=R_s$，代入方程式得：

$$V_2\frac{R_f}{R_1+R_f}+V_{out}\frac{R_1}{R_1+R_f}=V_1\frac{R_f}{R_1+R_f}+V_{CC}\frac{R_1}{R_1+R_f}$$

方程式两边都乘以 R_1+R_f 得出如下方程式：

$$V_2R_f+V_{out}R_1=V_1R_f+V_{CC}R_1$$

将 V_2R_f 移到方程式的右边：

$$V_{out}R_1=V_1R_f+V_{CC}R_1-V_2R_f$$

方程式两边都乘以 $\frac{1}{R_1}$ 得出如下方程式：

$$V_{out}=V_1\frac{R_f}{R_1}+V_{CC}-V_2\frac{R_f}{R_1}$$

将方程式进行整理：

$$V_{out}=(V_1-V_2)\frac{R_f}{R_1}+V_{CC}$$

实践维修中，我们只需记得该公式即可计算出输出电压，与实际测量值进行比对判断电路的好坏。

接下来我们以一款格力挂式变频方板的相电流检测电路为例，详细介绍差分放大器的工作原理及检修技巧。

② 差分放大器典型电路原理与检修技巧。图 2-76 是根据一款格力变频方板相电流检测电路绘制而成的，U601 是一个内置 4 路运算放大器的芯片，具有一定的代表性，其工作原理如下。

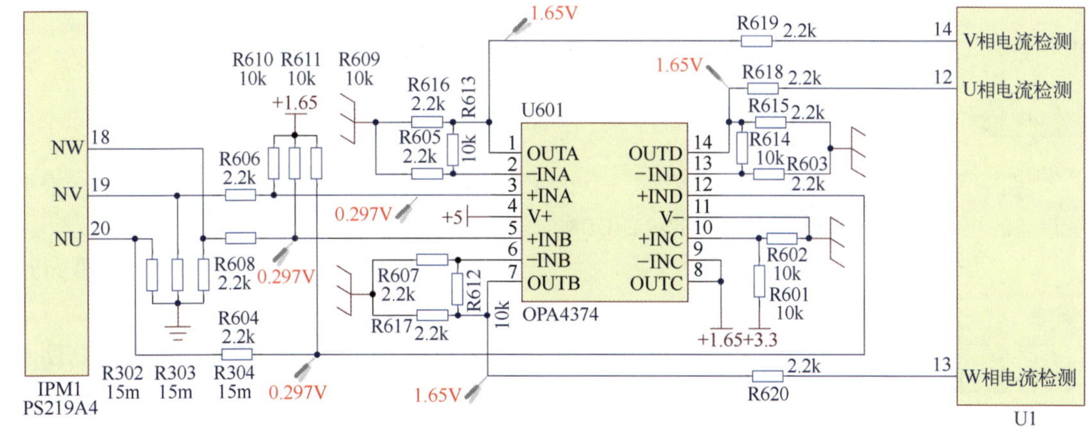

图 2-76　差分放大器典型电路原理图

U601 的 1、2、3 脚及外围电路组成 V 相相电流检测电路，根据电路结构分析 R605=R606，R613=R610，所以这是一个差分放大器电路。由于待机时压缩机不运行，所以 NV 输出电流为零，即 $V_1=0$，反相输入端通过电阻 R605 接地，所以 $V_2=0$，代入差分放大器计算公式：

$$V_{out} = (V_1 - V_2)\frac{R_f}{R_1} + V_{CC}$$

$$V_{out} = (0-0)\frac{10}{2.2} + 1.65$$

$$V_{out} = 0+1.65$$

$$V_{out} = 1.65V$$

所以待机时 U601 的 1 脚输出电压为 1.65V。

U601 的 5、6、7 脚及外围电路组成 W 相相电流检测电路，根据电路结构分析 R608=R607，R612=R611，所以这是一个差分放大器电路。根据计算公式可以算出待机时 7 脚输出电压为 1.65V，5 脚电压可以利用电阻串联计算公式求得待机电压为 0.297V。

U601 的 12、13、14 脚及外围电路组成 U 相相电流检测电路，根据电路结构分析 R604=R603，R614=R609，所以这是一个差分放大器电路。根据计算公式可以算出待机时 14 脚输出电压为 1.65V，12 脚电压可以利用电阻串联计算公式求得待机电压为 0.297V。

U601 的 8、9、10 脚及外围电路组成一个跟随器，产生 1.65V 供电。

在实践维修中，当该部分电路出现故障，会引起压缩机不启动或启动一下就停机并报故障代码 H5（或室外机主板黄灯闪烁 4 次）。我们可以先用电压法测量 U601 的各脚电压与计算所得值进行对比即可快速找到坏件修复机器。

“这节课我们就讲到这里，课后大家要牢记公式，理解典型应用电路工作原理并熟练应用电压法、电阻法、打阻法等基本维修技法，直到融会贯通，这样就能达到高手水平。”讲完，李师傅离开了培训室。

2.25 存储器电路

上午 8 点，李师傅来到培训室，打开笔记本电脑，开始讲课。

2.25.1 存储器电路模型

“在空调主板中 CPU 旁边大多都有一个外置存储器，用于存储空调运行配置数据，根据存储器的容量不同，常见的有 24C02、24C08、24C16、24C256 等。

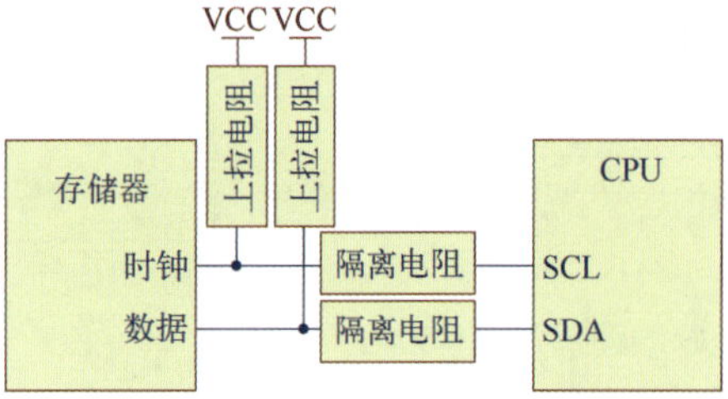

图 2-77　存储器电路模型

“参考图 2-77 电路模型对其工作原理简述如下。

“上电开机后 CPU 从存储器通过时钟和数据总线读取空调基本参数数据，然后依照用户指令进行相应的控制指令发送。如果某种原因导致 CPU 无法读取存储器数据，CPU 无法进行下一步工作，报存储器错误故障代码。”李师傅指着大屏幕中的图 2-77 存储器电路模型讲解道。

“接下来我们结合存储器典型电路原理图，对其工作原理和检修技巧进行探讨！”说着李师傅将 PPT 切换至图 2-78。

2.25.2 存储器电路原理与检修技巧

“图 2-78 是我根据一款格力挂式外机变频板的存储器电路实际绘制而成的，我们对其工作原理和检修技巧进行详细探讨。”李师傅指着大屏幕讲解道。

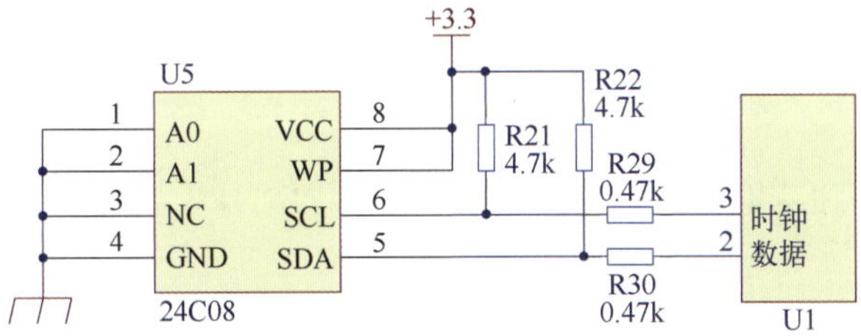

图 2-78　存储器电路原理图

(1) U5 型号含义

存储器芯片 U5 的型号是 24C08，其中“24”代表该芯片属于 I²C 总线的 EEPROM（电可擦除可编程只读存储器）系列。“C”代表类别代号，由厂家设定。“08”代表该存储器的容量是 8kbit，换句话说它可以存储 8192 位的数据。

(2) U5 引脚功能

1 脚（A0）、2 脚（A1）是设备地址输入，它们通过连线与其他 24C 设备兼容，可以实现 4 台设备在一个总线系统上寻址，如果不采用时直接接地。

3 脚为空脚用 NC 表示，未采用，直接接地。

4 脚为接地端用 GND 表示，直接接地。

5 脚为 I²C 总线的数据传输，用 SDA 表示，外接上拉电阻 R22 和隔离电阻 R30，在实际维修中任何一个电阻开路都会引起数据传输失败，机器报故障代码 EE。

6 脚为 I²C 总线的时钟传输，用 SCL 表示，外接上拉电阻 R21 和隔离电阻 R29，在实际维修中任何一个电阻开路都会引起数据传输失败，机器报故障代码 EE。

7 脚为存储器写保护控制，用 WP 表示，当该引脚接地时写保护输入允许正常操作，当连接到供电时写操作被禁止，本机直接接到了 +3.3V 供电。

8 脚为存储器供电，用 VCC 表示，直接接到了 +3.3V 供电。

(3) 故障检修

在实际维修中，该电路出现故障后，机器报故障代码 EE，如图 2-79 所示。

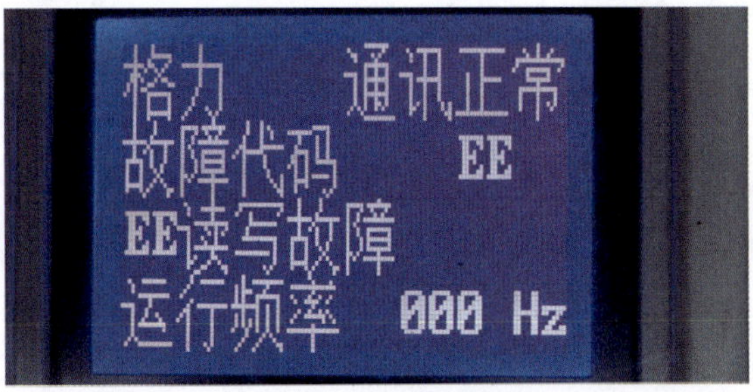

图 2-79　检测仪报故障代码 EE

断电状态下，用电阻法检测 R21、R22、R29、R30 是否有开路或阻值变大。如果有，更换即可。如果都正常，进行下一步。

上电状态下，检测存储器 U5 的 8 脚供电 +3.3V 是否正常。如果不正常，修复即可。如果正常，进行下一步。

断电状态下，更换一个新的存储器（需要写入好的备份数据）后，上电开机，测试故障是否排除。如果是，证明原机存储器损坏。如果故障依旧，证明U1损坏，更换U1或主板即可。

“这节课我们就讲到这里，下课！”讲完，李师傅离开了培训室。

2.26 LNS 通信电路

课间休息 10 分钟后，李师傅来到培训室，打开笔记本电脑，开始讲课，大屏幕显示：LNS 通信电路。

“空调内外机采用一根通信线 S 实现单通道串行异步通信方式。如图 2-80 所示，室内机和室外机之间通过以二进制编码形式组成的数据组进行数据信号的传递。

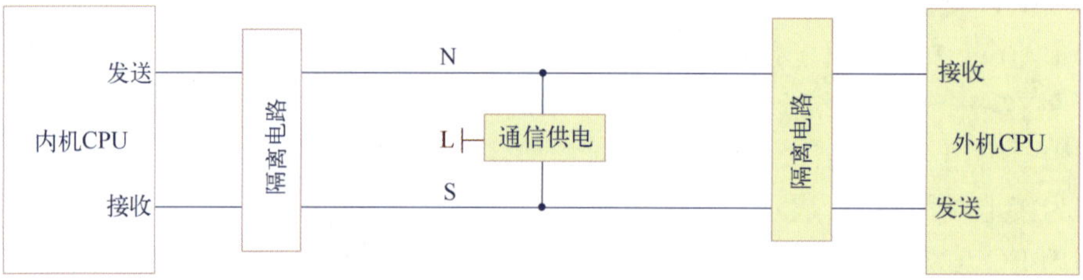

图 2-80　LNS 通信电路模型

“半双工的含义为室内机向室外机发送信号时，室外机只能接收，而不能同时发送信号。同理，当室外机向室内机发送信号时，室内机也只能接收信号，我们将这种通信方式定义为 LNS 通信。

“LNS 通信电路的供电常见有 +24V（海信）、-24V（美的）、+56V（格力）等多种，由于该通信对于供电的稳定性和负载要求不高，所以一般采用直接从 220V 交流电降压、整流、滤波、稳压实现。

“接下来我们以一款格力挂式变频方板 LNS 通信电路为例，详细探讨其工作原理和检修技巧。”李师傅指着大屏幕讲解道。

2.26.1 LNS 通信电路原理

图 2-81 是根据一套格力变频挂机实际电路绘制而成的。

该通信电路的供电电压为 +56V，由室外机主板产生。火线 AC-L →经功率电阻 R1311、R1312 降压后→再经整流二极管 D134 整流→ 56V 稳压二极管 ZD134 稳压→滤波电容 C0520 滤波后→输出稳定的 56V 直流电压。

C0520 的正极为 56V 直流电压正极，负极为 56V 直流电压负极与零线 AC-N 相连，R136 为负载电阻。

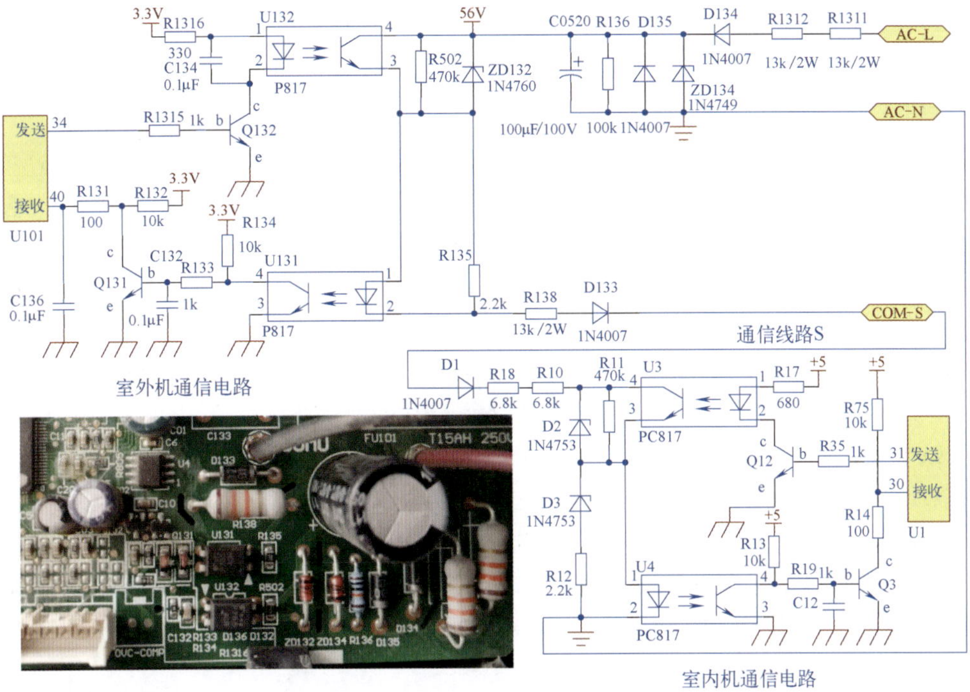

图 2-81 LNS 通信电路原理图

（1）室外机向室内机发送信号流程

根据厂家设定的通信规则，上电开机后室外机 CPU-U101 先向室内机发送数据。此时，室内机 U1 的 31 脚输出高电平 5V，经 R35 送到 Q12 基极得电导通。

5V 供电→ R17 → U3 的 1-2 脚→ Q12 的 c-e 对地形成回路→ U3 的 3-4 脚导通，打通内机通信环路，为内机信号接收做好准备。

当室外机 CPU 发送数字信号 1 时，U101 的 34 脚输出 3.3V 高电平，经电阻 R1315 送到 Q132 的基极驱动三极管饱和导通。

3.3V 直流供电→电阻 R1316 →发射光耦 U132 的 1-2 脚→ Q132 的 c-e 极对地形成回路。此时，U132 的 3-4 脚导通。

56V 直流供电正极→U132 的 3-4 脚→U131 的 1-2 脚→R138 → D133 → D1 → R18 → R10 → U3 的 3-4 脚→ U4 的 1-2 脚→地（AC-N）形成电流回路。

此时，室内机通信接收光耦 U4 的 1-2 脚有电流通过→ U4 的 3-4 脚导通→ Q3 的基极供电被短路→ Q3 截止→ Q3 的集电极对地处于开路状态，5V 高电平→经电阻 R75 →送至 U1 的 30 脚，实现与室外机 U101 发射引脚的同步。

当室外机 CPU 发送数字信号 0 时：U101 的 34 脚输出低电平 0V →经电阻 1315 →送到三极管 Q132 的基极，三极管截止。

3.3V 直流供电→电阻 R1316 →发射光耦 U132 的 1-2 脚→ Q132 的 c-e 极对地，无法形成回路。此时，U132 的 3-4 脚处于开路状态。

56V 直流供电正极→ U132 的 3-4 脚→ U131 的 1-2 脚→ R138 → D133 → D1 → R18 → R10 → U3 的 3-4 脚→ U4 的 1-2 脚→地（AC-N），无法形成电流回路。

此时，室内机通信接收光耦U4的1-2脚没有电流通过→U4的3-4脚处于开路状态。5V直流供电→经过R13→R19→送至Q3的基极，对地形成电流回路→Q3饱和导通→Q3的集电极，对地处于导通状态→U1的30脚被拉低为低电平0V，实现与室外机U101发射引脚的同步。

（2）室内机向室外机发送信号流程

当室内机向室外机发送数据时，室外机U101的34脚输出3.3V高电平→经电阻R1315→送达三极管Q132的基极，驱动三极管饱和导通。

3.3V直流供电→经电阻R1316→发射光耦U132的1-2脚→Q132的c-e极，对地形成回路。此时，U132的3-4脚导通。

56V直流供电正极→U132的3-4脚→U131的1-2脚→R138→D133→D1→R18→R10→U3的3-4脚→U4的1-2脚→地（AC-N）形成通信回路。

由以上通信回路可以看出，该通信回路的通断由室内机CPU-U1的31脚输出的高低电平来决定。当U1的31脚输出高电平5V时，经R35→Q12饱和导通，5V供电，经R17→U3的1-2脚→Q12的c-e对地形成电流回路→U3的3-4脚导通。这时，室外机通信接收光耦U131的1-2脚有电流通过→U131的3-4脚也导通→Q131的基极供电被旁路进入截止状态。3.3V供电→R132→R131→U101的40脚接收到高电平，与室内机U1发射端子电平信号同步。

换句话说，当室内机U1的31脚发出5V高电平“1”时，室外机U101的40脚就会收到3.3V高电平“1”的信号。当室内机U1的31脚发出0V低电平“0”时，室外机U101的40脚就会收到0V低电平“0”的信号，实现内外机信号的同步。

2.26.2 故障检修

在实际维修中，引起变频空调报通信故障的原因有很多，例如：内外机连接信号线异常、内机主板异常、外机主板异常等，如何快速判断是哪种原因引起的呢？我们可以借助厂家变频空调检测仪来实现。

（1）如何判断是内外机主板问题还是信号线问题

用厂家变频空调检测仪代替内机检测外机功能和代替外机检测内机功能，排除内外机主板异常的情况后，即可判定问题为内外机信号线问题，更换信号线即可。

（2）如何判断是发送问题还是接收问题

格力变频空调在上电开机状态下，连接好变频空调检测仪，开启数据监控模式，当机器存在通信故障时检测仪会显示4个类别模式：

类别1：代表外机主板通信发送电路异常。

类别2：代表外机主板通信接收电路异常。

类别3：代表内机主板通信发送电路异常。

类别4：代表内机主板通信接收电路异常。

通过以上检测仪数据显示可以粗略判断故障部位。为了精确判断故障部位及故障元件，可以用电压法、电阻法、干预法进行检测，在后续的案例笔记中会详细介绍。

“这节课我们就讲到这里，下课！”讲完，李师傅离开了培训室。

2.27 RS-485 通信电路

下午 2 点，李师傅来到培训室，打开笔记本电脑，大屏幕上显示：RS-485 通信电路，李师傅开始讲课。

2.27.1 RS-485 通信概述

在通信距离要求为几十米到上千米时，可以采用 RS-485 通信来实现，譬如多联机空调中的内外机通信。

RS-485 通信是一种串行通信协议，通过电路设计可以实现全双工和半双工通信，总结来说具有如下特点：

① RS-485 采用平衡发送和差分接收，具有抑制共模干扰的能力。

② RS-485 总线收发器具有高灵敏度，能检测低至 200mV 的电压，传输信号能在千米以外恢复。

③ RS-485 如果采用半双工工作方式，任何时候只能有一点处于发送状态，因此，发送电路须由使能信号加以控制。

④ RS-485 总线一般支持 32 个节点，采用专用的 RS-485 芯片，可以实现 128 个或 256 个节点。

⑤ RS-485 采用异步通信数据传输，以字节的方式传送，在每一个字节传送之前，先要通过一个低电平起始位实现同步。

⑥ RS-485 通信标准由美国电子工业联盟（EIA）制定。

“接下来我们参考 RS-485 通信电路模型探讨一下其工作原理。”说着，李师傅将 PPT 切换至图 2-82，继续讲课。

2.27.2 RS-485 通信电路收发原理

RS-485 通信采用平衡发送、差分接收方式实现数据传输。

CPU 将发送的数据转换成二进制代码 0 和 1，采用 TTL 高低电平的方式发送，其中 CPU 发送 0V 低电平信号代表数据 0，CPU 发送 5V 高电平信号代表数据 1。

（1）平衡发送

参考图 2-82，DE 引脚为 RS-485 专用收发芯片发送使能控制端。

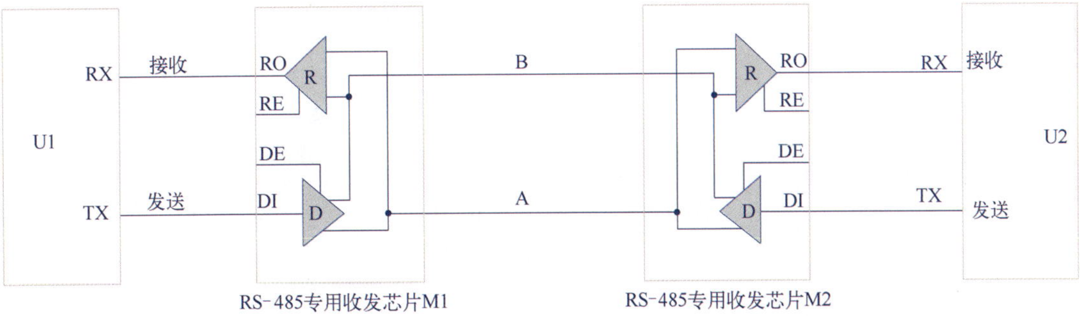

图 2-82 RS-485 通信电路模型

在发送模式下，RE 电平可忽略，当 DE 为高电平（5V）时，发送器处于工作状态，输出 - 对幅值相等极性相反的差分信号（A、B）。当 DE 为低电平（0V）时，发送器处于高阻状态与输出端 A、B 断开。

U1 将 TTL 电平信号通过 RS-485 专用收发芯片 M1 直接转化成 A、B 两组差分信号。当 U1 给 RS-485 专用收发芯片 M1 的 DI 引脚输入低电平（0V）信号 0 时，RS-485 专用收发器 M1 输出一对电压信号，这两个信号对地电压幅值相等，极性相反，且 B 组对地电压大于 A 组对地电压，（A、B 组）对地电压范围为 -2 ～ 5V。当 CPU 给 RS-485 专用收发芯片 M1 的 DI 引脚输入高电平（5V）信号 1 时，RS-485 专用收发器会输出一对电压信号，这两个信号对地电压幅值相等，极性相反，且 A 组对地电压大于 B 组对地电压，（A、B 级）对地电压范围为 -2 ～ 5V。

（2）差分接收

当 U2 收到 U1 发来的低电平握手信号后开启数据接收模式，在接收模式下使能控制端 DE、RE 均处于（0V）低电平状态。

当 RS-485 专用收发芯片 M2 内部的接收器接收到 B＞A，且 B 与 A 之间电压差大于 0.2V 时，R0 输出高电平（5V）即逻辑电平 1。

当 RS-485 专用收发芯片 M2 内部的接收器接收到 B＜A，且 A 与 B 之间电压差大于 0.2V 时，R0 输出低电平（0V）即逻辑电平 0。

由于 RS-485 专用收发芯片特性，接收器的检测灵敏度为 ±220mV，当 A、B 端的电位差绝对值小于 0.2V 时，输出为不稳定状态。

2.27.3 RS-485 电路工作原理与检修技巧

图 2-83 是根据一款格力 4 代多联机内机 RS-485 通信电路绘制而成的，对其工作原理简述如下。

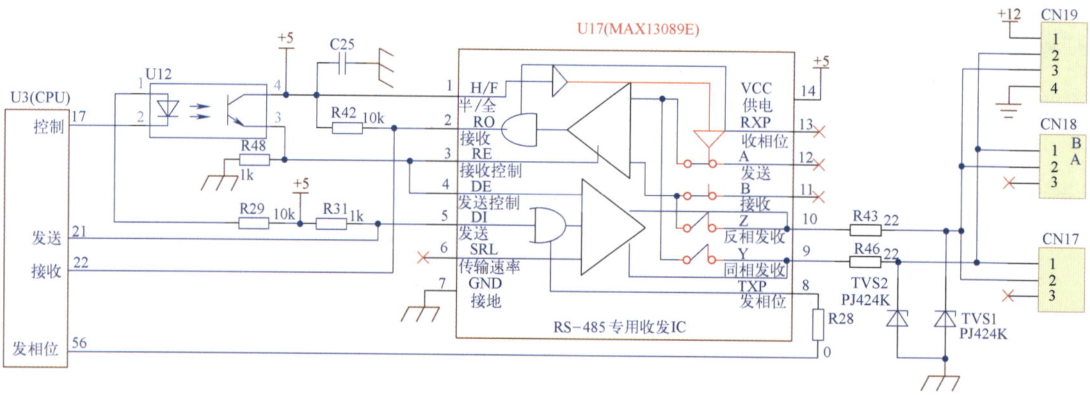

图 2-83　格力 4 代多联机内机 RS-485 通信电路

（1）工作原理

U17 采用优质的 RS-485 专用收发芯片 MAX13089E，该芯片具有 +5.0V、±15kV ESD 保护功能。

U17 具有一个驱动器和一个接收器。这些设备包括故障安全电路，当接收器输入开路或短路时，保证接收器输出为逻辑高电平。如果总线上的所有发送器都被禁用（高阻抗），则接收器输出逻辑高电平。

U17 可选择用于半双工或全双工操作。它还具有通过单独引脚的独立可编程接收器和发送器输出相位功能。

CN19 插座为 4 根引线，连接室内机手操器面板，其中 1、4 脚为手操器供电，2、3 脚为 RS-485 通信。

CN18、CN17 为连接室外机和其他室内机的通信线。

当 U3 发送信号时，U3 的 17 脚输出 0V 低电平→ +5 供电经上拉电阻 R29 → U12 的 1-2 脚内部发光二极管→ U3 的 17 脚内部对地形成电流回路→ U12 的 1-2 脚产生 1.1V 压降内部发光二极管发光→驱动光耦内部 3-4 脚光敏管饱和导通→ +5 供电→经 U12 的 3-4 脚→送至 U17 的收发使能控制脚 3、4 脚。

当 U3 处于信号发送模式时，接收使能控制 RE-3 脚电平可忽略，重点是发送使能控制 DE-4 脚保持 5V 高电平时内部发送器与 A、B 输出端打通。

当 U3 的 21 脚将逻辑 0（低电平 0）送到 U17 的 5 脚 DI 输入端时，内部发送器输出一对电压幅值相等、极性相反的对地电压信号，B 端对地电压大于 A 端对地电压，电压范围为 -2 ～ 5V。

当 U3 的 21 脚将逻辑 1（高电平 5V）送到 U17 的 5 脚 DI 输入端时，内部发送器输出一对电压幅值相等、极性相反的对地电压信号，A 端对地电压大于 B 端对地电压，电压范围为 -2 ～ 5V。

当 U3 一组信号发送完毕后，进入接收模式，控制 17 脚输出高电平 5V → U12 的 1-2 脚无法产生 1.1V 压降→ U12 的内部发光二极管不发光→ U12 的 3-4 脚截止处于开路状态→ U17 的发送器使能控制 4 脚、接收器使能控制 3 脚均处于 0V 低电平状态。此时，U17 内部发送器与 A、B 输出端处于高阻断开状态。

当 U17 的接收器使能控制 3 脚 RE 处于 0V 低电平时，接收器与 A、B 差分输入端打通。

当 U17 内部的接收器接收到差分信号 A-B=-0.2V 时，R0 输出低电平（0V）即逻辑电平 0。

当 U17 内部的接收器接收到差分信号 A-B= +0.2V 时，U17 的 2 脚 R0 输出高电平（5V）即逻辑电平 1。

当 U17 内部的接收器接收到差分信号 A、B 输入开路状态时，U17 的 2 脚 R0 输出高电平（5V）即逻辑电平 1。

在实际维修中，内机主板出现问题后，由于现场维修条件所限，大多采用代换法将机器修复后，将坏板拆回店铺进行维修。

对于该电路的检修，可以采用电阻法、打阻法、电压法、电桥法（电容在路测试）排除外围电阻、电容、二极管问题后，再用代换法代换 U17、U3 即可。

（2）故障检修

参考图 2-83，该电路出现问题后会出现内机上电报通信故障 E6 现象，可以采用电脑软件或检测仪判断是主板还是线路问题，格力 4 代多联机上电报 E6 通信故障有多种原因，检修思路如下。

① 只有一台内机报 E6 通信故障，其他内机及外机运行正常，用监控软件监控显示某台内机丢失（这台内机报 E6）。根据故障现象基本判定问题就在该内机电路，如果该机器为末端最后一台，也有可能是连接线引起的。

检修思路：首先排除连接线问题，用一条明线将正常内机与故障内机之间的 RS-485 通信线进行替换，如果故障排除，证明是信号线的问题。如果故障依旧，则即可判定为内机主板问题，维修或代换内机主板即可。

参考图 2-83，在进行内机主板 RS-485 通信电路维修时可以采用电阻法、电压法、打阻法排查 U17 外围所有元件，发现故障元件，更换即可，如果没有发现故障元件则更换 U17 即可。

② 多台内机同时报 E6 通信故障，只有一台或几台内机和外机运行正常。根据故障现象基本判定故障为连接线引起，重点查找正常机器与故障机器之间的通信线，可以采用代换法快速排除故障。

③ 内外机同时报 E6 通信故障，都不能正常工作。根据故障现象，基本判定故障为内外机连接线开路、虚接或外机转接板、主板引起。应首先排除外机转接板、主板问题，再更换外机与第一台内机之间的连接信号线。

“这节课我们就讲到这里，课后大家根据今天的笔记，利用测试平台演练一下各种 RS-485 通信故障的排查方法，下课！”讲完，李师傅离开了培训室。

2.28 HBS 通信电路

课间休息 10 分钟后，李师傅来到培训室，打开笔记本电脑，大屏幕上显示：HBS 通信电路，李师傅开始讲课。

2.28.1 HBS 通信概述

home bus system，简称 HBS，翻译为家庭总线系统，主要用于智能家庭控制网络通信，是家用、商用中央空调控制系统常见通信方式之一，譬如，在大金多联机和格力 5 代多联机手操器与内机主板通信中被采用。总结来说，HBS 通信具有如下特点：

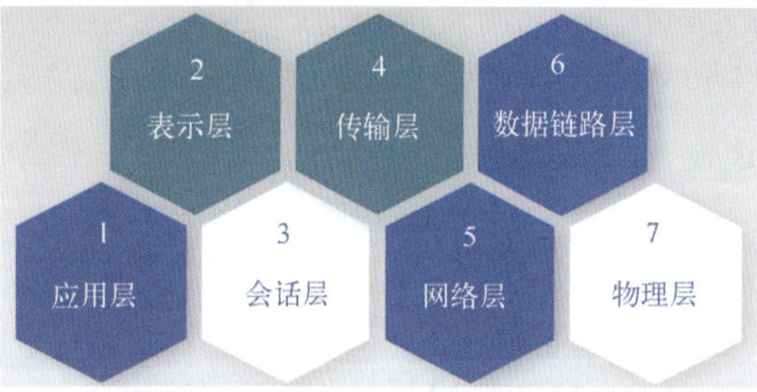

图 2-84　OSI 七层模型图

① HBS 通信将国际标准化组织（ISO）定义的开放系统互连（OSI）七层模型（如图 2-84 所示）进行了简化处理，仅采用了其中的应用层（1）、表示层（2）、物理层（7）。

② HBS 通信定义了通过双绞线或同轴电缆如何实现家庭电器、电话、音视频装置的通信互连。

③ HBS 通信采用差分式信号传输，两根总线之间的电压差约为 15V，用类似于电力载波的方式传输信号，保障了数据的可靠性和抗干扰能力。

④ HBS 通信优点是在两条总线上既传输了信号，又传送了电能，简化了布线流程，缺点是采用 HBS 协议通信的线路，最大距离不能超过 600m，在干扰较大的场合必须采用带屏蔽功能的双绞线。

⑤ HBS 通信是由日立、三菱、松下、东芝、大金等日系企业联合提出的，通信协议标准由日本电子机械工业协会和电波技术协会共同制定。

“对于 HBS 通信，我们有了一个初步的了解，接下来我们结合 HBS 通信电路模型对其工作原理进行探讨。”说着，李师傅将 PPT 切换至图 2-85，开始讲解。

2.28.2 HBS 通信原理

“在空调系统中常用的 HBS 通信收发芯片有三美电机（MITSUMI）的 MM1192、芯龙（XLsemi）的 XL1192，其工作原理及引脚功能相同。接下来我们参考芯龙 XL1192 厂家技术手册和图 2-85 对 HBS 通信原理进行探讨。

“XL1192 是一款符合家庭数据总线标准，具有接收与发送数据功能的芯片。信号收发处理采用 AMI 方式编码，可以通过双绞线传输。

“XL1192 可以采用 5V 电源供电，其内部集成晶体管可以减少外围元件需求。

“XL1192 具有内置过流保护电路、外围元件少、可靠性高等特点，被广泛应用于电话设备、安防设备、影音设备、空调设备等领域。

“XL1192 的 6 脚数据输入后经内部处理输出一对极性相反的差分信号经耦合电路加载到 H1、H2 两条通信线上。

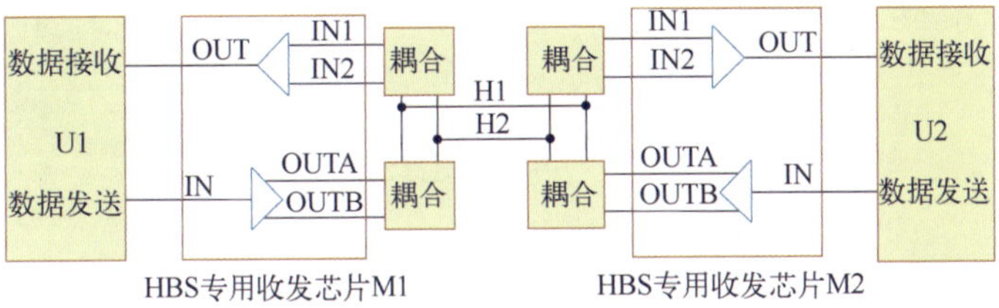

图 2-85　HBS 通信电路模型

“XL1192 信号发送时采用 AMI 编码方式，数字代码中 0 不变，1 交替转变为 +1、-1。

“譬如，将数字代码 100010100100011 转化为 AMI 代码 +1000-10+100-1000+1-1 或 -1000+10-100+1000-1+1。

“在 H1、H2 上搭载了 16V 左右的直流供电，用类似于电力载波的方式传输信号。详细的工作原理我们结合 HBS 典型电路原理图进行介绍。”说着，李师傅将大屏幕中的 PPT 切换至图 2-86，继续讲课。

2.28.3 HBS 通信电路工作原理与检修技巧

“图 2-86 是我们根据一款格力五代多联机内机主板 HBS 通信电路实物绘制而成的，现在对其工作原理进行探讨。”李师傅讲道。

（1）手操器供电电路

参考图 2-86，来自开关变压器次级线圈上的高频交流电压经整流二极管 D12 整流后，再经 C17、C35 滤波后产生约 17V 直流供电。在该电路中，R108 为负载电阻，当 17V 供电负载断开时起稳定作用。

17V 供电分为两路：一路经过 R85 加到三极管 Q12 的集电极，处于待命状态，上电延时时间后 U1 的 76 脚输出 5V 高电平信号，经过 R70 送到 Q12 的基极→ Q12 饱和导通→ 17V 供电经过 Q12 的 c-e 极送到 Q9 的基极→ Q9 饱和导通→手操器供电接地回路导通；另一路经二极管 D7 →扼流圈 L5 → CN12 通信线→送至手操器。

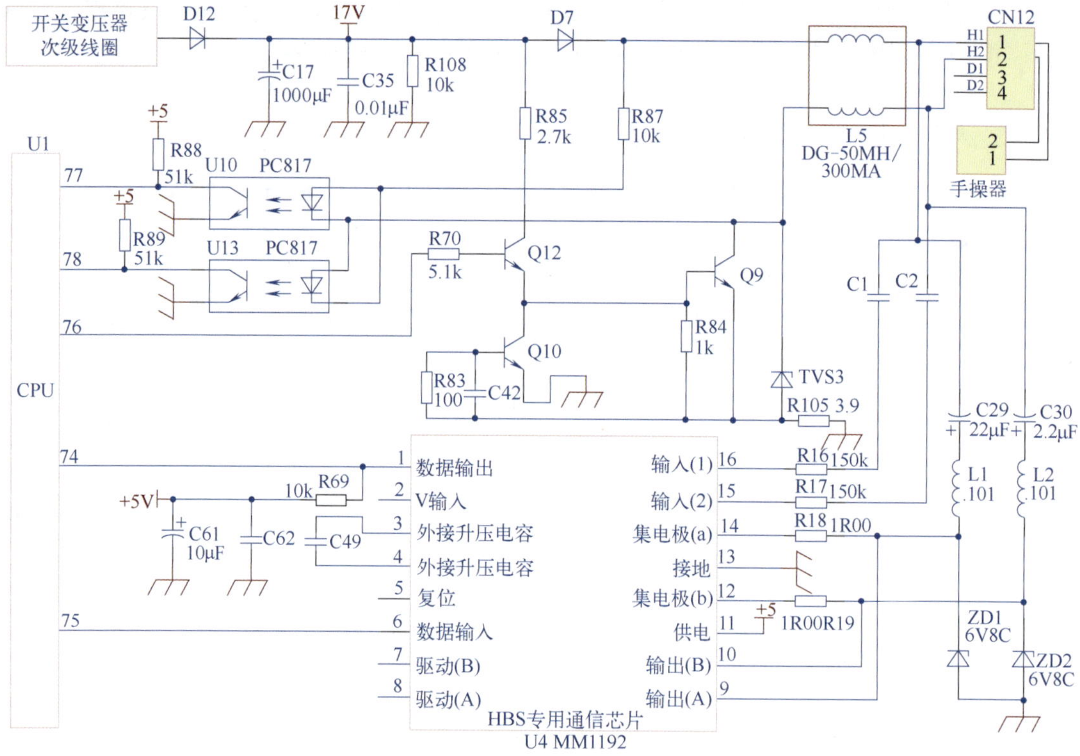

图 2-86 HBS 典型电路原理图

R105 为采样电阻，当负载电流大于 0.18A 时，在 R105 上产生压降大于 0.7V →经电阻 R83 送至 Q10 的基极→ Q10 饱和导通→ Q9 基极正向偏压被旁路而截止→ U10 的 1-2 脚内部发光二极管熄灭→U1 的 77 脚收到瞬间高电平。如果 U1 的 77 脚连续多次检测到负载过流，关闭 76 脚高电平输出，故障排除重新上电后恢复。

（2）通信发送电路

U4 通过 6 脚采集 U1 的 75 脚发来的数字信号，经过内部逻辑处理后通过 9、10 脚输出差分信号→经 C29、C30 耦合加载到 H1、H2 通信总线上→送至手操器 HBS 通信接收电路。

（3）通信接收电路

来自手操器发来的 H1、H2 总线上的差分数据信号，经 C1、C2 耦合去除直流成分后，经 R16、R17 分别送至 U4 的 16、15 脚，与芯片内部 4.8V 电压比较，还原数字信号由 1 脚输出，送至 U1 的 74 脚。

（4）故障检修

参考图 2-86，该部分电路出现故障后机器会报通信故障 C0 或手操器无显示等。

① 上电手操器无反应。先用代换法用一个新的手操器代换原有手操器，如果故障排除，证明手操器坏了。如果仍然无反应则检查 17V 供电电路、连接线等找到原因排除即可。

② 上电开机后报通信故障 C0。报通信故障 C0 的原因有很多，本小节仅针对内机主板与手操器之间进行分析。

方法 1：用代换法排除手操器、连接线、内机板问题，确定后直接代换即可。

方法 2：如果确定是内机主板问题，可以用如下方法进行维修。

首先用电压法测量各关键点供电是否正常，如果不正常，查明原因修复即可，如果供电都正常，进行下一步。

断电后，用电阻法在路测试（参考图 2-86）该电路电阻，与标称阻值进行对比，阻值变大的一般为故障元件，更换即可。当然有条件的话最好与一块好板进行电阻、电压、打阻的测试，发现异常的部位就是故障点。

排除了外围元件问题，仍不能解决，更换 U4 即可。

如果更换 U4 也不能解决，更换 U1 即可。

“最后是问题互动交流时间，大家还有什么问题可以探讨一下？”李师傅问道。

“李师傅，我想了解一下 U4 的 1 脚数据输出波形与 H1、H2 上的差分数据波形有何不同。”小田问道。

“好的，接下来我们就用示波器测量一下正常通信时这两处的波形。”说完，李师傅用示波器给大家演示了这两处的波形，如图 2-87 和图 2-88 所示。

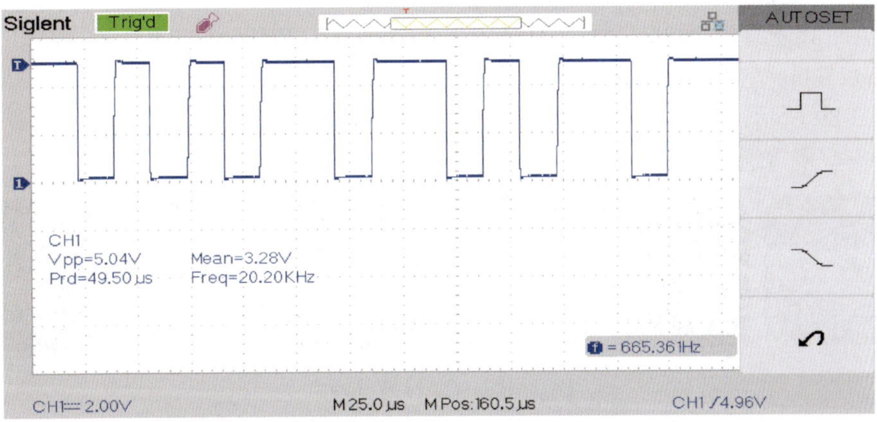

图 2-87　U4 的 1 脚数据波形

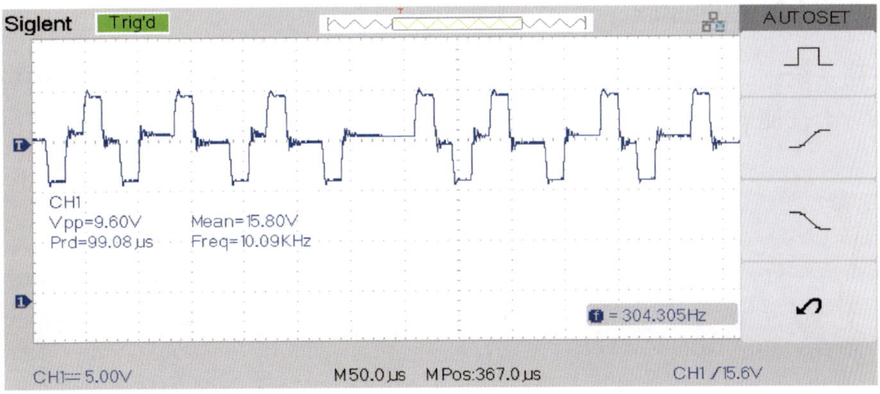

图 2-88　H1、H2 通信波形

“这节课我们就讲到这里，下课！”讲完李师傅离开了培训室。

2.29 CAN 通信电路

上午 8 点，李师傅来到培训室，打开笔记本电脑，大屏幕上显示：CAN 通信电路。李师傅开始讲课。

2.29.1 CAN 通信概述

controller area network，简称 CAN，翻译为控制器局域网络。CAN 总线是德国 Bosch 公司于 20 世纪 80 年代初为解决汽车中众多的控制与测试仪器之间的数据交换问题而开发的一种串行数据协议。

根据通信速率的不同，国际标准化组织（ISO）将 CAN 定义为两种协议标准：

① CAN 高速通信协议标准：ISO11898 通信速率 125kbps ～ 1Mbps，采用闭环总线高速通信在 1Mbps 左右，传输距离 40m 左右。

② CAN 低速通信协议标准：ISO11519，通信速率在 125kbps 以下，采用开环总线，低速通信在 125kbps 左右，传输距离为 1km 左右。

如图 2-89 所示，CAN 总线因具有图中特点被广泛应用于汽车、机器人、工业设备、家用商用中央空调等通信控制领域。

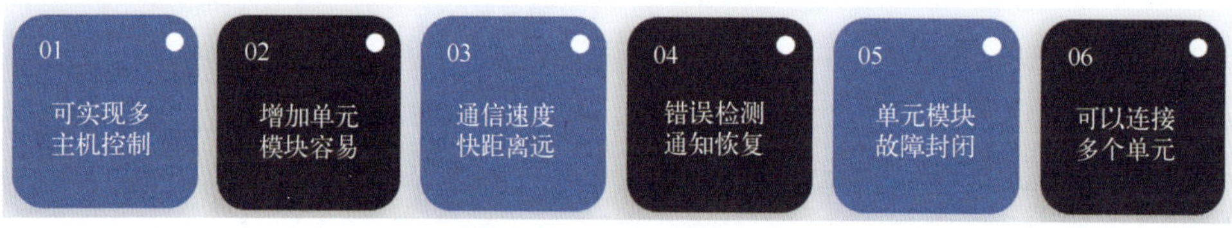

图 2-89　CAN 总线特点

“接下来我们结合 CAN 通信电路模型对其工作原理进行探讨。”说着，李师傅将 PPT 切换至图 2-90，继续讲课。

2.29.2 CAN 通信原理

在空调系统中，常用的 CAN 通信收发芯片有德州仪器的 ISO1050、SN65HVD256 等。为了增强抗干扰能力，通常在 CPU 与 CAN 收发器之间增加一个 3 通道隔离器，如图 2-90 所示。

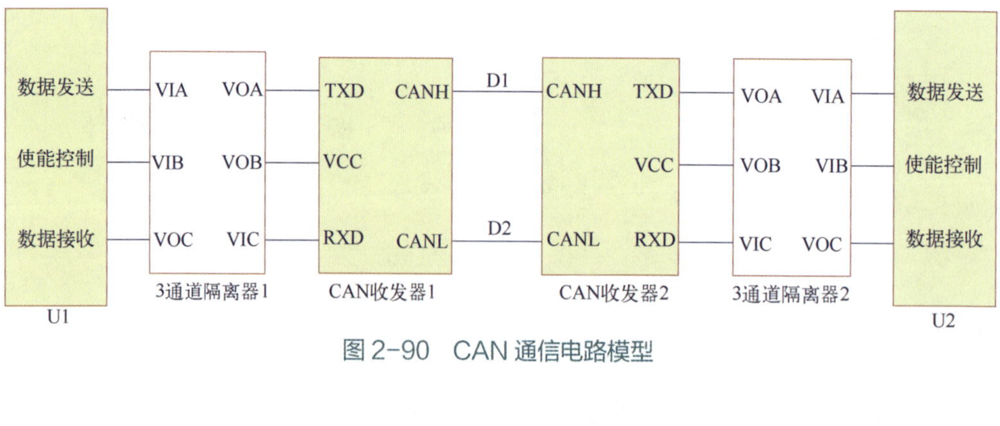

图 2-90　CAN 通信电路模型

在CAN通信网络中，采用多主串行通信协议，具有很强的抗干扰能力和错误检测机制。各通信终端（网络节点）都可以独立地发送和接收数据，正常情况下，各个终端通过标识符来确定消息的优先级，当某个终端因故障关闭时，只要网络物理连接正常，一般不影响其他终端之间的正常通信。

值得注意的是，假如故障终端的使能控制电路故障导致无法关闭，一直发送错误的信息干扰CAN总线，可能会引起通信网络异常，直到故障排除才能恢复正常。

“接下来我们结合一款格力五代多联机内外机CAN通信电路原理图，详细探讨其工作原理和检修技巧。”说着，李师傅将PPT切换至图2-91，开始讲课。

2.29.3 CAN通信电路工作原理与检修技巧

“图2-91是我们根据一款格力五代多联机外机主板和内机主板通信电路实物绘制而成的，上半部分为外机主板CAN通信电路，下半部分为内机主板CAN通信电路，中间采用2芯带屏蔽信号线连接，现在对其工作原理进行探讨。”李师傅讲道。

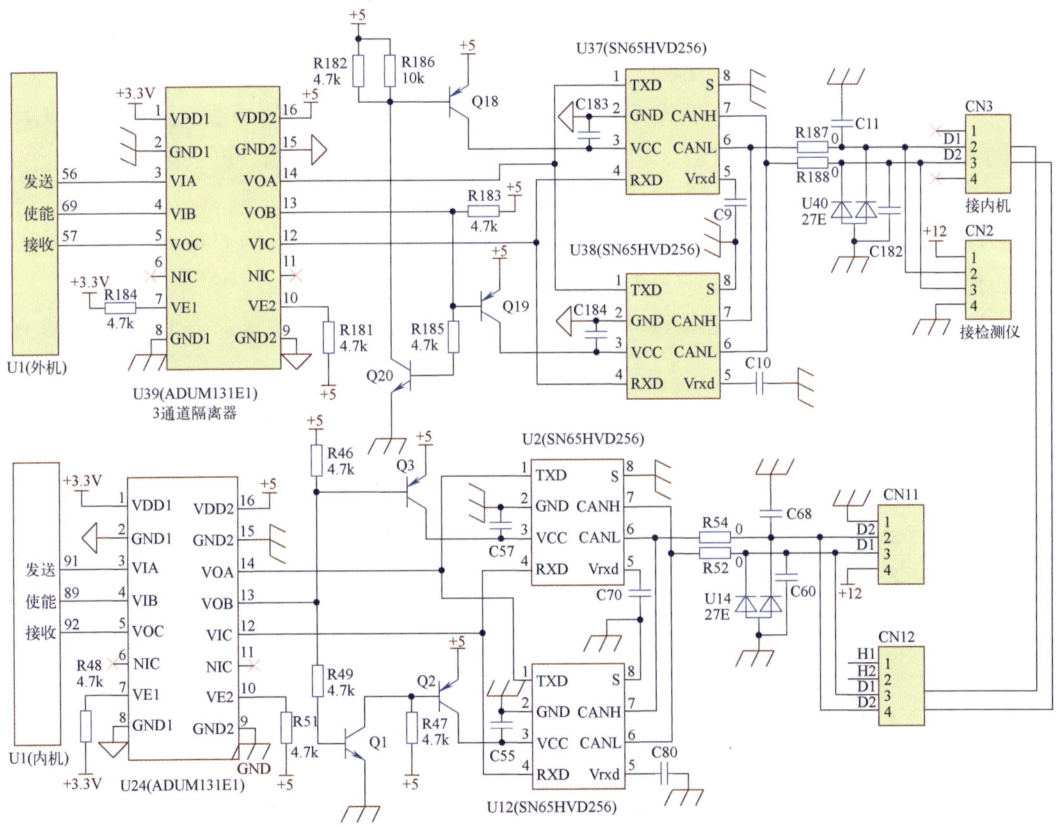

图2-91 CAN通信电路原理图

（1）工作原理

多联机首次安装调试时，室外主机通过CAN总线与室内机建立连接，自动设定唯一工程编号（通信标识），自检调试整个流程后机器进入待机状态，室内机就可以正常开机与室外机进行数据交换了。

在室内外机每次重新上电后，室内机显示工程编号，室外机进行自动内机搜索，如果室外机发现内机丢失，内机开机后正常通信的机器可以正常运行，外机主板报C4故障代码。丢失的内机手操器报C0故障代码或无供电显示。如果丢失的内机超过3台，外机停机，内机全部报C4、C0故障代码。

本机多联机收发电路采用了两个CAN收发芯片，通过CPU的使能控制和驱动电路实现对其供电的切换，这样一来提高了通信的稳定性，即使在工作过程中其中一个芯片出现故障，那么启用另一个芯片也可以完成工作。

假定内机U1利用使能控制89脚控制U2发送一次开机指令，控制原理如下：

当U1的89脚输出低电平0V时，经隔离器U24的4脚输入内部隔离控制13脚输出0V低电平分成两路：

一路经电阻R49加至Q1的基极→Q1截止→Q2截止→U12的3脚+5V供电无法送达→U12不工作；

另一路直接送至Q3的基极→Q3饱和导通→U2的3脚得到+5V供电→U2得电投入工作状态。

内机U1将开机指令转换成数字信号，由91脚发出，经隔离器U24的3脚输入内部隔离控制14脚输出，送入U2的1脚，经内部处理后由6、7脚差分输出，经保险电阻R54、R52→U14、C60、C68滤波→插座CN12的3、4脚→2芯带屏蔽信号线→送到室外机主板CN3的2、3脚→经C182、C187、U40滤波后→保险电阻R187、R188→将内机开机指令CAN差分信号送至U37、U38的6、7脚。

假设此时外机主板U1的69脚输出的是高电平+3.3V，经隔离器U39的4脚输入，内部隔离控制13脚输出5V高电平分成两路：

一路经电阻R185加至Q20的基极→Q20饱和导通→Q18饱和导通→U37的3脚+5V供电送达→U37投入工作；

另一路直接送至Q19的基极→Q19截止→U38的3脚没有得到+5V供电→U38无法投入工作。

经U37的6、7脚收到的内机传来的开机指令，经内部差分还原后将数据由4脚输出，经U39的12脚输入内部隔离后5脚输出，送到室外机主板U1 的57脚，经内部处理后识别出内机开机需求，控制室外机按内机需求模式开始运行。

“如果室外机在运行过程中出现故障，室外机主板U1通过CAN总线向室内机发送故障代码指令，过程与室内机向室外机发送开机指令相同，课后大家可以自行推理。

“接下来我们探讨一下CAN通信电路的常见故障和检修思路。”李师傅讲解道。

（2）故障检修

参考图2-91，该电路出现问题后会出现内机上电报通信故障C0现象，如图2-92所示，可以采用电脑软件或检测仪判断出是主板还是线路问题，格力多联机上电报C0通信故障，有多种原因，检修思路如下。

① 只有一台内机报C0通信故障，其他内机及外机运行正常，用调试软件监控显示某台内机丢失（这台内机报C0）。根据故障现象基本判定问题就是由该内机电路引起的，如果该机器为末端最后一台，也有可能是连接线引起的。

检修思路：首先排除连接线问题，用一条明线将正常内机与故障内机之间的CAN通信

图 2-92　通信故障外机主板实拍

线进行替换。如果故障排除，证明是信号线的问题。如果故障依旧，即可判定为内机主板问题，维修或代换内机主板即可。

参考图 2-91，在进行内机主板 CAN 通信电路维修时，可以采用电阻法、电压法、打阻法排查外围所有元件，发现故障元件，更换即可，如果没有发现故障元件，则应更换相关收发芯片、隔离芯片。

② 多台内机同时报 C0 通信故障，只有一台或几台内机和外机运行正常，一段时间后停机。根据故障现象基本判定故障原因为连接线，重点查找正常机器与故障机器之间的通信线，可以采用代换法快速排除故障。

③ 内外机同时报 C0 通信故障，都不能正常工作。根据故障现象基本判定故障原因为内外机连接线开路、虚接或外机主板。应首先排除外机主板问题，然后再更换外机与第一台内机之间的连接信号线即可。

“这节课我们就讲到这里，课后大家根据今天的笔记，利用测试平台演练一下 CAN 通信故障的排查方法，下课！”讲完，李师傅离开了培训室。

2.30　TTL 通信电路

课间休息 10 分钟后，李师傅来到培训室，打开笔记本电脑，大屏幕显示：TTL 通信电路。李师傅开始讲课。

2.30.1　TTL 通信概述

在多联机主板与主板之间的通信方式中经常会见到一种非常简洁的通信电路：TTL 通信电路。这种通信具有哪些特点呢？我们对其进行了如下总结。

① TTL 使用固定的电平标准来表示数字信号 0 和 1，通常 0～0.8V 代表 0，2.4～5V 代表 1。

② TTL 传输速度快，可以实现发送和接收同时进行的全双工传输。

③ 由于是纯数字信号传输，所以抗干扰能力较差，主要用于两芯片之间短距离数据传输。

“接下来我们结合 TTL 通信电路模型对其工作原理进行探讨。”说着，李师傅将 PPT 切换至图 2-93，继续讲课。

2.30.2 TTL 通信原理

为了提升 TTL 通信电路的抗干扰能力，在两芯片通信电路中增加了隔离光耦。其工作原理如下：

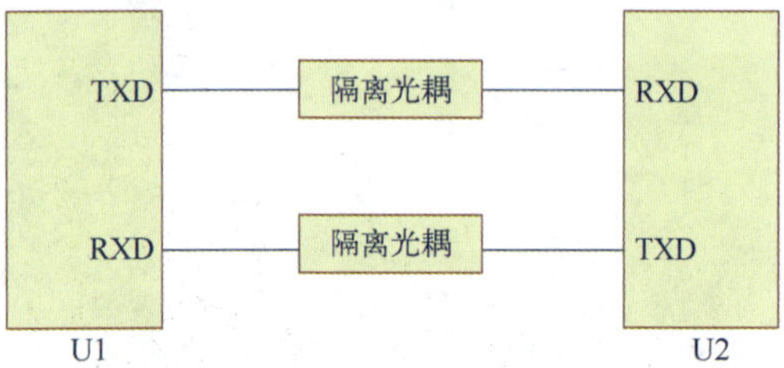

图 2-93 TTL 通信电路模型

假设 U1 为空调主板 CPU，U2 为压缩机驱动板 CPU。当主板 U1 接收到内机的开机指令后，通过 TXD 引脚发送压缩机运行指令，经隔离光耦送达 U2 的数据接收引脚 RXD，经内部处理后开始控制压缩机运行。U2 将压缩机运行数据通过 TXD 引脚经隔离光耦，送达主板 U1 的 RXD 引脚，完成了一次 TTL 通信数据收发过程。

“接下来我们结合 TTL 通信典型电路原理图对其工作原理和检修技巧进行探讨。”说着，李师傅将大屏幕中的 PPT 切换至图 2-94，继续讲课。

2.30.3 TTL 通信电路工作原理与检修技巧

图 2-94 是根据一款格力五代多联机外机主板和一款配套的压缩机驱动板 TTL 通信电路绘制而成的，对其工作原理和检修技巧进行探讨。

（1）工作原理

① U1 向 U201 发送数字信号 1。当室外机主板 U1 向压缩机驱动板 U201 发送数字信号 1（高电平）时→ U1 的 71 脚输出高阻抗 3.3V →通过电阻 R196 加至 Q14 的基极→ Q14 处于截止状态→ Q15 的基极未得电→ Q15 也处于截止状态→ +3.3V 供电经电阻 R200 → C167、TVS5 滤波→ CN8 的 2 脚→ CN302 的 2 脚→加至 U302 的 2 脚→ U302 的 1-2 脚之间无法产生 1.1V 压降，处于截止状态→ U302 的 4-3 脚也处于截止状态→ +3.3V 供电→经电阻 R303 →送达 U201 的 40 脚，此时 U201 的 40 脚收到 U1 发来的高电平数字信号 1。

② U1 向 U201 发送数字信号 0。当室外机主板 U1 向压缩机驱动板 U201 发送数字信号 0（低电平）时→ U1 的 71 脚输出低阻抗 0V →通过电阻 R196 加至 Q14 的基极→ Q14 处于饱和导通状态→ Q15 的基极得电→ Q15 也处于饱和导通状态→ +3.3V 供电→经 CN8 的 1 脚→ CN302 的 1 脚→ R304 →加至 U302 的 1 脚→ U302 的 1-2 脚之间产生 1.1V 压降，内部发光二极管发光→ U302 的 4-3 脚饱和导通→ 0.3V 低电平送达 U201 的 40 脚，此时 U201 的 40 脚收到 U1 发来的高低电平数字信号 0。

（2）故障检修

在实践维修中，当 TTL 通信电路出现故障后，压缩机驱动板黄灯闪烁，主板报 C2 压缩机驱动板通信故障。

值得注意的是，外机主板报 C2 的原因不仅限于 TTL 通信电路异常，例如，压缩机驱动板开关电源电路异常、变频模块损坏、通信线异常等都会引起该现象。

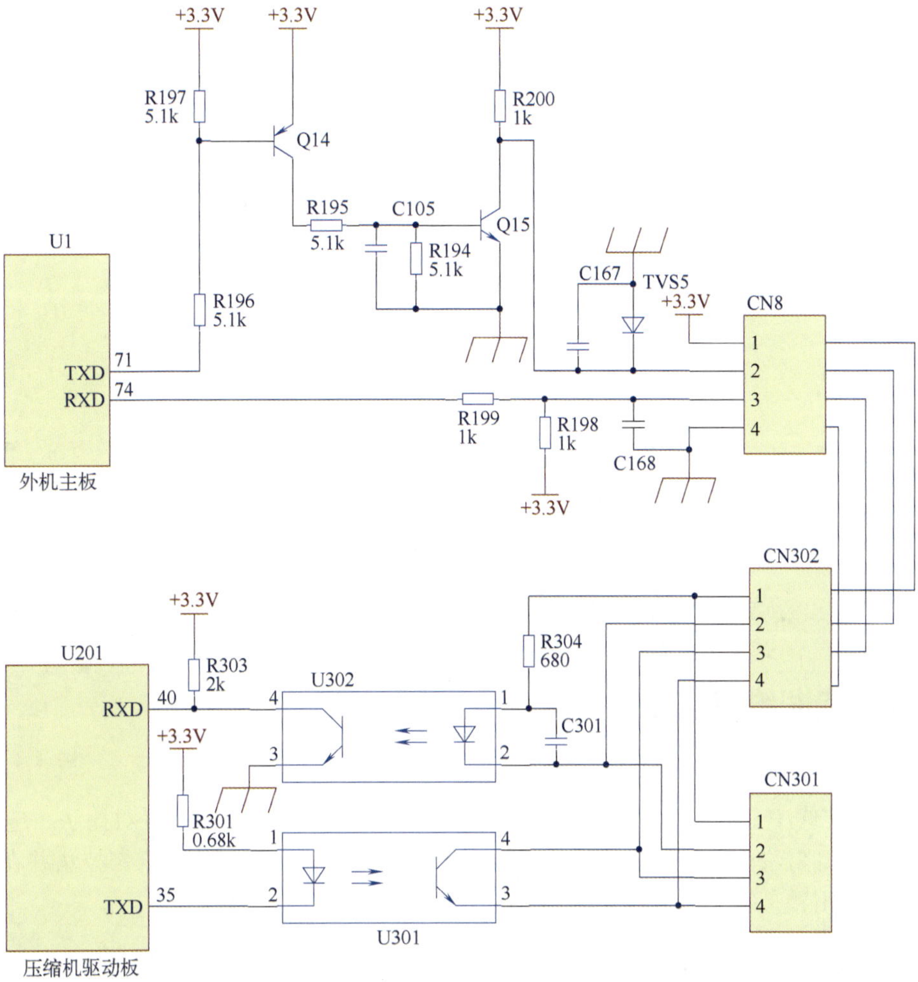

图 2-94　TTL 典型通信电路原理图

在实际维修中一定要善于观察，在压缩机驱动板供电电压正常、指示灯正常闪烁的前提下仍然报 C2，我们再运用电压法（与干预法配合测量）、电阻法（在路测试相关电阻）、打阻法（在路光耦测试）、电桥法（在路电容测试）、干预法等综合检查该通信电路所有元件，找到坏件修复即可。

“这节课我们就讲到这里，课后大家利用测试平台模拟演练一下 TTL 通信电路故障检修技法，下课！”讲完，李师傅离开了培训室。

第3章 空调维修经验笔记

下午2点，李师傅来到培训室，打开笔记本电脑，大屏幕显示：空调维修技法，李师傅开始讲课。

3.1 空调维修技法

“在实践维修中，我们总结了10余种常用的基础维修技法，如电阻对比法、电压对比法、烧机法、打阻法、电桥法、换脑法、绘图法、电流法等。牢记空调维修技法并在实践维修中熟练地应用，是每一位维修师傅必备的基本功之一。”李师傅讲道。

3.1.1 电阻对比法

（1）电阻的5种形态

① 正常。

② 阻值变大（在实际维修中，这种概率是最大的）。

③ 阻值变小（概率较小，但在实际维修中仍有遇见）。

④ 开路（电阻开路，通常为过流或老化引起）。

⑤ 短路（电阻被击穿，目前没有发现过）。

（2）检测方法

① 在路阻值自我对比测试法。用电阻法在路测试电阻阻值与标称值进行比较，根据概率，若测量值大于标称值，我们认为该电阻是坏的。值得注意的是，如果电阻电路并有大容量的电容器时此方法无效！

② 在路与他对比法。用电阻法与相同电路、相同位置、相同阻值的电阻进行对比，或找一块一样的好板用同位置的电阻进行对比在路测试，阻值偏大或偏小的即为故障点。

③ 脱机开路测试法。对于有大容量电容器并联的电阻电路，通常采用将串联电路中的某个电阻脱开一个引脚再进行在路测量的方法。

3.1.2 电压对比法

根据欧姆定律和电阻串并联计算公式计算出可疑故障点电压值，用万用表电压挡在路测试进行比对，如果所测电压与计算电压相同，证明该电路是好的，如果偏差较大证明找到了故障点。

3.1.3 打阻法

以数字万用表为例，将万用表打到二极管挡，测试时红表笔接地，用黑表笔去检测电容、二极管、三极管、变频模块、CPU、供电等被测元件或供电负载。

接下来以各种场景为例详细解说。

（1）测量供电负载

通常供电负载压降大于 0.3V 为正常，如果有条件拿一块好板与坏板进行打阻压降对比，则更为精准。

（2）测量二极管

通常二极管正向压降在 0.4 ～ 0.6V 之间，如果偏大或偏小视为异常，采用压降对比法更为精准。

（3）测量变频模块

通常用来测量内部六路驱动输入对地压降进行对比，压降误差值在 0.01V 之内视为正常，太大视为异常。变频模块的内部 IGBT 并联的阻尼二极管也可打阻测量，通常在 0.4 ～ 0.6V 之间视为正常且上下半桥相近，如果偏大或偏小视为异常。

3.1.4 电桥法

在实际电路板维修中，电桥作为一个在路测试判断电容、电感（开关变压器）、毫欧电阻的实用工具，是我们经常用到的，用电桥在路测试判断元件好坏的方法我们称为电桥法。本小节对其测试方法和测试结果判断元件好坏的标准总结如下。

（1）用电桥在路测试电容器

① 电解电容的测量。在空调电路板中电解电容多用于滤波，其容量从 1μF 到上千微法不等，内部有电解液，由于受到使用环境和温度的影响电解液漏液、干涸后引起电容损坏的故障率较高。对于一些大容量的电解电容，我们在进行在路测量时一定要断电，对电容先进行放电后再用电桥测量，否则有被电击、烧坏工具的风险。

测试时，将电桥挡位调到电容挡，频率设定为 100Hz，参数查看设定为损耗，简称 D 值，D 值＞ 0.2 证明该电容已经损坏，必须更换，0.1 ＜ D 值＜ 0.2 证明该电容已经存在漏电，建议更换，D 值＜ 0.1 证明该电容正常，可以使用。

电解电容能否使用的另一个重要参数为容量，一般电解电容器的实测容量值与标称容量值误差在 20% 之内为正常（高精密电解电容除外）。如果实测电容器的容量与标称容量差超过 20%，应予以更换。

② 小容量电容的测量。对于小容量无极性电容测试时，将电桥挡位调到电容挡，频率设定为 10kHz，参数查看设定为损耗，简称 D 值，D 值＞ 0.2 证明该电容已经损坏，必须更换，0.1 ＜

D 值＜ 0.2 证明该电容已经存在漏电，建议更换，D 值＜ 0.1 证明该电容正常，可以使用。

小容量电容能否使用的另一个重要参数为容量，一般电容器的实测容量值与标称容量值误差在 20% 之内为正常（高精密电解电容除外）。如果实测电容器的容量与标称容量差超过 20%，应予以更换。

（2）用电桥在路测试电感（开关变压器）

在使用电桥测试电感线圈的电感量时，需要根据电感的使用电路环境（高频、中频、低频）选择合适的频率进行测试。

以测量开关变压器的初级线圈判断开关变压器是否有匝间短路为例，探讨如何用电桥测试电感的方法。

由于开关变压器工作在 65kHz 的高频环境下，所以电桥的挡位调在电感 L 挡，测试频率设定为 10kHz，在路实测开关变压器的初级线圈，观察其损耗 D 值和电感量，如果有条件可以与一台同型号好的机器上的开关变压器初级线圈所测试的数据进行对比，判断其电感量是否正常。所测 D 值＜0.1 为正常。如果实测 D 值＞ 0.1，证明开关变压器存在匝间短路，应予以更换。

（3）用电桥在路测试毫欧电阻

在空调电路板中的采样电阻大多采用毫欧电阻，需要用电桥的 DCR 挡进行在路测量，所测阻值等于或小于标称阻值视为该电阻正常，如果实测阻值大于标称阻值，视为该电阻损坏，应予以更换。

在实践维修中，对于某一处供电负载严重短路的情况，用烧机法有时会无效，用分段法比较麻烦，这时我们可以尝试采用电桥的 DCR 挡进行分段测量，阻值最小的那一段或元件往往就是故障所在。

3.1.5 烧机法

对于负载短路等故障，我们通常采用烧机法。准备一台电流、电压可调电源，将电流调到 2A（建议不要大于 2A，否则有可能烧坏电路板铜箔），将电压调到负载供电标称电压。

电路板断电状态，接入可调电源供电，观察电流值。如果电流大于 0.2A，通常负载有问题，用热成像仪观察电路板发热元件，发热最高的元件或 IC 通常就是故障元件。如果没有热成像仪，可以用松香粉或用红外测温仪，或用手指（注意防静电）感知发热元件。找到发热元件即为故障点。

3.1.6 电流法

① 配合烧机法，根据负载电流大小判断负载是否过流。如果烧机法没有办法找到故障元件，用分段法或电桥的 DCR 挡即可快速判定负载元件。

② 用钳形电流表检测内机总电流，判断压缩机是否启动。如果压缩机正常，启动电流不会超过额定电流，如果压缩机卡缸或启动电容失效，会引起启动瞬间电流很大（远远超过额定电流），几秒后电流消失，机器报相应故障代码。

3.1.7 逻辑法

逻辑法，又称推理法、逻辑分析法，常常用于运算放大器、电阻串并联、欧姆定律比较器等复杂电路的电压计算和故障元件推理，熟练掌握该方法后即可达到高手水平，通过几个关键点电压的测量即可推算出故障元件。

本小节以图 3-1 格力凉之静整机电流检测电路原理图为例，详细探讨推理过程。

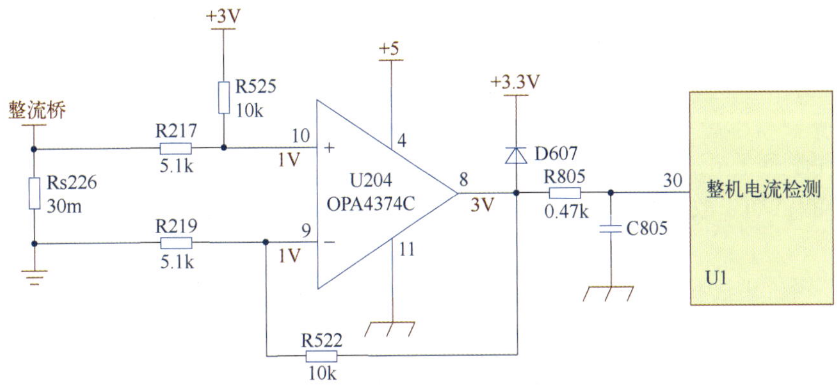

图 3-1 格力凉之静整机电流检测电路原理图

“首先请大家回顾一下之前学过的比较器和运算放大器，看一看图 3-1 中的电路是一个什么电路。”李师傅问道。

“是一个差分放大器电路。”小田回答道。

“小田同学回答正确，那么你解释一下这个电路为什么是一个差分放大器电路。”李师傅先肯定，然后继续问道。

“因为它符合差分放大器的必备条件：① 同相输入端电阻 R217 与反相输入端电阻 R219 阻值相等；② 上拉电阻 R525 与负反馈电阻 R522 相等。

“所以我判断这就是一个差分放大器电路！”小田解释道。

“小田同学回答得很好，接下来哪位同学解释一下 U204 的 10 脚 1V 电压是如何计算得来的。”李师傅先肯定然后继续问道。

“根据运算放大器虚断理论和电阻串联计算公式即可得出这个 1V 电压。”小张回答道。

“小张同学回答正确，接下来哪位同学解释一下 U204 的 8 脚 3V 电压是如何计算得来的。”李师傅先肯定然后继续问道。

“根据差分放大器计算公式，由于待机时整机电流 V1 很小，V2 接地，所以待机时 Vout 约等于上拉供电 3V。”小王回答道。

“小王同学回答正确，看来大家对于我们之前讲的电路原理掌握得不错，为我们今天的逻辑推理和后续实践打好了基础。”李师傅赞赏道。

“将故障机器实测电压与计算正确电压进行比对，电压不一样的引脚即为故障点。

“以图 3-1 为例，假设 10 脚电压实测为 2V，用逻辑法推算故障元件为哪个？”李师傅提问道。

“R217 变大或 R525 变小，根据概率推算，R217 变大的概率较大。”小田回答道。

“小田回答得很好，在实践维修中为了避免误判，我们可以在断电状态先将 R217 从主板上拆下来，然后再用电阻法测量 R525 的阻值是否变小。如果实测阻值小于 10kΩ 证明 R525 坏了，将 R525、R217 全部更换即可，如果实测 R525 为标准 10kΩ（允许误差 1%）没问题，那么我们只需更换 R217 即可排除故障。”李师傅先肯定然后又继续讲解道。

“以图 3-1 为例，假设 9、10 脚电压为正常 1V，实测 8 脚电压为 2V，用逻辑法推算故障元件为哪个？”李师傅提问道。

“U204 芯片本身损坏！”小张回答道。

“小张同学答对了一部分，如果这是一个 10 分考题的话，小张可以得 3 分。还有 7 分，哪位同学继续补充一下？”李师傅继续问道。

“R219 阻值变大或 R522 阻值变小，根据概率，R219 阻值变大的概率要大一些。”小田回答道。

“小田同学回答正确。在实际维修中，我们发现故障点后，一定要先排除芯片外围元件故障的可能，如果故障仍然存在，我们最后再更换 U204 芯片本身。”李师傅先肯定后补充道。

“关于逻辑推理法我们就讲到这里，课间休息 10 分钟，下节课我们继续探讨更多空调维修技法！”说完，李师傅离开了培训室。

课间休息 10 分钟后，李师傅来到培训室，继续讲课。

3.1.8 分段法

分段法，又称为分段脱离法。对于负载有严重短路，如一上电就烧保险等故障很有效。

本小节以一上电就烧保险为例介绍分段法的使用方法：

首先，为了避免重复烧坏保险管，建议将保险管用一个 100W 灯泡代替，再将负载全部脱开，接入灯泡，然后一个一个地接入负载，当接入某个负载时灯泡点亮，证明该负载即为故障点。

3.1.9 换脑法

在实际维修中，有时候我们修好了一块变频板，如果手边没有与之数据相匹配的压缩机进行测试，无法判断板子有没有真正修好，这时候我们就可以用换脑法。简单来说就是，将修复主板的 CPU 和存储器程序换成我们手边现有压缩机配套的程序进行测试，测试完成后，再将原机程序烧写回去即可。

值得注意的是，这种维修方法需要有把握才能进行操作，否则有可能将板子烧写报废。

3.1.10 绘图法

在实践维修中，我们会遇到很多没有图纸的板子需要进行检修，如果通过常规维修技法检测都没有发现问题，根据故障现象判断大概故障部位后，利用绘图法将局部电路原理图绘出，再进行关键点电压计算，即可快速将机器修复。

在绘图之前我们应做如下准备：

（1）查询故障部位 IC 数据

可以利用互联网进行查找，将 IC 数据技术手册进行下载，如果是英文，可以利用翻译工具理解其各引脚定义，配合外设电子元件将原理图绘出。

（2）跑 PCB 线路

在绘图过程中一定要学会跑 PCB 线路图。事实上，电路板 PCB 线路图就是一张电路图，我们只需要将故障部位的 PCB 线路图和电子元件绘制出来，即它的电路原理图。

在跑线路时应采用合适的工具并掌握如下技巧：

① 如果有条件的话，可以利用电子显微镜并在电路板底部放置 LED 灯配合使用，如图 3-2 所示，可以清晰观察 PCB 线路过孔和路径。

图 3-2　显微镜下观察 PCB 板线路

② 用万用表的蜂鸣挡可以快速查找元件的接地端和供电端，以及铜箔过孔、线路连接点。

③ 图纸绘制完成后，如果有能力，可以使用 AD 绘图软件将图纸进行处理，转成 PDF 进行保存或分享给他人。

“到此我们在空调电路维修中的 10 种常用技法就讲完了，课后大家要将上述方法牢记于心，勤加练习，才能逐步达到高手水平！”讲完，李师傅离开了培训室。

3.2　家用空调维修经验笔记

经过半个月的理论与实践学习，小田基本掌握了变频空调电路板维修初级技能，辞别李师傅回到公司继续工作。

小田有一个很好的习惯，每当修复好一台有代表性的故障机器，他都会将维修过程和相关图纸做成笔记，并将该案例经验进行总结，从中找到通用的方法，以期达到举一反三、触类旁通的目的。

今天接修一块格力 2 匹大板时遇到了瓶颈，IGBT 更换后一上电开机就再次烧毁，小田不敢再试验了，带上板子驱车来到工作室，刚好李师傅也在。

“李师傅，我遇到难题了，需要您的指点！”小田说道。

“什么问题？详细描述一下故障现象和你的维修思路。”李师傅问道。

小田将主板放在工作台上，用手指着主板上的 IGBT。

“这块主板一开始报的是 E6 通信故障，通过检测我发现 IGBT Q16 击穿了，我更换了一个同型号的管子后上电开机，压缩机刚刚运行了一下，只听见‘啪’的一声 Q16 又击穿了，这次把熔断器也烧断了！”小田略带惊恐地说道。

“之前课堂上我跟你们讲过维修此类故障要采用安全检修法进行测试，接下来就以你这块主板为例，我给你详细演示一下安全检修法的操作流程。”李师傅说道。

3.2.1 安全检修法修复开机屡烧 IGBT

李师傅找到一份电路板相关图纸，如图 3-3 所示。

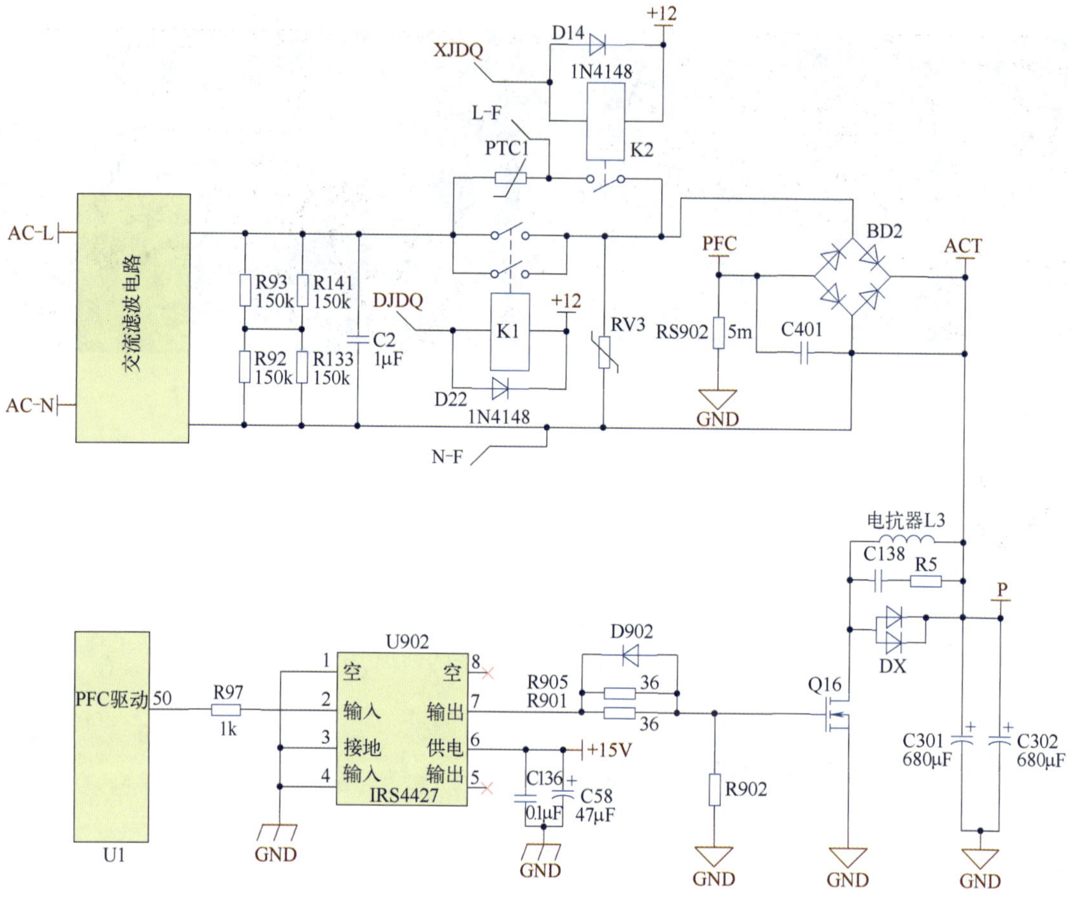

图 3-3 PFC 驱动电路

断电状态，李师傅用电阻法检测熔断器已经熔断，用打阻法检测 Q16 的 D-S 极已经击穿短路。

李师傅首先将熔断器换好，将 Q16 拆下来，然后连接好电源、压缩机、检测仪，启动机器。用万用表直流电压挡测量 U902 的 2 脚输入电压为 0V，测量 U902 的 7 脚输出电压为 15V。李师傅关闭了电源。

“知道故障原因了吗？”李师傅问道。

“我明白了李师傅，原来是 U902 内部损坏 7 脚一直输出 15V 高电平引起的屡烧 IGBT。”小田回答道。李师傅点点头，更换 U902、Q16 后，再次用电阻法将放电电阻 R902 测试一遍，用打阻法将续流二极管 DX 测试一遍，排除各种可能后再上电测试，故障排除。

小田回到公司后将今天的检修过程详细记在了笔记本上。

在笔记的最后小田做了如下总结：

> 在检修IGBT击穿故障时，必须采用安全检修法判断驱动电路、放电电路、续流二极管等全部正常后，再更换元件上机测试。
>
> 修机器一定要实践联系理论、追根溯源，找到引起故障的根本原因，方能彻底解决问题。

3.2.2 自建软启动电路修复格力PL故障代码

这是一块客户送修的格力3匹变频柜机大板，客户反映报PL故障代码。小田收下板子，查故障代码PL的含义为直流母线电压过低保护，根据故障代码，判断故障原因可能为直流母线电压检测电路或供电异常。

小田连接好电源、检测仪，上电开机检测发现直流母线电压有320V，迅速降低报PL故障代码。由此证明，直流母线电压检测电路正常，原因为供电电路异常。

小田用万用表检测上电继电器K1，开始时，继电器吸合一下，几秒后继电器自动断开，怀疑继电器异常，更换继电器后，故障依旧。

小田找到了这款板子的参考图图3-4进行维修参考。

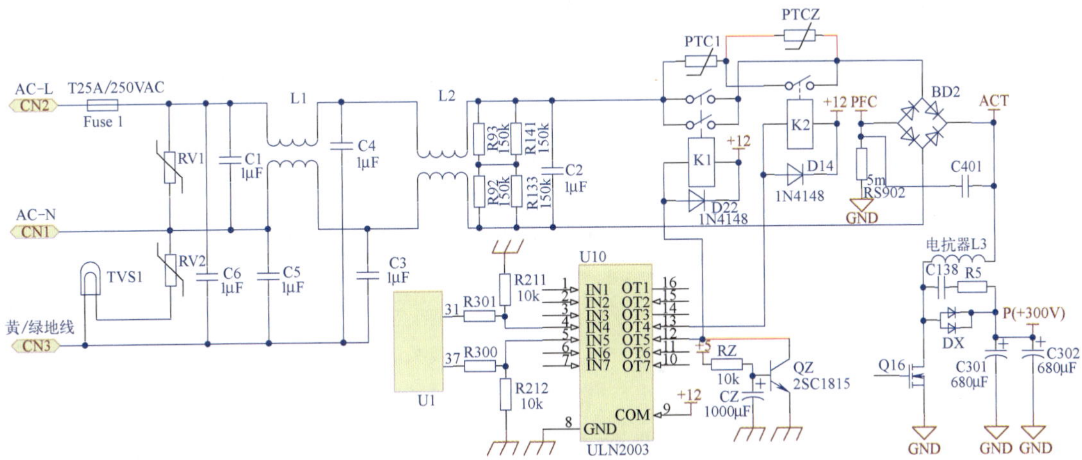

图3-4 格力3P大板交流滤波软启动电路图

小田用万用表检测CPU的37控制引脚输出，发现开机时几秒有2.5V左右高电平，几秒后电平变为低电平，由此判断为CPU内部程序或37脚内部电路引起。

为了进一步验证判断的准确性，小田用人为干预法，上电后先用串灯泡的办法给大滤波电容充电，然后用导线将上电继电器K1的触点焊盘短接，开机测试机器运行正常，由此断定为CPU内部程序问题或该引脚内部异常引起。

由于手边没有同型号带程序的CPU，所以小田决定采用自建软启动电路的办法解决该问题。小田翻开之前在李师傅培训课程当中学到过的该类电路的设计方法，如图3-4中红色走线外接元件PTCZ、RZ、CZ、QZ所示，实现自建软启动电路。

由于元件较少，自建软启动电路直接用搭桥法实现，如图3-5所示。

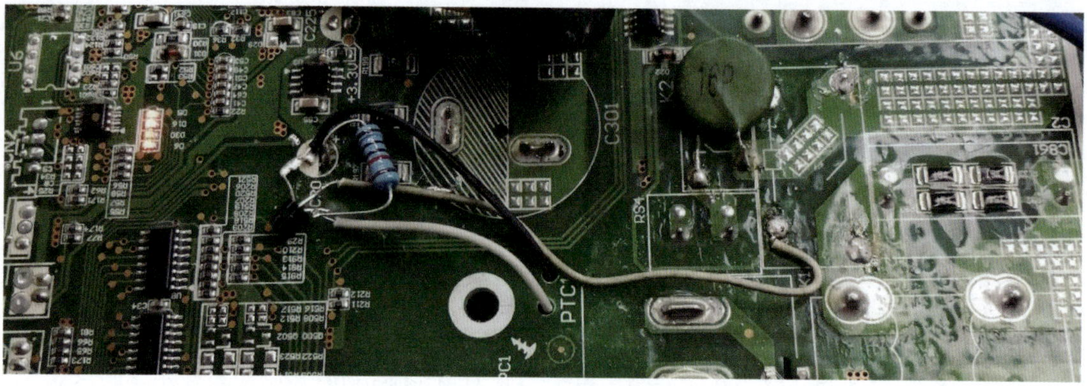

图 3-5　搭桥法自建软启动电路

小田在最后的笔记中写道：

在实际的电路板维修中，故障现象千变万化，有时候受到条件限制，找不到相关配件时，我们可以采用自建电路的办法，实现某种功能。

3.2.3 格力挂机电源引发的 E6 通信故障维修

这是一块客户寄修的格力方板，小田打开包裹，发现客户留的纸条：上电开机几秒内机报 E6 通信故障。

小田连接好主板供电、检测仪等设备，上电开机进行测试，主板指示灯闪了一下就灭了。

参考图 3-6，小田用万用表电压挡测量主板的主要供电数据如下：

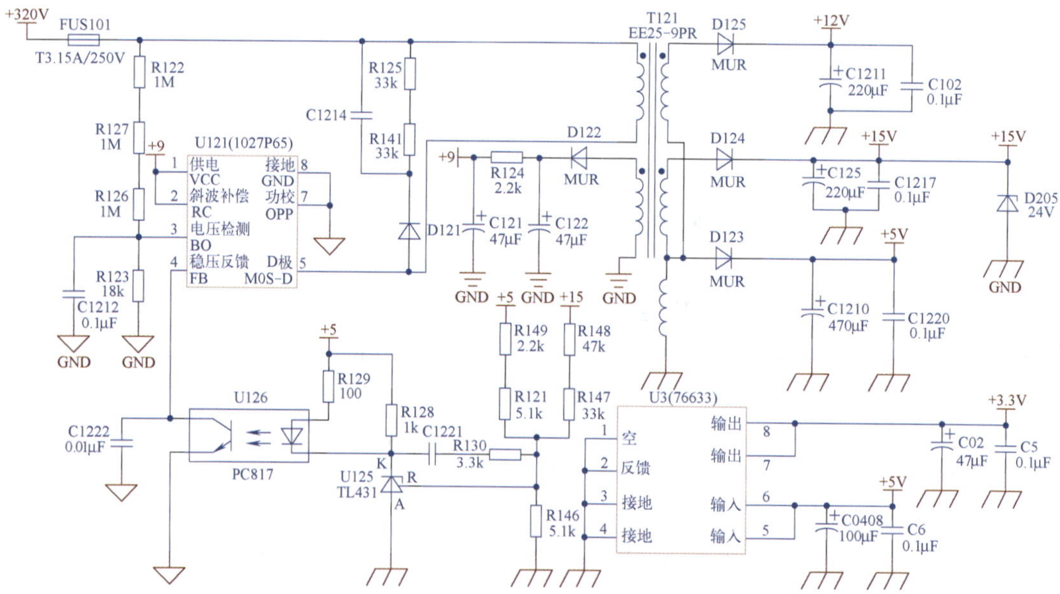

图 3-6　格力方板典型开关电源电路原理图

3.3V 供电实测为 0V；

5V 供电实测为 2V 左右不稳定；

12V 供电为 13V 左右不稳定；

15V 供电为 1V 左右不稳定。

测量完毕，小田立刻切断电源，用灯泡给主板 300V 供电进行放电处理。

根据上述实测电压，小田想起了李师傅在课堂上讲过的该类案例及维修思路：该现象通常为开关电源电路稳压失控使 15V 供电升高大于 24V，保护稳压二极管 D205 被击穿引起的，检修时，先排查更换 D205，然后再排查稳压采样及反馈电阻，查明原因更换相关元件后方可上电测试。

小田用万用表二极管挡在路检测 D205，发现压降为 0V，用电烙铁将 D205 从主板上取下后再次测量，显示压降 0.45V，恢复正常，证明 D205 已经击穿短路。

小田继续用电阻法在路检测开关电源电路的稳压采样及反馈电路电阻，当检测到 R129 时，标称阻值为 100Ω，实测阻值为 1MΩ，证明该电阻变大。为了保证故障排查彻底，小田将相关元件全部检测一遍，都未发现异常。

小田将 R129、D205 更换后上电测试，故障排除。

小田在笔记总结中写道：

在维修电源负载短路故障时，除了找到短路元件外，还要思考引起元件短路的真正原因是什么，找到真正原因并排除后方可上电测试！

3.2.4 格力挂机运行一会儿报 E6 通信故障维修

这是一块客户寄修的格力方板，小田打开包裹，发现客户留的纸条：上电开机运行一会儿报 E6 通信故障。

小田连接好主板电源、检测仪等设备，上电开机进行测试，压缩机运行正常，运行了大概十几分钟也没有出现问题。

小田用示波器观察通信波正常，断电后用电阻法检测通信线路所有电阻，也没有发现问题，到此维修陷入了困境。

小田拨通了李师傅的电话，将维修这块格力方板遇到的问题向李师傅描述了一遍，等待李师傅的指点。

“你看一下主板上的电源管理芯片是不是用的 1027P65？”李师傅问道。

“是的，李师傅。”小田回答道。

“你给板子供上电源，用电压法测量一下待机时 1027P65 的 3 脚对地电压是多少？”李师傅问道。

小田给板子供上电，用万用表测量 1027P65 的 3 脚对地电压为 3.074V，如图 3-7 所示。

这时，小田突然想起了李师傅在课程上讲过关于 1027P65 3 脚电压检测的内容。

“李师傅，实测待机时 1027P65 的 3 脚电压为 3V。”小田在电话中回复道。

“正常时这个引脚的电压待机时应该为 2.1V 左右，3V 太高了，如果压缩机在高频运行时，PFC 工作后母线电压升高，该电压会继续升高，当高于 4V 时开关电源停止供电输出，机器就会报 E6 通信故障了！”李师傅解释道。

图 3-7　故障时 U121 的 3 脚电压

“好的，谢谢李师傅，我明白了！”小田兴奋地说道。

为了便于电路分析和学习，小田将这块板子的开关电源电路图绘出，如图 3-8 所示。通过逻辑法和概率法，小田分析 R123 阻值变大的可能性较大，所以断电后，小田先将 R123 从板子上拆下来，然后再用电阻法测试 R122、R126、R127 阻值正常，更换 R123 后上电测试 U121 的 3 脚电压为 2.1V，恢复正常值。

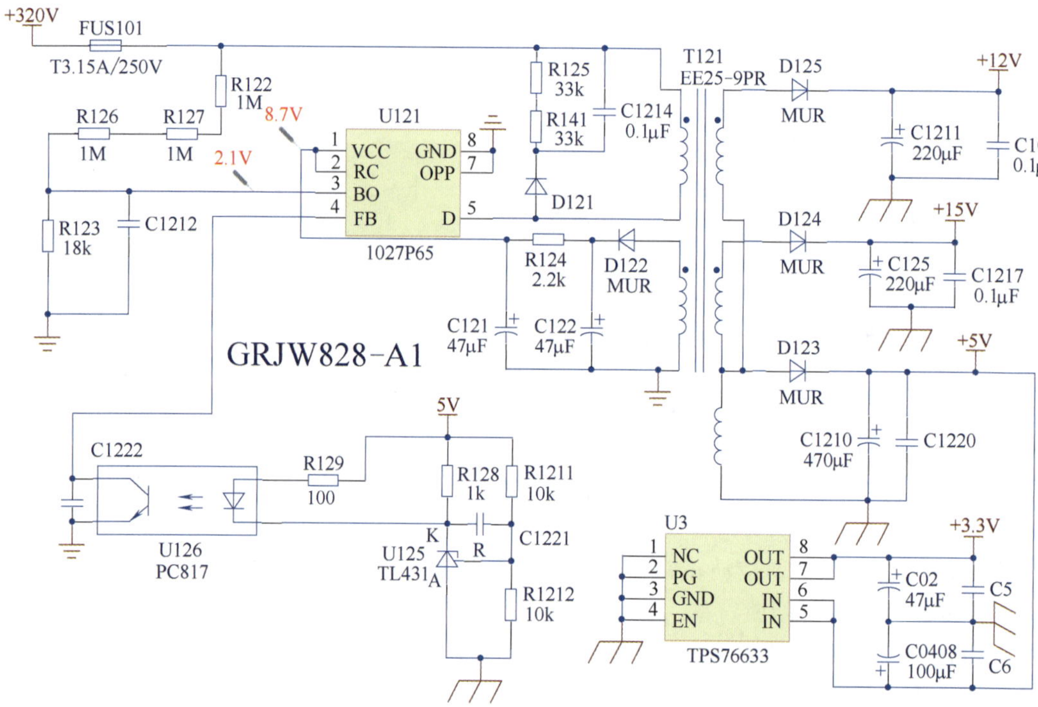

图 3-8　格力方板开关电源电路图

小田在笔记总结中写道：

> 在维修格力方板不定时报 E6 通信故障时，除了常规检测通信电路之外，如果电源管理 IC 采用的是 1027P65，一定要记得测量一下 3 脚电压是否偏移，避免陷入困境。

3.2.5 格力挂机外板万能检测仪检测正常上机报 E6 通信故障维修

今天，小田接修一个格力方板时碰到了一个奇怪的故障现象，用万能变频空调检测仪当着客户的面测试压缩机运行正常，但是客户上机安装后报 E6 通信故障。小田第一次遇到这种情况，思路断了，不知道如何进行检修了，他决定带上主板到工作室找李师傅指点一下。

上午 10 点左右，小田来到工作室，寒暄几句后，小田便将这块变频板的具体情况向李师傅讲述了一遍。

李师傅没有立即发表自己的意见，而是将故障变频板放到工作台上，在断电状态下，用万用表电阻挡直接排查该方板通信电路相关电阻元件。

小田在一旁拿着图 3-9 参考，认真观察，当李师傅检测到 R133 这个电阻时，发现明显偏大且不稳定，李师傅脸上露出了微笑，拿来烙铁将 R133 电阻取下，处理一下焊盘，点上锡浆，选取一枚 0603-1K 贴片电阻，用热风枪焊接牢固。上电测试，故障排除。

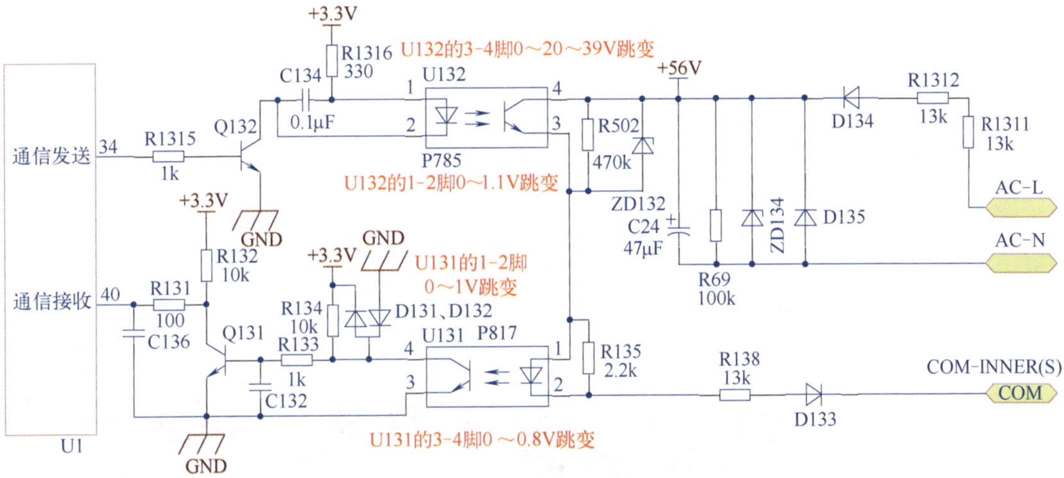

图 3-9　格力方板典型通信电路图

从开始检修到维修完毕，李师傅没有讲一句话，小田也没有问，维修完毕后李师傅问道："明白了吗？"

"明白了，李师傅。"小田回答道。

小田回到公司后，赶紧将自己今天的学习过程记录下来，在笔记的最后总结道：

> 当我们在检修某类故障没有思路时，不妨回归本源，用最基本的电阻法、电压法、打阻法进行全面的元件级排查，往往会起到意想不到的效果！

3.2.6 格力 Q 特变频挂机运行一下报 H5 模块保护故障维修

这是一块客户寄修的变频挂机外机电器盒，客户在包裹中留下小字条进行了故障说明：压缩机运行一下就停，一段时间后报 H5 故障代码。小田非常兴奋地将板子放在工作台上，连接好电抗器、电源、检测仪开始检测。

为了便于分析和检修，小田用绘图法将该机器相电流检测电路原理图绘出，如图 3-10 所示。

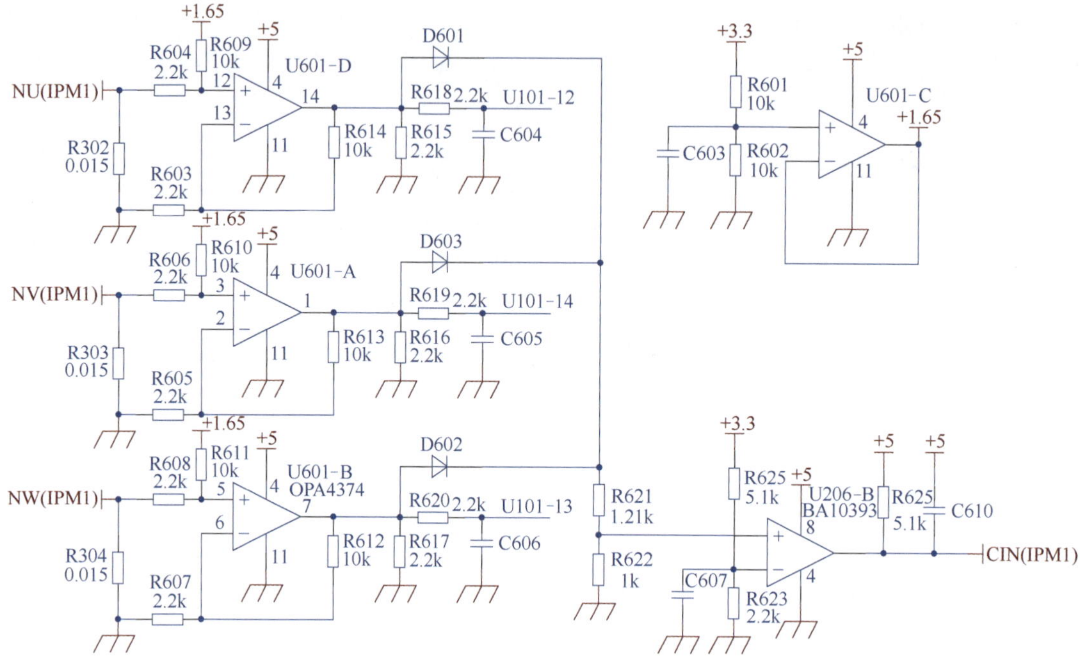

图 3-10　Q 特变频挂机相电流检测电路图

小田用电压法检测 U601 的 1、7、14 脚相电流检测输出待机电压时发现 1 脚电压偏低，如图 3-11 所示。正常时该脚电压为 1.65V 左右。实测电压为 1.54V，比正常电压低了 0.11V。

图 3-11　故障时测试电压

引起该脚电压降低的原因主要为 R607、R611 阻值变大。具体哪个电阻引起，需要用电压法进一步检测判断。小田继续用万用表电压挡检测 U601 的 3 脚电压为 0.27V，比正常 0.298V 低了 0.028V，由此判断是 R610 阻值变大引起的。更换 R610 后故障排除。

小田将维修过程详细地记录了下来，在笔记最后总结中写道：

维修变频空调压缩机不启动模块保护故障时，需要将相电流检测电路原理图绘出，用计算公式计算出关键点待机电压，用电压法即可判定故障元件。虽然绘图占用了一些时间，但是为后续快速维修打下了基础。

3.2.7 格力开机报 F3 故障维修

今天，小田收到一块客户寄修的格力方板，故障现象是上电开机报 F3 故障代码。小田连接好了检测仪和故障板，开机测试显示故障代码如图 3-12 所示，为了便于分析和检修，根据主板实物，小田将该部分电路原理图绘出。

图 3-12 故障代码及相关电路图

这个故障原因可能是环境传感器问题，也可能是检测电路问题。首先排除传感器问题，因为小田换上的传感器是好的。

上电待机状态，小田用万用表直流电压挡直接检测 CN2 的 3-4 脚电压时发现为 0V，如图 3-13 所示。

图 3-13 电压法判断故障部位

根据逻辑法判断下拉电阻 R803 开路或变大引起该现象，更换 R803 后试机，故障排除。

小田在笔记的最后总结中写道：

> 维修判断传感器类故障可以采用电压法，在排除传感器本身问题后，根据显示电压压降判断出是下拉电阻问题还是隔离电阻问题，如果所测电压为 0，证明为下拉电阻（R803）开路，如果所测电压正常，一般为隔离电阻（R804）问题。

3.2.8 格力开机报 U8 故障维修

这是一块客户送修的格力 Q 力定频内机主板，客户反映上电开机报 U8。

小田将内机主板连接好显示屏、变压器、传感器、电源，上电开机显示 U8，如图 3-14 所示，与客户描述一致。

小田经过代码查询得知 U8 的含义为过零检测故障。小田记得李师傅在课堂上讲过该过零检测电路为工频变压器降压式过零检测电路。

图 3-14　格力内机主板开机显示 U8

小田用示波器测量过零检测三极管 Q5 集电极的波形已经严重畸形，如图 3-15 中故障时测试波形所示。通过波形分析，可能故障由 4 个整流二极管和 1 个隔离二极管中的某个或多个性能不良引起，小田将 5 个二极管全部换新后再次测量 Q5 的集电极波形，如图 3-15 中修复后测试波形所示，已经恢复正常，开机后 U8 消失，故障排除。

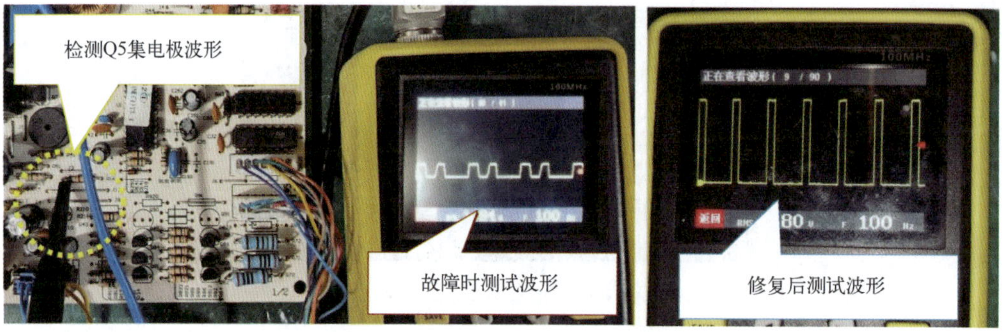

图 3-15　过零检测电路 Q5 集电极故障时与修复后波形

为了便于后期该类故障维修，小田根据主板将该部分电路图绘出，如图 3-16 所示。

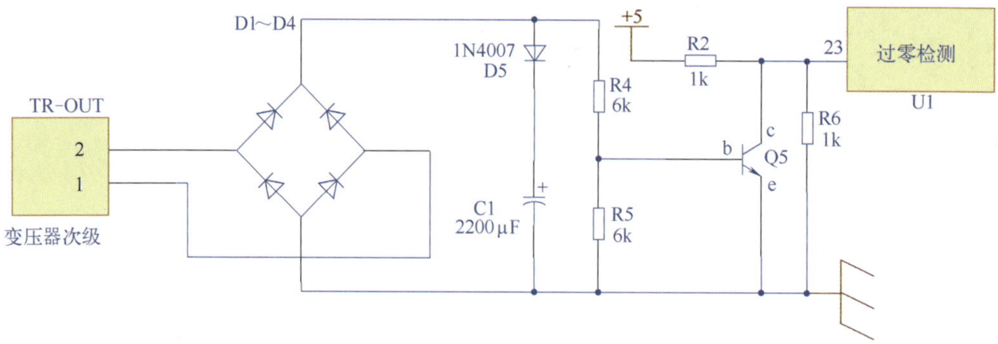

图 3-16　过零检测电路图

小田在笔记中写道：

在实际维修中，如果没有示波器如何检修过零检测电路故障呢？首先用万用表在路检测 Q5、R4、R5、R2、R6 是否正常。有问题更换，没有问题，将 5 个整流二极管全部更换即可。

3.2.9 格力柜机开机报 U1 故障维修

这是一块客户送修的格力 3 匹大板，板号是 GRJW873-A1，客户反映开机报 U1 故障代码。

小田用检测仪代替内机测试，外机显示故障与客户描述一致，如图 3-17 所示。

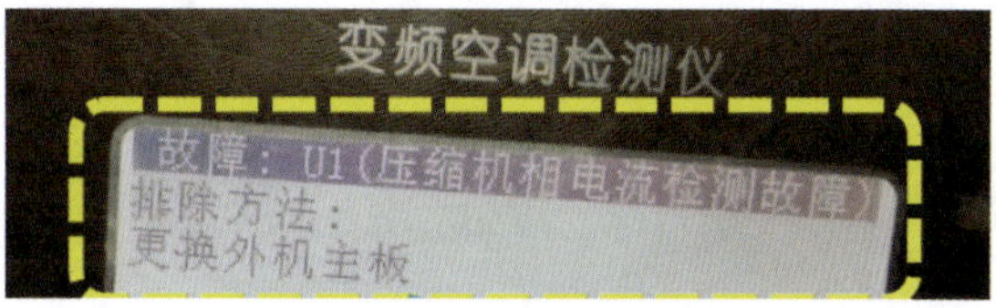

图 3-17　检测仪显示 U1

小田根据主板底板线路图，分析该机器主板采用主副电源双供电，由两个继电器控制，上电待机时小继电器吸合副电源开关电源得电，主电源由大继电器控制不得电。

上电后启动检测仪代替内机驱动外机，直接显示故障代码 U1，主继电器并未工作就报了故障，证明故障点为相电流检测电路自身原因。

断电后，小田用电阻法在路测试相电流检测电路电阻阻值时，发现负反馈电阻 R47 阻值由 5.1kΩ 变为 8.4kΩ，更换 R47 后上电试机，故障排除。

小田为了便于学习和研究，根据该主板实物将 U1 相电流检测电路的原理图绘出，如图 3-18 所示。

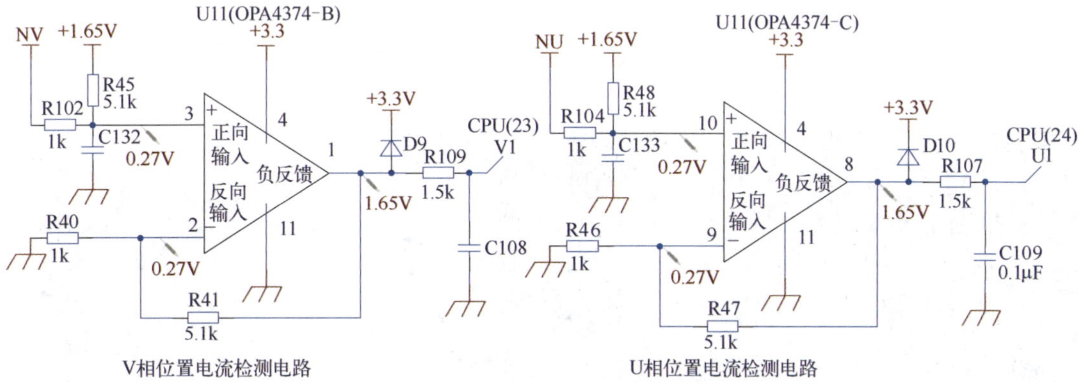

图 3-18　相电流检测电路原理图

最后小田在笔记中写道：

当负反馈电阻 R47 变大后，该差分放大器电路变成了同相放大器，U11 的 8 脚电压发生偏移，上电后，CPU 经过检测该脚电压，与正常时进行比较发现问题，直接报 U1 代码。

3.2.10 格力挂机运行一下报 E5 故障维修

有一块客户送修的格力全直流挂机方板，板号 GRJW828-A，客户反映报 E5 故障代码。

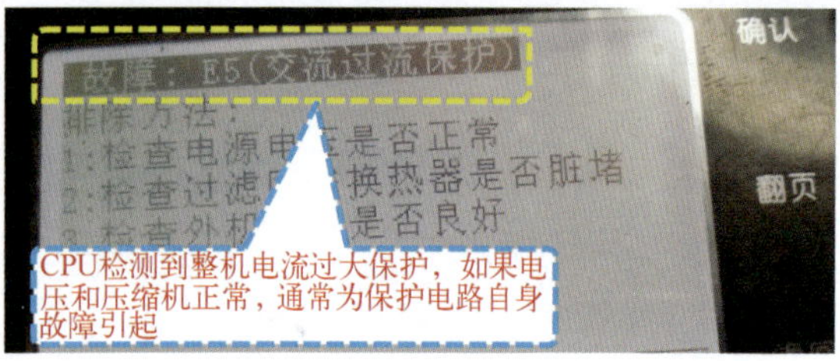

图 3-19　开机检测仪报 E5 代码

小田将主板连接好，变频检测仪上电测试故障代码与客户描述一致，如图 3-19 所示。

小田观检测仪 E5 的代码含义为交流电流过流保护，220V 供电和压缩机均没问题，证明主板保护电路存在问题。小田找到李师傅讲过的该电路的图纸，如图 3-20 所示。

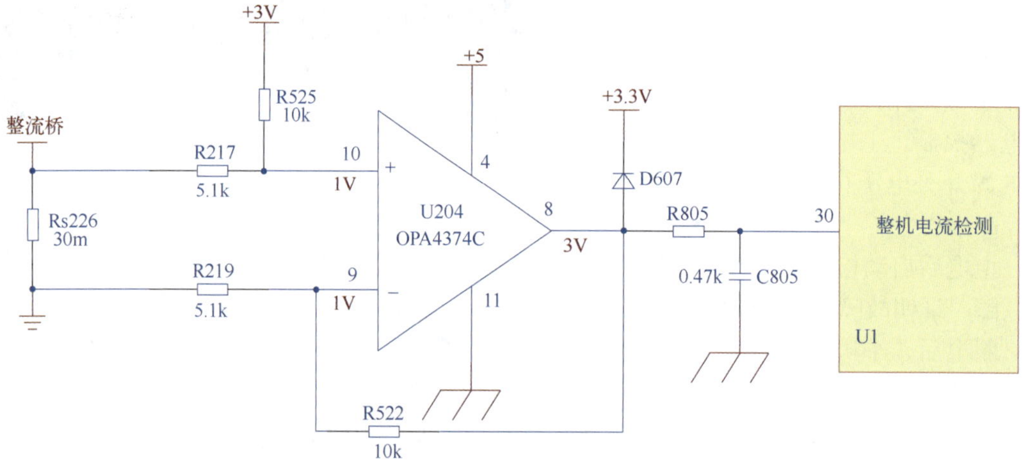

图 3-20　交流电流检测电路图

参考图 3-20，主板上电待机状态，小田用电压法测试 U204 的 8 脚电压为 1.004V，如图 3-21 所示，比正常值 3V 低了很多。

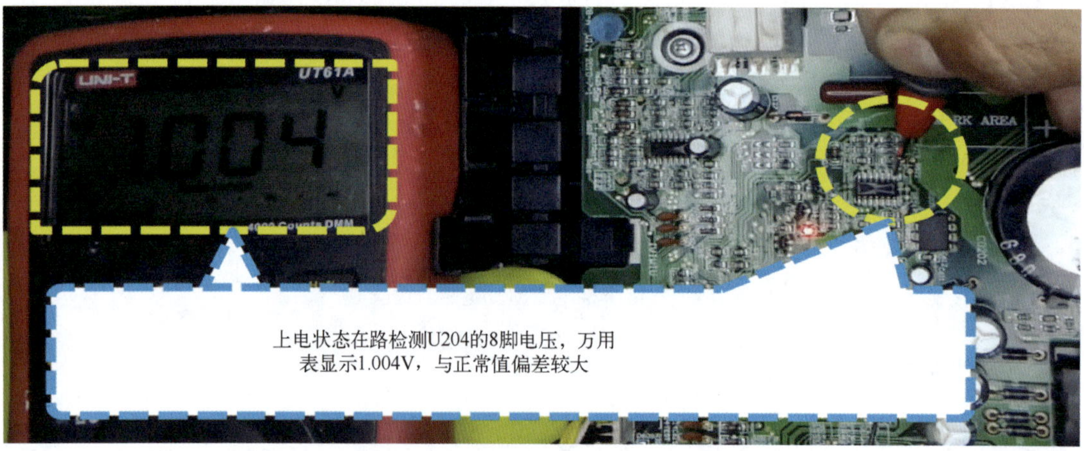

图 3-21　故障时间 U204 的 8 脚电压

小田通过逻辑分析，U204 这个差分放大器现在变成了一个 1 ∶ 1 的放大器，引起该现象的原因通常为 9 脚、10 脚外围电阻损坏。断电 3 分钟后小田对电阻 R522、R219、R525、

R217 进行在路测试，发现 R219 由 5.1kΩ 变成了 15.8MΩ，如图 3-22 所示。

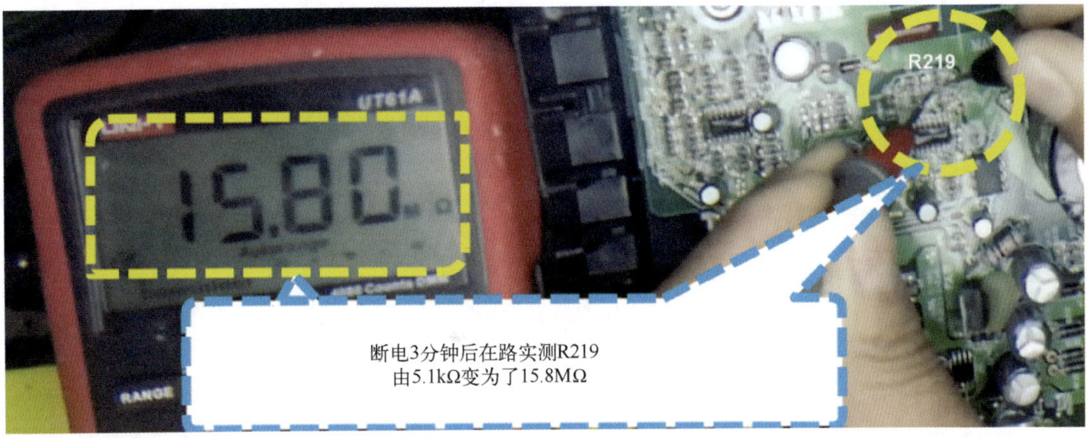

图 3-22　用电阻法锁定故障元件

小田将 R219 更换后，上电试机故障排除。

小田在笔记中总结道：

格力 E5 为整机过流保护，难点在于 U204 这个差分放大器，其外围电阻损坏后差分放大器就可能会变成同相放大器或比较器，需要掌握扎实的基本功才能快速锁定故障元件。

3.2.11 美的特殊 P1 故障维修

小田遇到一块美的保外主板故障，现象是压缩机、风机运行一下就停，报 P1 故障代码，但是小田查遍了所有的电压检测电路也没有找到原因，只能求助李师傅了。李师傅让小田带上故障板来工作室，手把手指导一下。

10 点左右小田带着故障板来到了工作室。

小田将故障板放在工作台上，连接好电源、传感器、电机、压缩机、检测仪，在李师傅的指导下开始检修。

“用万用表交流电压挡监控开机后 PTC1 两端的电压。”李师傅指着图 3-23 说道。

经过监控 PTC1 两端交流电压，小田发现待机时电压为 1V 左右，随着压缩机运行频率升高，该电压也随之升高。很快整机停机，检测仪报 P1 故障代码，同时小田也观察到了检测仪显示的交流 220V 供电随着压缩机的升频电压开始下降，很快降到 150V 左右时整机停机报 P1 故障代码。

“李师傅，我知道是哪里的问题了！”小田兴奋地说道。

“那你说说看，是哪儿的问题呢？”李师傅微笑着问道。

“一定是上电继电器 RY1 触点接触不良或者是控制电路出现问题，一开始我只是按照故障代码找原因，所以思路跑偏了。”小田回答道。

“你分析得很对！”李师傅竖起大拇指赞赏道。

“接下来你用电压法判断一下具体是上电继电器控制电路哪个元件有问题。”李师傅说道。

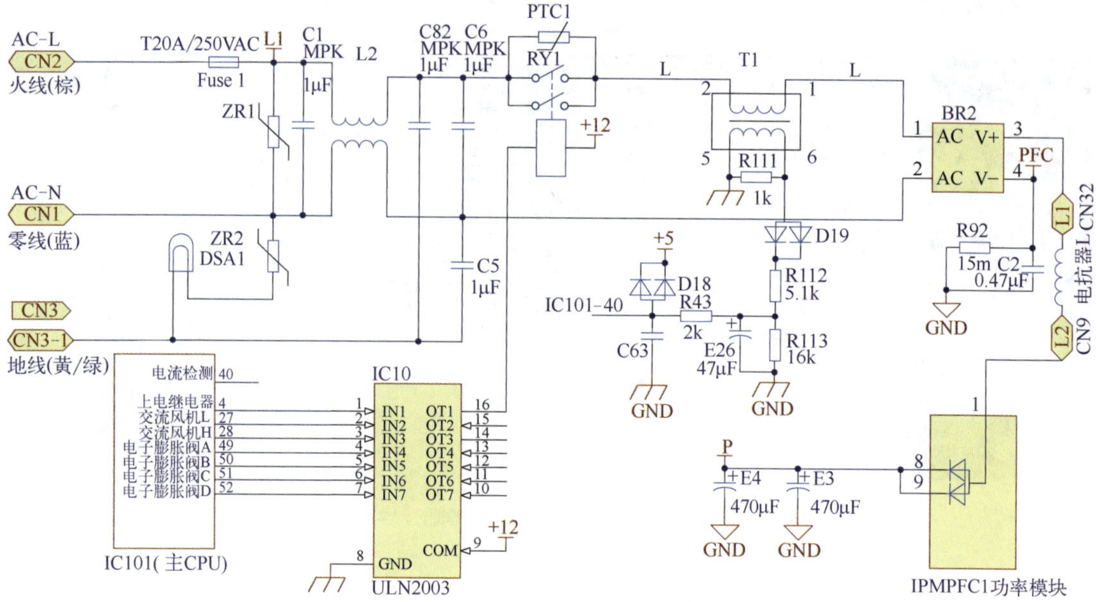

图 3-23　交流滤波软启动电路

参考图 3-23，在上电待机状态，小田将万用表打到直流电压挡，直接测量反相驱动器 IC10 的 1 脚对地电压为 5V 正常，测量 IC10 的 16 脚对地为 0.3V 低电平正常，测量上电继电器 RY1 的控制线圈两端有 11.7V 压降正常，最终锁定故障原因为 RY1 内部触点接触不良。

更换上电继电器 RY1 后故障排除。

小田在笔记最后经验总结中写道：

> 通过这个维修案例我对变频空调电路板维修有了新的感悟——看代码不能只看表象，要根据故障现象分析其产生的根本原因是什么，通过现象看本质才能达到举一反三、触类旁通的目的。

3.2.12 美的柜机上电报 P10 故障维修

小田随着维修主板数量的累积，技术日渐精进，尤其绘图法练得得心应手。

今天一上班，客户已经带着一块美的 51 柜机变频板在公司门口等待了。

小田连接好主板及检测仪和小板检测仪，上电发现小板检测仪报 P10 故障代码，打开检测仪数据查询界面如图 3-24 所示。

通过小板检测仪显示的数据，证明问题出在交流电压检测电路，正常时交流电压显示应该是在 220V 左右，但此时检测仪显示只有 40V。小田已经心中有数，与客户沟通讲好维修费用，客户同意后开始维修。

为了便于分析和检修，小田根据主板实物用绘图法将该部分电路原理图绘出，如图 3-25 所示。

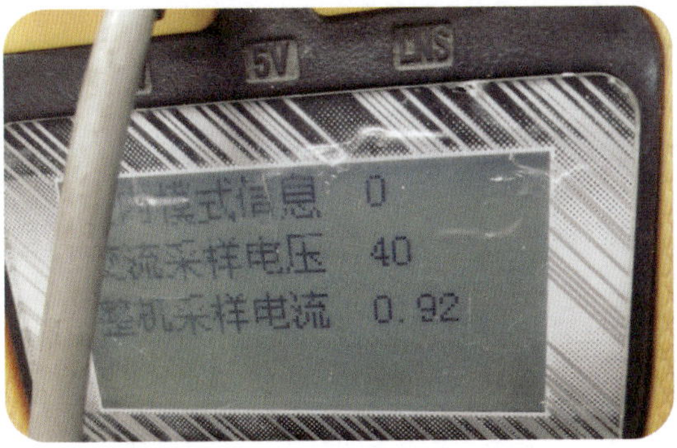

图 3-24　小板检测仪显示数据

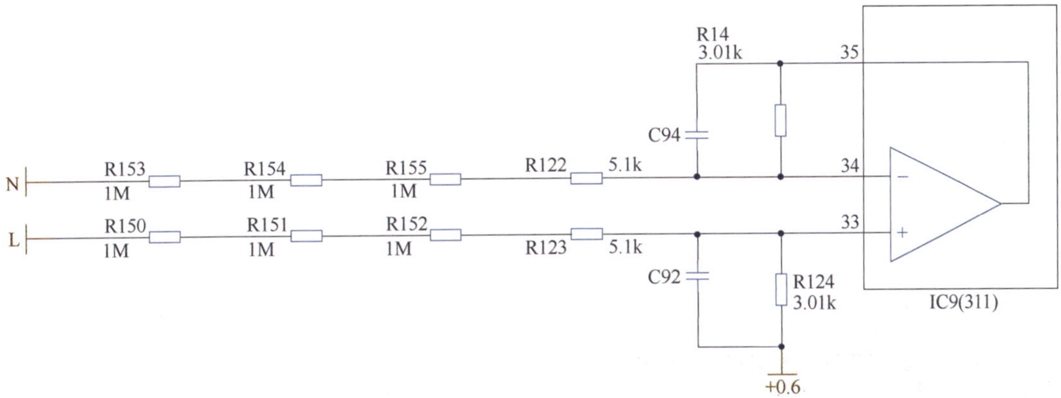

图 3-25　51 柜机变频板交流电压检测电路原理图

小田用电阻法开始检测相关元件，当检测到 R14 时发现了问题，如图 3-26 所示，正常时 R14 标称阻值为 3.01Ω，理论上来说正常测量时其阻值应该小于或等于标称阻值，但本机主板实际测量结果是 22.95MΩ，证明该电阻已经开路了。

小田更换 R14 后开机测试故障排除。

图 3-26　在路测试 R14 时发现异常

通过本次美的 51 变频柜机显示 P10 故障的维修小田有所感悟，在笔记的最后写道：

在进行变频主板维修时，根据检测仪显示的故障代码即可判定故障范围及电路，如果没有电路图纸，我们可以参考类似电路图纸将该主板实际电路图绘出，用电阻法、电压法即可锁定故障元件。

3.2.13 美的柜机报 P4、P40 故障维修

这是一块客户寄修的美的柜机主板，开机报 P4。主板电路采用双 CPU 设计，昨天晚上小田用了 2 个多小时的时间几乎查遍了压缩机位置检测、六路驱动、自举升压、供电、模块等相关电路，都没有找到问题，用变频模块在线测试仪测试变频模块也是正常的。此时，面对这块美的 3 匹大板，小田没有了思路，维修陷入困境。

经过一晚上的思考，小田还是没有找到解决问题的出路，最终决定带上板子找李师傅指点迷津。

下午 2 点，小田如约来到工作室，李师傅正在指导学员维修变频板。

小田将带来的变频板放在工位上，李师傅忙完后来到工位，简单了解了一下小田的维修思路及过程，然后开始进行检修。

用万能检测仪代替内机，用原厂大黄检测仪小板功能检测故障现象，上电开机，万能检测仪显示压缩机位置检测故障代码 P4，原厂大黄检测仪小板功能显示 P4、P40 故障代码，如图 3-27 所示，并且给出了中文提示驱动芯片通信故障。

图 3-27 用美的大黄小板检测显示数据

此时，小田脑海中灵光一闪，恍然大悟："原来问题在这里，我忽略了这个驱动芯片通信电路，因为我只用了一个万能检测仪，没有原厂大黄检测仪，所以维修思路跑偏了。"

断电后，李师傅用电阻法找到了故障元件，R65 阻值变大，如图 3-28 所示，更换后故障排除。

图 3-28 用电阻法找到故障元件

为了便于分析学习，小田将该案例相关电路图绘出，如图 3-29 所示。最后，小田在维修笔记总结中写道：

在维修美的变频板时，不能只依赖万能检测仪，同时，要参考原厂大黄检测仪的小板检测功能，才能精准锁定故障部位。

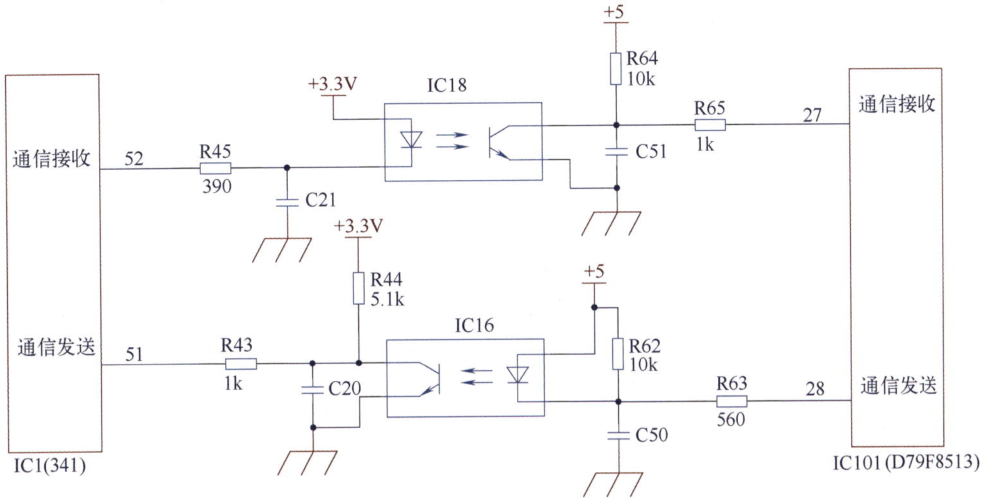

图 3-29　两芯片通信电路

3.2.14 美的柜机开机报 P4、P49 故障维修

这是一块客户寄修的主板，客户反映外机不启动，内机报 P4 故障代码。

小田收到主板后连接好传感器、电源、检测仪、检测小板开机，外机压缩机、风机均不启动，几十秒后黄灯快闪，检测仪报 P4 故障代码，如图 3-30 所示。

根据检测仪显示数据，小田判断为压缩机相电流检测电路引起。用电压法检测 IC9 的 30、31、32 脚电压与图 3-30 中标称电压一致，证明相电流检测电路正常。

小田继续检测模块电流保护电路 IC34 的 1、2、3 脚电压与图 3-30 标称电压一致，证明该电路也正常。

小田继续检测 IC9 的 41 脚模块保护检测引脚电压为 3V，与标称电压一致，证明该电路正常。

小田继续用电压法检测 320V、15V、12V、5V、3.3V、1.8V、0.6V 供电都正常，排除供电问题。

小田继续用打阻法检测模块六路驱动、UVW 输出、自举升压电路均无异常。

最后小田采用李师傅研发的多功能变频模块在线测试仪，在路测试 IPM301 确定模块是正常的。该查的都查了，但是依然没有找到故障原因，此时维修陷入困境。

小田带上主板驱车来到工作室，找到李师傅请求指导。

见到李师傅后，小田将自己的维修过程和思路先讲了一遍。李师傅点头表示很认同小田的思路。

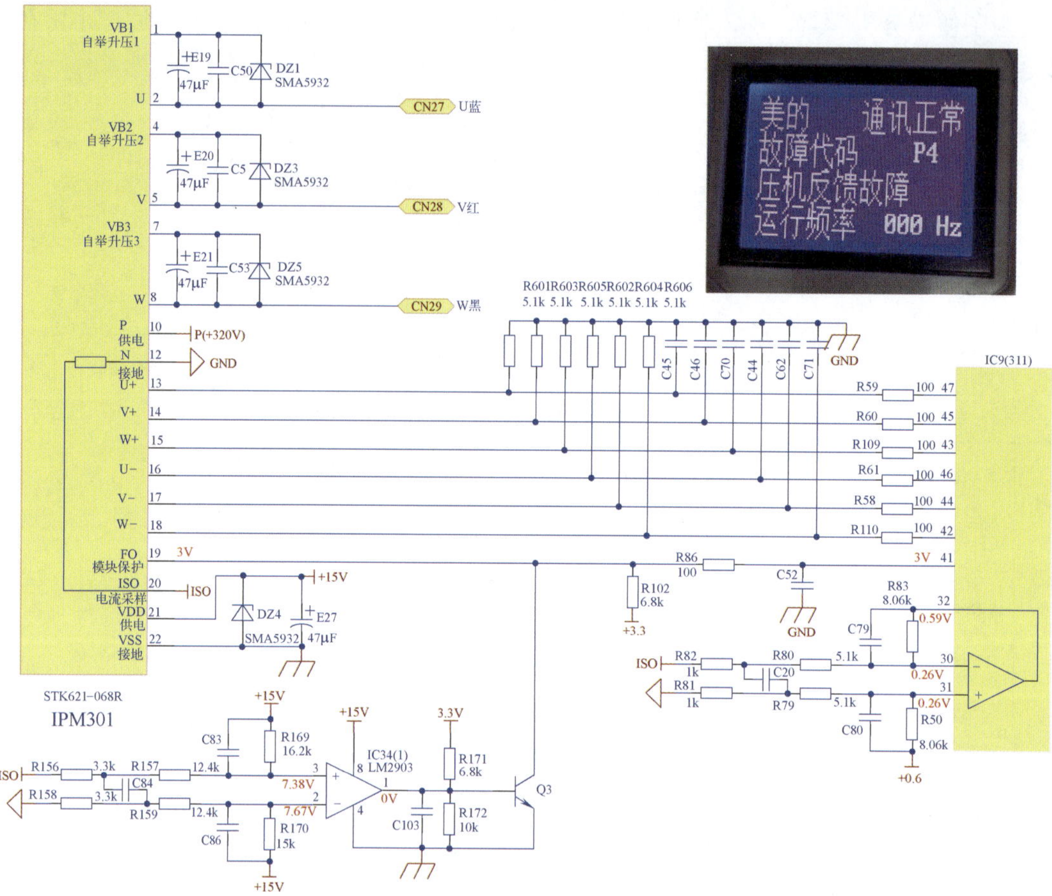

图 3-30 美的 51 通用板变频压缩机驱动电路

“是不是有哪些细节忽略了？我们来一起看一下检测小板故障时的所有数据信息。”李师傅说道。

小田连接好了检测仪、检测小板、传感器、电源、电抗器等所有设备开机。很快故障出现，与小田描述一致。但是通过查看检测小板所有数据，李师傅发现了两个问题，如图 3-31 所示。

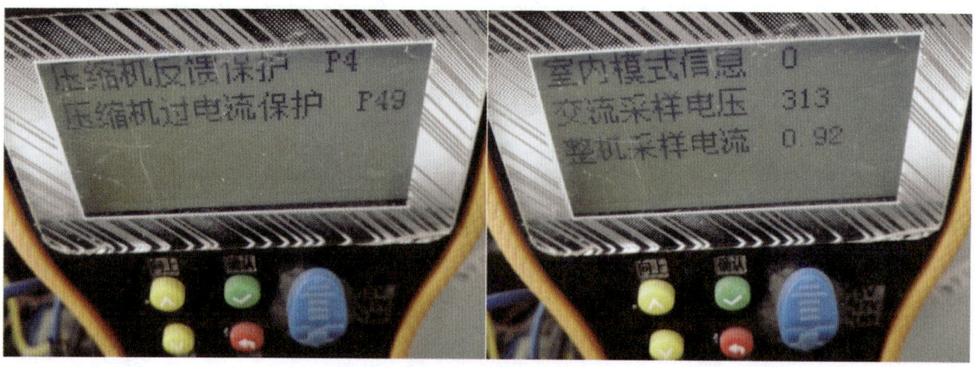

图 3-31 检测小板显示异常数据

李师傅指着图 3-31 说道："这是我们通过检测小板发现的两处异常数据，通过这两处异常数据我们可以得出以下结论：压缩机电流检测电路异常；交流电压检测电路异常；存储器数据异常。

接下来我们按这个思路排查一下。"

通过电路排查，证明压缩机电流检测电路、交流电压检测电压都没问题，最后锁定为存储器数据问题，更换一个新的 M24256 存储器并重新烧写数据后上机，故障排除。

小田回到公司后将维修过程整理成笔记，在笔记最后总结中写道：

用常规方法思路解决不了的故障，要学会查看检测仪所有数据，如果仪器显示该电路有问题，但实际检测没有问题，一般为数据有问题，可以更换数据试一下。

3.2.15 美的挂机运行一下报 P1 故障维修

这是一块客户寄修的美的 BP3 通用板，客户反映机器运行一下报 P1 故障代码。

小田连接好万能检测仪代替内机，连接好美的原厂大黄检测仪，连接 4 线小板监控数据，给变频板上电开机，万能检测仪报 P1，与客户描述一致，大黄检测仪显示 PF、PFC 故障。

根据检测仪故障指示，小田分析该现象由两个电路引起：

① PFC 过流检测电路；

② PFC 电流检测电路。

小田决定先检查 PFC 过流检测电路，为了便于检修小田将该部分电路图纸绘出，并将正常待机计算所得电压进行了标注，如图 3-32 所示。

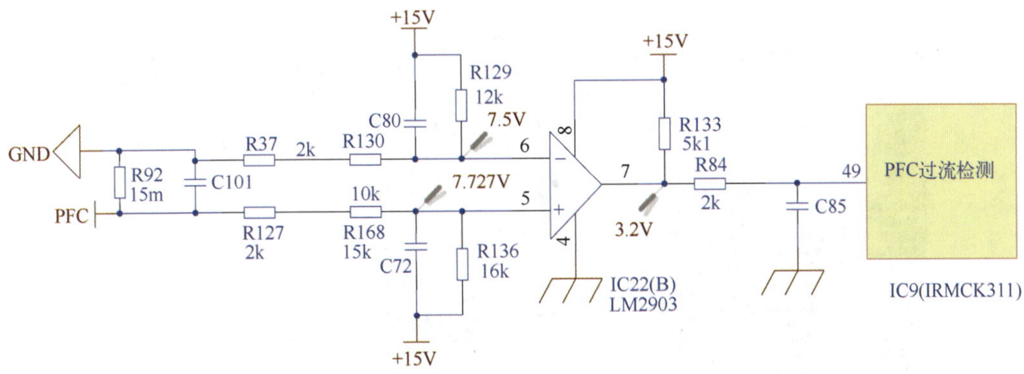

图 3-32 美的挂式 BP3 通用板 PFC 过流检测电路图

在板子上电状态，小田用电压法实测 IC22（LM2903）的 5、6、7 脚电压分别为 7.6V、7.5V、3.2V，如图 3-33 所示，误差较大的是 5 脚电压。

小田利用逻辑法推断 R136 变大的可能性较大，更换 R136 后故障排除。

图 3-33　实测待机 IC22 的 5 脚电压

小田最后在笔记中写道：

> 该故障的难点在于 5 脚上拉电阻 R136 阻值变大引起 5 脚电压下降 0.15V，如果 R136 电阻开路会引起 5 脚电压为 0V，7 脚电压输出低电平 0V，上电后 CPU 就会检测到 PFC 过流保护故障，更便于维修检测。

3.2.16 美的挂机上电报 E7 故障维修

这是一块客户送修的美的新款挂式变频板，客户反映上电开机后内机报 E7 故障代码。

小田将变频外板连接好压缩机、直流风机、传感器和检测仪，上电开机测试，压缩机运行正常，直流风机不运转，很快检测仪器报 E7 故障代码，如图 3-34 所示，与客户描述一致。

图 3-34　美的新款挂机板开机报 E7

由于是新款板子，小田手边没有相关图纸，采用绘图法将该主板直流风机相电流检测电路图绘出并将待机时电压进行计算后标注，如图 3-35 所示。

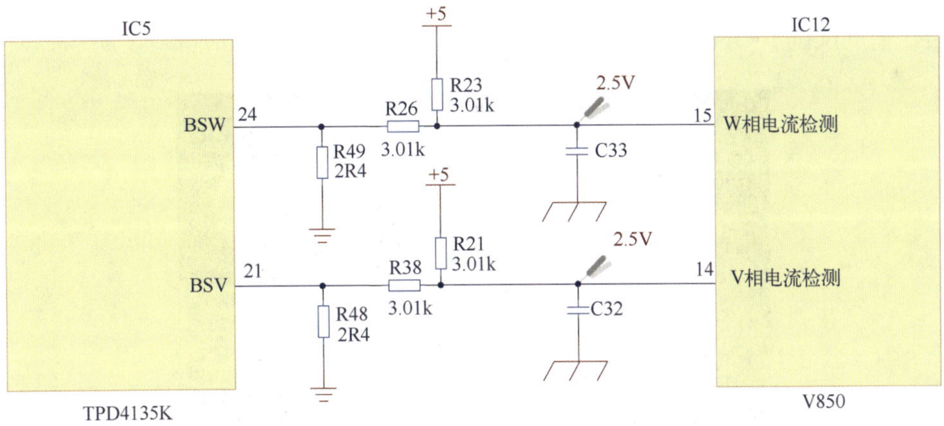

图 3-35　相电流检测电路原理图

上电待机状态，小田检测 IC12 的 14 脚电压为 2.48V 基本正常，继续测量 15 脚电压为 2.312V 偏低，如图 3-36 所示。影响该脚电压的原因只有 R26、R23 两个电阻，小田将这两个电阻全部更换后，测试电压恢复正常，上电开机风机正常启动，故障排除。

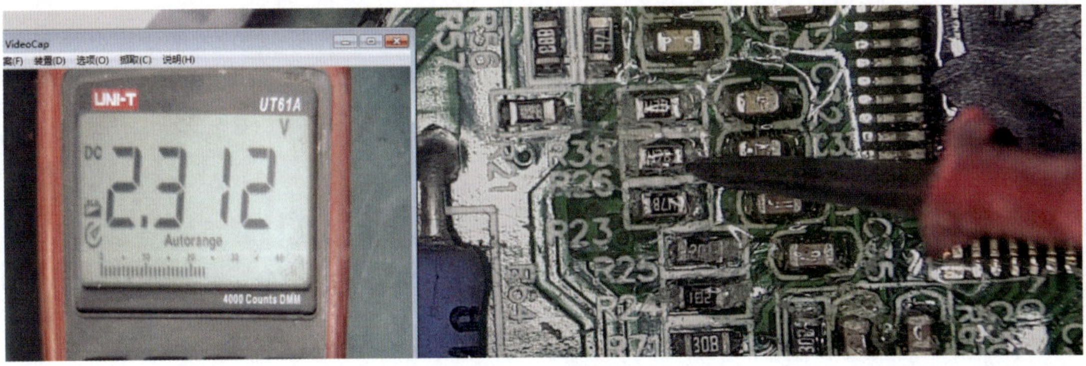

图 3-36　故障部位电压

小田在笔记最后总结道：

> 遇到没有修过的新板子，即使在没有图纸等资料的情况下，也不必着急，根据检测仪报的故障代码锁定故障范围，然后用绘图法将关键点的局部原理图绘出，计算出待机电压，最后再用电压法测量故障时电压即可找到故障元件！

3.2.17 美的挂机压缩机运行一会儿就停不报故障代码

这是一块客户送修的美的挂式变频板，客户反映压缩机有时运行一会儿就停，有时能运行一段时间不报故障代码。

小田连接好压缩机，开机测试该变频板。

经过观察电抗器上并联的指示灯发现，PFC 时而工作，时而不工作，但不报故障，怀疑PFC 驱动电路有问题。

断电后，用电阻法排查 PFC 驱动相关电路时，发现 R106 阻值变小，且不稳定。更换R106 后，上电试机 10 分钟，PFC 工作稳定，故障排除，如图 3-37 所示。

图 3-37 更换 R106 后故障排除

为了便于分析，小田将该部分 PFC 驱动电路图绘出，如图 3-38 所示。

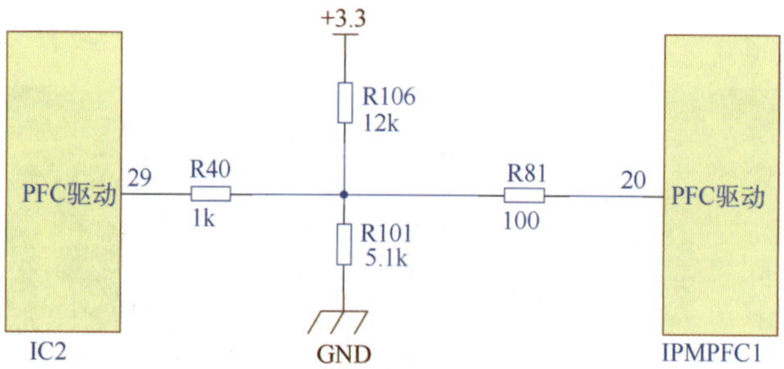

图 3-38 PFC 驱动电路原理图

小田在笔记总结中写道：

> 通过电路分析，R106 为上拉电阻，该变频模块采用 PFC 静态时高供电，由于该电阻变小（不稳定），引起 PFC 一直处于高供电，CPU 输出波形受阻，进而引起 PFC 时而正常，时而不正常现象，引起压缩机高频时整机过流而停机。

3.2.18 长虹挂机上电显示电流大外机不启动

这是一块客户送修的长虹挂式变频板，客户反映用检测仪代替内机检测外机时，显示电流大，外机不启动。

小田将板子放到工作台上，连接好压缩机、传感器、电抗器、检测仪，上电开机，检测仪显示电流 8A，如图 3-39 所示，压缩机不启动，与客户描述一致。

根据检测仪显示的数据推断，问题可能就出在 PFC 电流检测电路。小田想起李师傅讲过的 PFC 电流检测电路，如图 3-40 所示。

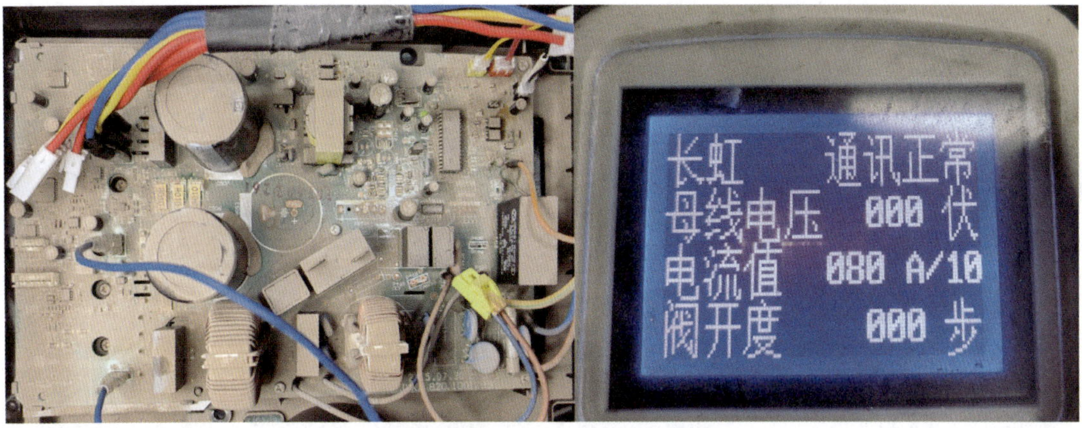

图 3-39　检测仪显示电流 8A

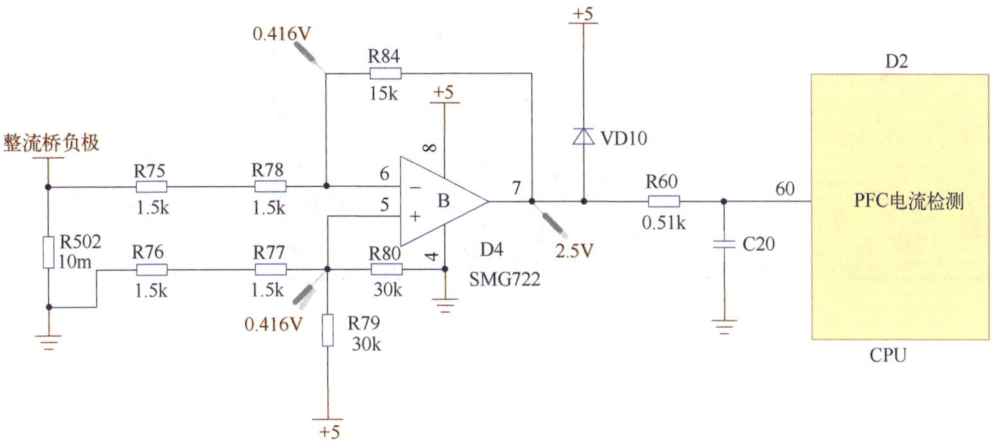

图 3-40　长虹挂机 PFC 电流检测电路

主板上电待机状态，小田用电压法测量 D4 的 7 脚电压为 4.02V，如图 3-41 所示。

图 3-41　电压法检测发现故障点

正常时该电压为 2.5V，小田继续测量 D4 的 5 脚电压为 0.67V，比正常值 0.416V 高。问题出在了 D4 的 5 脚外围电阻上。

小田将 R79 拆下来后，用电阻法测量 R80、R76、R77 阻值与标称一致，没有问题，证明是 R79 阻值变小引起，更换 R79 后上电开机，故障排除。

小田在笔记最后写道：

在变频板维修时，需要认真观察检测仪显示的故障数据，根据图纸采用电压法缩小故障元件范围，电阻法锁定故障元件即可排除故障。

3.2.19 奥克斯挂机开机显示 E5 通信故障

这是一块客户送修的奥克斯变频挂机主板，客户反映上电开机内机报 E5 故障代码。

小田将主板放在工作台上，连接好检测仪、电源、传感器、压缩机上电开机，主板指示灯不亮，一会儿检测仪显示 E5 内外机通信故障，如图 3-42 所示。

图 3-42 奥克斯挂机开机显示 E5

上电待机状态，小田用电压法检测整流桥 220V 供电输入正常，检测输出端时发现无 320V 直流电压输出，认真观察发现整流桥输出引脚被烧断，如图 3-43 所示。

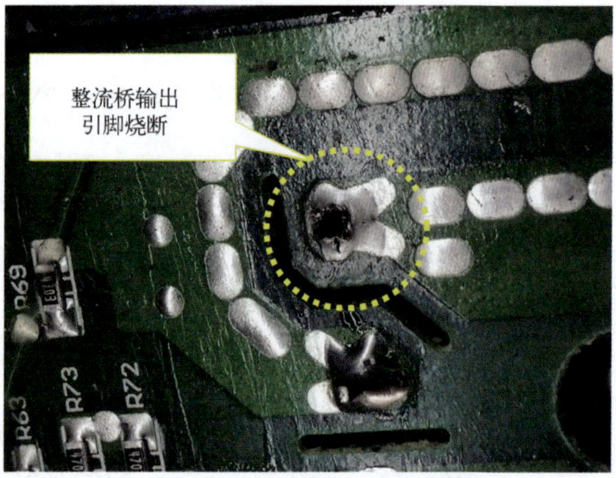

图 3-43 整流桥输出引脚被烧断

小田断电后，对整流桥输出引脚铜箔进行处理，更换一个新的整流桥后上电开机，故障排除。小田在笔记总结中写道：

变频板维修中，要根据检测仪提示的故障代码理清维修思路，运用电压法确定故障范围，认真观察，往往会事半功倍！

3.2.20 海尔空调显示 F03 外机主板与模块板通信故障

这是一块客户送修的海尔挂式变频板，客户反映用检测仪代替内机检测外机时，外机不启动，报 F03 故障代码。

小田将主板连接好检测仪、传感器、电抗器、压缩机后上电开机，主板指示灯正常，压缩机不启动，一会儿检测仪显示 F03 模块通信故障，如图 3-44 所示，与客户描述一致。

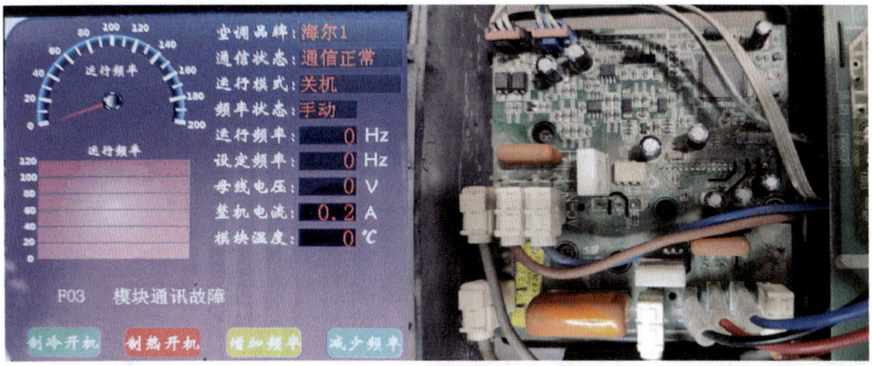

图 3-44 模块通信故障

小田分析引起 F03 的原因有：

① 主板与模块板通信电路异常；

② 模块板供电异常；

③ 模块板 CPU 不工作（供电、复位、振荡电路异常）。

在上电待机状态，小田先用电压法检测模块板的供电 +5V、+15V 都正常。测量通信跳变电压时发现模块有接收无发送电压，证明通信电路或模块板 CPU 不工作。

断电后，小田用电阻法检测通信电路电阻没有发现异常，在检测复位电路电阻时发现 R001 变小，更换 R001 后故障排除。

为了便于后续维修时参考，小田将本机故障部位电路图绘出，如图 3-45 所示。

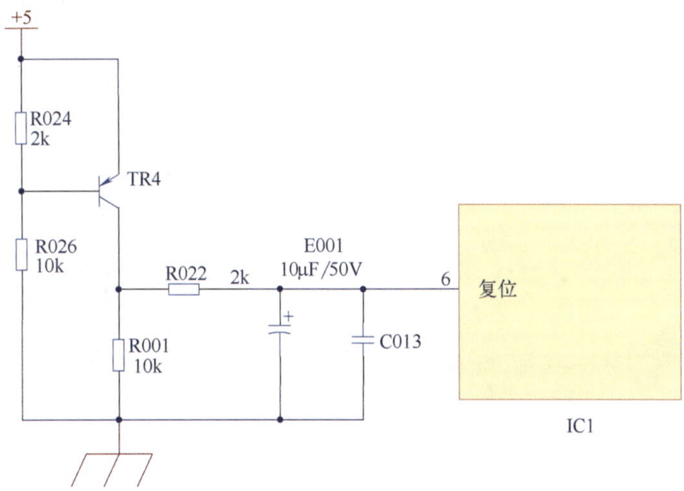

图 3-45 海尔模块板复位电路原理图

小田在笔记总结中写道：

通信电路的维修不能仅停留在通信电路本身，一定要全方位分析排查，方能快速找到故障原因，快速修复。

3.3 商用空调维修经验笔记

商用空调维修经验笔记由李师傅根据实践维修案例编辑整理而成，共收录了10篇笔记。

3.3.1 大金多联机L1压缩机驱动板故障维修

这是一块客户寄修的大金多联机压缩机驱动板，客户反映内机遥控器报L1故障代码。

图3-46 压缩机驱动板

李师傅查询大金多联机L1故障代码定义为：

变频器印制电路板故障。

判断基准：根据压缩机启动前波形输出中的电流值进行检测，根据启动时同步运转的电流传感器值进行检测。

估计原因：变频P板IPM故障、电流传感器故障、驱动电路故障。

李师傅给压缩机驱动板连接560V直流电源、专用检测仪、压缩机，如图3-46所示。

测试发现压缩机不启动，检测仪报相电流检测故障，如图3-47所示。

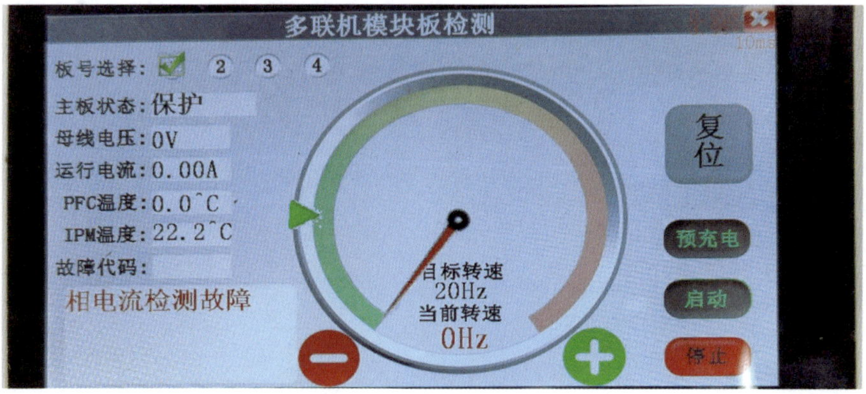

图3-47 检测仪故障显示

为了便于检修分析，李师傅将压缩机驱动板相电流检测电路原理图绘出，如图3-48所示。

李师傅用电压法检测 U9 的 3 脚电压为 0V，判断 R36 损坏，更换 R36 后故障排除。

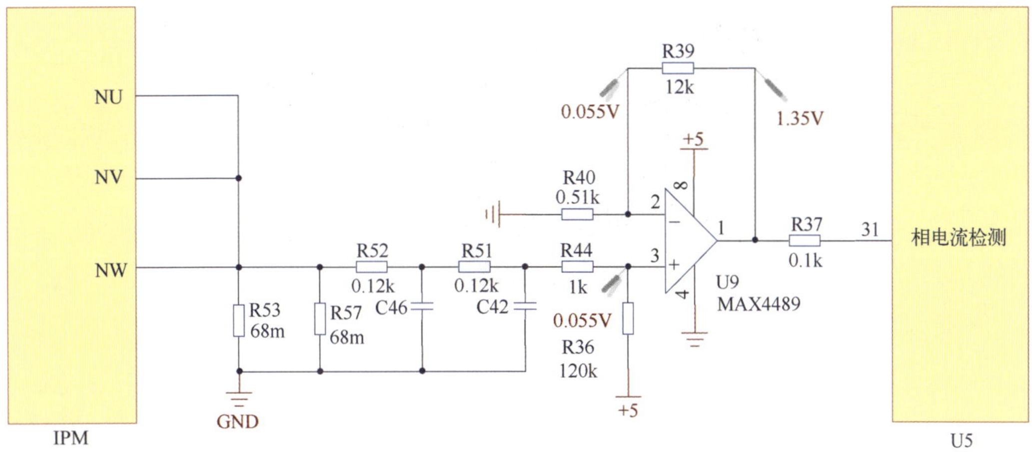

图 3-48　大金压缩机驱动板相电流检测电路

李师傅在维修经验总结中写道：

在实际维修中，R36 这个电阻损坏率较高，通常出现这个故障后，测试相电流检测电压异常，直接更换该电阻即可。

3.3.2 大金多联机 U4 外机主板电源故障维修

这是一块客户寄修的大金 VRVX 外机主板，如图 3-49 所示，客户反映该主板上电后外机数码管不亮，绿色指示灯一闪一闪的，内机报通信故障 U4。

图 3-49　修复后主板拍摄

李师傅收到主板后目测有一个电容器明显鼓包了，如图 3-50 所示。

断电状态，李师傅用电桥电容挡，频率设定 100Hz，测试该电容器的容量为 800μF（标称为 1000μF），损耗 *D* 值为 0.5，偏大，有些漏电，李师傅决定先把这个电容器换了再上电测试。

图 3-50　电源输出滤波电容鼓包

李师傅更换电容后上电测试，指示灯一闪即灭，输出电压低，内机报 U4 通信故障，与客户描述一致。证明这块板子还有其他问题。经检测发现采样电路过孔线开路，如图 3-51 所示。

图 3-51　实测过孔线开路

李师傅将过孔线穿一根导线双面焊接后上电试机，发现数码管和 LED 灯都亮了，以为故障排除了。

李师傅继续用万用表测试各路电压时，发现 12V 供电输入 13.5V，输出只有 4.5V，7812 发热严重。

断电，用直流可调电源调到 12V，接到接地端和 7812 输出端，观察电流为 2A，7812 发热严重，证明 7812 内部损坏，更换 7812 后上电试机，故障排除。

李师傅在笔记最后总结道：

> 在进行主板开关电源部分无图纸维修时，要善于运用观察法、电阻法、电压法、烧机法等常用维修技法，根据故障现象，判定故障大概部位，学会跑 PCB 底板线路，即可快速找到故障元件，修复机器。

3.3.3 大金多联机 U2 压缩机驱动板故障维修

这是一块客户送修的大金多联机压缩机驱动板，如图 3-52 所示，客户反映内机线控器报 U2。

李师傅查询大金多联机 U2 故障代码定义为：电源故障或瞬时断电。

判断基准：检测变频器内主电路电容器的电压。

估计原因：电源电压故障、瞬时停电、缺相、变频 P 板故障、控制 P 板故障、压缩机故障、主电路配线故障、风扇电机故障、信号线连接故障。

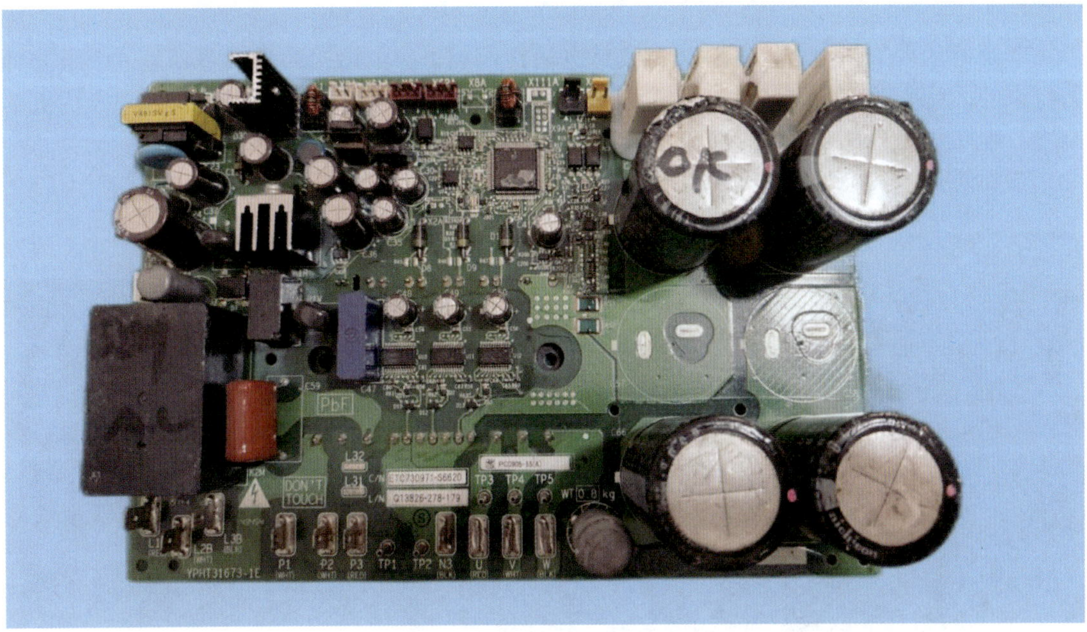

图 3-52　大金压缩机驱动板

上电待机状态，李师傅用电压法检测 PC1 的 4 脚时发现异常，故障板 4 脚对地电压为 0V，断电后用电阻法检测 PC1 的 4 脚上拉供电电阻 R8 为 1kΩ 正常，判断 R8 至 PC1 的 4 脚中间电路板断线，用一个 1kΩ 电阻两个引脚直接跨接在 15V 供电与 PC1 的 4 脚，如图 3-53 所示，上电开机测试故障排除。

图 3-53　修复故障部位

李师傅在笔记最后总结道：

该主板在维修中，通过与一块好的驱动板进行对比，发现故障点所在，用外置电阻的方法解决了问题。

3.3.4 东芝多联机报 E06 故障维修

李师傅正在工作室维修变频板，突然电话铃声响了，电话接通后了解到是一个维修师傅打来的，反映正在维修一台东芝多联机，目前的故障是，室外机报代码 E06，多个内机不制冷，维修师傅陷入困境，请求李师傅上门技术指导，诊断故障原因。

李师傅驱车来到维修现场，发现故障现象与维修师傅描述一致，如图 3-54 所示。

图 3-54　东芝多联机故障时拍摄

李师傅打开外机盖板上的故障代码表，查询得知 E06 的代码定义为：室内机数量减少。正好验证了多个室内机不制冷的现象。李师傅分析，该现象可能原因为内外机通信异常引起。

断电状态下，李师傅将内外机信号线从接线排上取下，用万用表电阻挡测量两芯信号线时发现存在短路，如图 3-55 所示，只有 1.78Ω。李师傅让维修师傅到室内将与外机连接的第一台内机信号线取下来，再次测量仍然短路，确定故障原因为内外机信号线短路。

图 3-55　内外机信号线短路

李师傅查明了故障原因，离开了。

维修师傅更换完信号线后上电开机，E06 故障排除了，但是机器仍然不启动，又报了故障代码 E19。维修师傅打电话向李师傅请教，李师傅经查询资料得知，E19 原因为上电时序问题，正常时应先给内机上电，然后再给外机上电，如果顺序反了就报 E19，指导客户重新上电试机，故障排除。

李师傅在维修笔记的总结中写道：

> 多联机现场维修很多问题并不难，只要思路清晰，利用故障代码的指引，再配合电压法、电阻法、打阻法等常用维修技法即可查明原因排除故障。

3.3.5 格力四代多联机更换外机主板后不启动现场维修

李师傅正在工作室编辑课件，突然电话铃响了，李师傅接通电话得知是一个维修师傅打来的，维修师傅在电话中描述说，正在检修一台格力四代多联机外机，内机有 12 台，客户反映报故障代码 E4。维修师傅清洗外机补加制冷剂后，运行正常，吃完午饭回来，整机停机了，不报故障代码，外机都不启动，内机不制冷。由于找不到故障原因，第二天更换主板后故障依旧，维修陷入困境，请求李师傅上门技术指导。

李师傅和维修师傅约定下午 2 点到现场提供技术指导。

根据维修师傅电话中的描述，李师傅分析机器可能存在需要调试方面的问题，或者转接板存在问题引起外机主机与从机之间的通信数量异常，造成外机都不启动。

为了保证到现场后快速进行调试和故障判断，李师傅查询了厂家四代多联机调试手册中转接板与主板拨码开关调试说明，如图 3-56 和图 3-57 所示。

转接板拨码开关S2调试

地址	拨码位置		
	3	2	1
1号	ON	ON	ON
2号	ON	ON	OFF
3号	ON	OFF	ON
4号	ON	OFF	OFF
5号	OFF	ON	ON
6号	OFF	ON	OFF
7号	OFF	OFF	ON
8号	OFF	OFF	OFF

图 3-56　转接板拨码开关 S2 调试说明

下午 2 点，李师傅准时来到维修现场。经过检查，李师傅发现维修师傅更换主板后未进行正确的拨码调试，按照图 3-56 和图 3-57 拨码调试说明，李师傅进行了正确调试。

调试完成后，上电开机，外机开始启动，故障排除。

SW1外机容量码及含义表

4	3	2	1	模块容量
0	0	0	0	20kW
0	0	0	1	22.5kW
0	0	1	0	25kW
0	0	1	1	28kW
0	1	0	0	30kW
0	1	0	1	33.5kW
0	1	1	1	40kW
1	0	0	0	45kW

拨到ON表示0，拨到OFF代表1

SW2模块数量拨码(1号机有效)

拨码位置		表示数量/个
2	1	
ON	ON	1
ON	OFF	2
OFF	ON	3
OFF	OFF	4

SW3模块地址码

拨码位置		表示地址/号
2	1	
ON	ON	1
ON	OFF	2
OFF	ON	3
OFF	OFF	4

图 3-57　主板拨码开关调试说明

李师傅在笔记最后总结中写道：

格力四代多联机更换主板后，需要进行拨码调试，否则无法正常启动。

3.3.6 格力多联机 C2 压缩机驱动板故障维修

这是一块客户送修的格力五代多联机压缩机驱动板，如图 3-58 所示，客户反映报 C2 通信故障。

图 3-58　格力五代压缩机驱动板实拍

李师傅给压缩机驱动板 L1、L2、L3 接入 380V 交流电，开启检测仪搜索设备，等待几分钟后仍然无法搜索到设备，如图 3-59 所示，故障现象与客户描述一致。

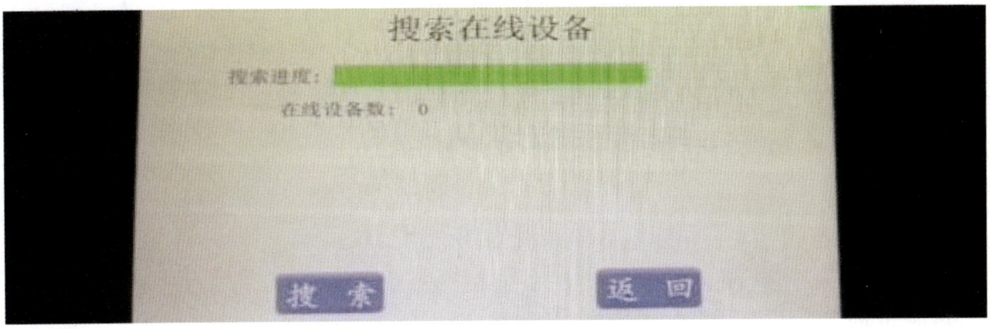

图 3-59 检测仪与驱动板无法建立通信

李师傅用电压法检测芯片 3.3V 供电电压为 3.2V，偏低，判断供电电路异常引起通信故障。

断电后，李师傅用灯泡给压缩机驱动板大滤波电容进行放电，放电完毕后用电桥电容挡，设定 100Hz 在路检测 3.3V 供电滤波电容时，显示如图 3-60 所示，电容 *D* 值 1.261，容量 16.2μF，证明该电容器已经严重漏电损坏，正常时损耗应小于 0.2，容量 220μF 左右。

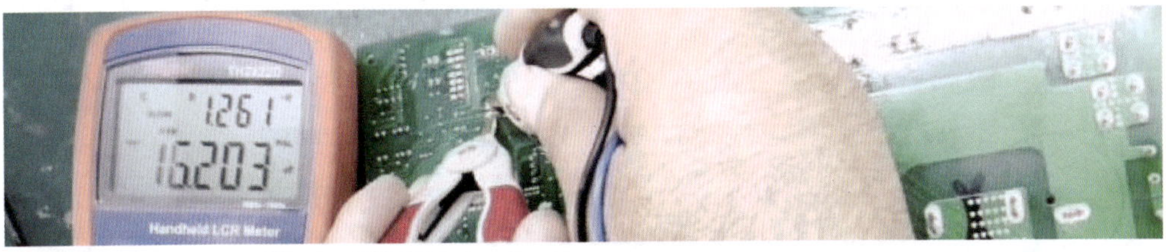

图 3-60 在路用电桥测试滤波电容损坏

李师傅继续测量发现 5V 供电滤波电容也坏了。更换两个电容后，上电用检测仪测试，通信正常，故障排除。

李师傅在笔记最后的总结中写道：

> 在多联机驱动板报通信故障的实践维修中，滤波电容故障率较高，用电桥的电容挡可以在路测量轻松找到坏件，排除故障。

3.3.7 格力四代多联机特殊 E1 故障维修

李师傅正在工作室维修变频板，突然电话铃响了，李师傅接通电话，是一位空调维修师傅打来的。

维修师傅在电话中说道：

"我现在维修的是一台格力三相供电的四代家用多联机（图 3-61 所示），目前机器的现象是：刚开机运行正常，十几分钟后，风扇转速变慢，报 E1 故障代码。

图 3-61　格力四代家用多联机

"查询机器侧盖代码表，显示室外机系统高压保护。

"我已经清洗了室外机，经过检测，系统制冷剂正常，换了室外机主板，维修陷入困境，不知道如何下手了，请李师傅指点一下。"

李师傅了解到情况以后，给出了如下维修建议：

"经过你的描述分析，引起 E1 的主要原因应该与室外风机转速慢有关，仔细检查风机的供电、电容及电机等因素，排除电机因素以后建议更换压力开关或压力传感器。"

两天后，维修师傅又打来了电话：

"李师傅，我已经更换了电机、电容和压力开关，现在开机故障和以前一样，我实在是没有办法了，麻烦您过来帮客户解决一下吧！"

李师傅带领徒弟及检测设备来到客户家，提供技术支持。

李师傅安排徒弟将电脑检测线连接到室外机主板上，开机开始测试，观察电脑监控数据一开始显示正常，大概十几分钟以后，机器报高压保护，室内机显示板手操器显示 E1 故障代码，如图 3-62 所示。

图 3-62　内机手操器显示故障代码 E1

故障现象与空调维修师傅描述一致，观察电脑监控数据基本正常，但外风机运行状态异常，当压力升高时，风机转速较慢，没有切换至高速挡。

李师傅决定亲自检测判断一下，系上安全带，在安全位置上固定，并让徒弟拉紧。

上电待机状态，李师傅检测各路供电正常，启动机器，当室外电机运行时，李师傅检测室外电机的供电为 110V 左右。这时，李师傅检测三相 380V 相间供电正常，在测量三相对零供电时，发现电压异常，有一相为 110V，有一相为 380V，李师傅赶紧让徒弟断电，由此分析判断为室外机零线虚接引起。

由于环境特殊，具体零线虚接处无法查找，所以决定重新跑一根零线，重跑零线后上电测试故障排除。

李师傅在笔记总结中写道：

在现场维修机器时，故障代码仅供参考，可以帮助我们判断故障范围，有时过度依赖代码也会误入歧途，突破代码思维限制，全局思考，利用常规维修技法，如电压法、电阻法、打阻法等，即可查明原因排除故障。

3.3.8 格力四代多联机运行一段时间报 E4 故障维修

李师傅正在工作室指导学员实习，突然电话铃响了，是一位空调维修师傅打来的电话，维修师傅在电话中说道：

“我正在维修一台格力家用四代多联机，故障现象是开机运行半小时左右报故障代码 E4，经过查询机器顶壳代码表得知，E4 含义为：压缩机排气温度过高保护。我将外机排气传感器（50kΩ）换了个新的，但故障依旧。现在没有思路了，请李师傅指点一下。”

李师傅在电话中回复道：

“建议你从以下几方面进行排查：①外机热交换器是否通风不畅。②首次上电开机后检测旁通阀是否打开。③机器运行 10 分钟后检测系统高、低压压力，判断制冷剂是否充足。

“如果排除上述问题后故障依然没有解决，就需要上门现场勘查，监控机器故障时的运行数据进行判断了。”

挂断电话后，过了大约两个小时，李师傅的电话又响了，还是刚才空调维修师傅打过来的，接通电话，空调维修师傅说：

“李师傅，我已经按你说的检查过了，清洗了外机，又补加了制冷剂，故障还是老样子，我是没办法了，我已经和客户说好了，只能请你过来维修了。

李师傅与客户约定好了上门时间。第二天上午 9 点，李师傅带领一名徒弟及检测设备准时来到了空调维修现场。

经过现场勘查，室外机在十层户外的一个小平台，需要高空作业。经过与客户沟通，李师傅了解到该机器的一些具体故障情况。

客户说：“今年夏天，刚开启空调的时候，感觉效果不好，但还凑合能用。空调运行大概三四个小时就出现一次 E4 故障代码，请两位师傅来检查过，外机已清洗过多次，制冷剂也加过两次了，没有加制冷剂之前还能用三四个小时，加完制冷剂之后，只能用半个小时了，希望您能系统检查一下，帮我们彻底解决问题。”

“没问题！”李师傅回复道。

李师傅系好安全带，到室外机旁打开室外机侧壳，连接好电脑监控设备，开机进行测试，与客户描述一致，30 分钟后，机器报 E4 故障代码。为了便于分析，李师傅将故障时电脑监控数据进行了截图，如图 3-63 所示。

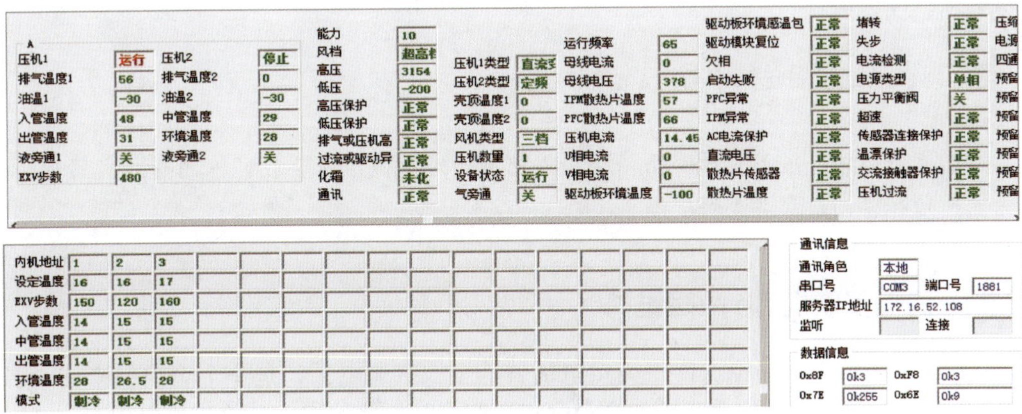

图 3-63 故障时电脑监控截图

经过 30 分钟的数据监控，发现压缩机自运行正常起到故障时一直未起高频，压缩机排气温度及室外热交换器盘管温度一直偏低，室内机盘管温度明显偏高，室内机的膨胀阀自动关小后故障依旧，直至故障出现。

为避免误判，李师傅用排除法逐项排查故障原因：

① 检查室外机热交换器及四周无障碍物通风良好，室外风机运行正常，排除因散热不良引起的保护。

② 用万用表脱机后检测压缩机排气传感器阻值正常，排除传感器问题。

③ 用压力表检测系统高低压压力基本正常，排除制冷剂不足问题。

④ 开机时监控电脑数据及旁通阀运行状态正常，排除旁通阀问题。

⑤ 监控电脑数据及室内机运行状态基本正常，只是效果较差，排除内机电子膨胀阀问题。

⑥ 根据电脑显示状态判断，室外机主板运行正常，更换主板后故障依旧，排除主板问题。

用排除法排除了相关所有问题，综合分析电脑数据，最后判定为压缩机效率下降引起，与客户沟通需更换压缩机，报价后客户同意。

第二天更换压缩机后，测试机器运行数据正常，如图 3-64 所示，故障彻底排除。

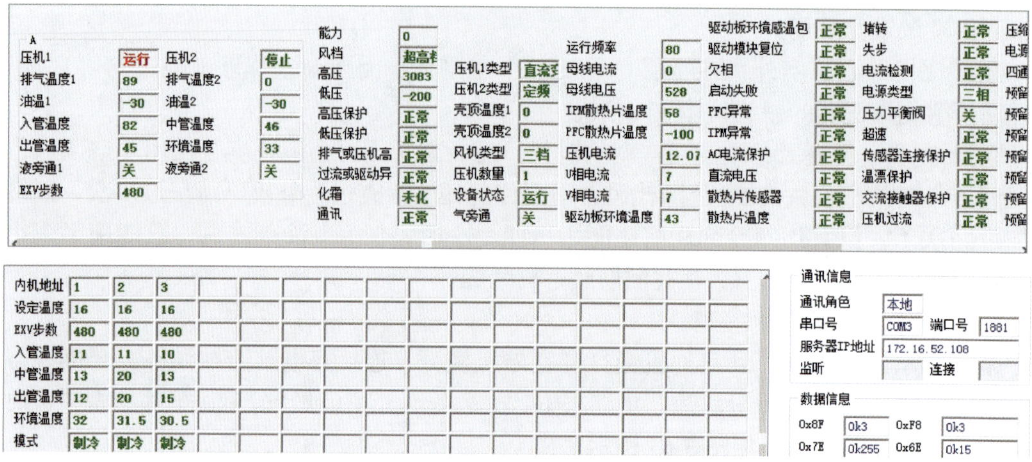

图 3-64 更换压缩机后运行正常数据

李师傅在笔记最后总结中写道：

> 在实际维修中，压缩机效率下降会引发诸多疑难故障，需要我们综合判断，用排除法排除所有外部原因，最后更换压缩机。

3.3.9 海信多联机 3b 故障维修

李师傅正在工作室编辑课件，突然电话铃响了，接通电话，是一个客户打来的。客户在电话中反映自己用的海信多联机有 5 台内机不制冷了，并且都报了故障代码 3b。

李师傅和客户协商好后带徒弟驱车赶到现场，内机手操器显示故障代码 3b，与客户描述一致。

李师傅和徒弟一起去外机检测，发现共 14 台外机，有两台外机不启动。这两台不启动的外机的连接管并联在一起，应该为同一系统，一个主机，一个从机。

李师傅让徒弟打开不启动的外机壳子以后发现报故障代码 3b，电箱壳上有故障代码表，李师傅查询故障代码表得知 3b 代码具体含义为：

① 室外主机与子机组合错误；

② 室外机主板电源电压设定错误。

李师傅认真观察外机主板上的调试按键和多组拨码开关，如图 3-65 所示，根据经验判断，拨码开关接触不良或调试异常导致 3b 的可能性比较大。

图 3-65　外机主板拨码开关实拍

断电后，李师傅用电阻法检测电源电压设定拨码开关 DSW7 时发现 1、2 号拨杆不导通，正常时，1、2 号拨杆在 ON 位置应该处于导通状态，如图 3-66 所示。

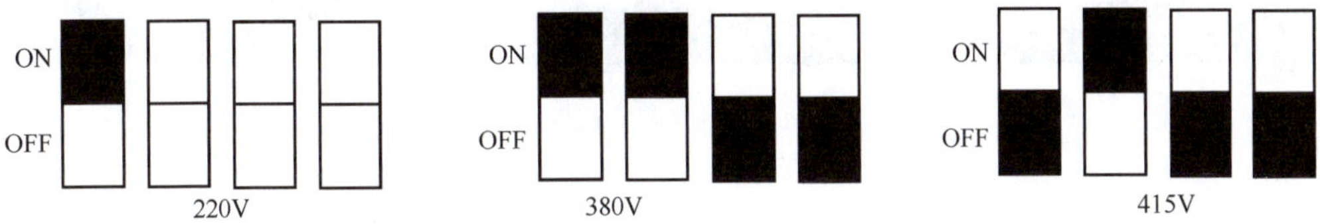

图 3-66　机组供电电压拨码 DSW7 设定规则

找到了故障原因，李师傅跟客户沟通，将主板拆下，拿回工作室，更换拨码开关 DSW7 后，上机测试，故障排除。

李师傅在笔记最后总结中写道：

拨码开关常用于多联机内外机的调试和功能设定，使主板的功能实现拓展，经过一定时间的使用后会出现接触不良而引发故障，在实践维修中作为必检项目之一。

3.3.10 日立多联机上电内机自动启动故障维修

李师傅正在工作室维修主板，突然电话铃声响了，李师傅接通电话，是一位维修师傅打来的。维修师傅描述他现在正在检修一台日立多联机，客户反映每次断电后再次上电内机就会全部自动启动，检查了半天也没发现问题，请李师傅指点一下。

根据维修师傅描述，李师傅判断可能是外机主板内部参数或拨码设置导致的，所以李师傅让维修师傅将外机主板拆下拿到工作室进行检修。

两个小时后，维修师傅拿着日立多联机外机主板来到工作室请李师傅检修，如图 3-67 所示。

图 3-67　日立多联机外机主板

李师傅通过观察发现 SW4 的 1 号拨码开关拨杆断，用电阻法测试处于直通状态，如图 3-68 所示。

图 3-68　在路实测 SW4 的 1 号拨杆处于直通状态

李师傅查询技术手册，当 SW4 的 1 号拨杆处于 ON 状态时，外机处于试运转状态，所以引起每次断电后再上电内机自动启动的故障。

李师傅更换拨码开关 SW4 后，将拨杆全部置于 OFF 位置，交给维修师傅上机测试，故障排除。

李师傅在维修总结中写道：

> 多联机主板维修，不仅要掌握电控原理还要掌握系统原理，再结合大量维修实战直到融会贯通！

附录 维修视频

【家用空调维修案例视频】

打阻法烧机法排查美的 E1

电压法检修格力方板 E5

美的柜机 P6 维修笔记

电阻法维修美的 51 柜机 E51 故障

电阻法维修格力方板 F3

电压法检修海尔变频柜机 E7

格力 Q 迪挂机压缩机运行一下就停不报故障代码

电阻法检修格力方板 H5

美的 51 柜机板 P40 维修案例分析

长虹挂机 F6 维修案例分析

【商用空调维修案例视频】

电桥法维修格力 5 代压缩机驱动版

观察法维修格力 4 代多联机风机驱动板

电阻法维修格力多联机压缩机驱动板通信故障

打阻法检测奥克斯多联机压缩机驱动板

格力多联机风机驱动板 C3 通信故障

海信多联机显示 3b 故障维修案例分析

大金多联机 L1 维修案例分析

美的商用 5P 柜机外机不启动维修案例分析

美的 V4 多联机外机不启动维修案例分析

海尔小多联上电跳闸维修案例分析